Électricité agricole

PAR

CAMILLE PABST

INGÉNIEUR AGRONOME

DIPLÔMÉ DE L'ENSEIGNEMENT SUPÉRIEUR DE L'AGRICULTURE

BERGER-LEVRAULT ET Cie, ÉDITEURS

PARIS	NANCY
5, RUE DES BEAUX-ARTS	18, RUE DES GLACIS

1894

Tous droits réservés

Électricité

agricole

Électricité agricole

PAR

CAMILLE PABST

INGÉNIEUR AGRONOME

DIPLÔMÉ DE L'ENSEIGNEMENT SUPÉRIEUR DE L'AGRICULTURE

BERGER-LEVRAULT ET Cⁱᵉ, ÉDITEURS

PARIS	NANCY
5, RUE DES BEAUX-ARTS	18, RUE DES GLACIS

1894

A

Monsieur RISLER

DIRECTEUR DE L'INSTITUT NATIONAL AGRONOMIQUE

PRÉFACE

Et cependant, quel immense arsenal de forces utiles à l'agriculture, que cet océan électrique aérien qui enveloppe le globe !

J.-A. BARRAL.

A la suite d'un article sur *l'Électricité en horticulture,* de M. Vesque, notre savant collaborateur, *l'Agriculture nouvelle* annonçait, la semaine dernière, que nous terminions un ouvrage d'*Électricité agricole.* Qu'il nous soit permis, aujourd'hui, d'en faire connaître le but.

A notre avis, il existe, dans l'état actuel de l'enseignement agricole élémentaire et surtout de l'enseignement supérieur d'agriculture, une lacune qui mérite d'être comblée.

Nous étonnerons certainement un certain nombre de nos lecteurs, en leur apprenant qu'en ce *siècle,* dit *de l'Électricité,* cette dernière n'est l'objet d'aucun cours, d'aucune conférence, dans nos grandes écoles d'agriculture.

Aussi combien sont rares les jeunes gens qui, sortant de ces établissements, s'intéressent comme il conviendrait à cette force merveilleuse qui a le plus grand avenir, tout l'avenir devant elle !

Il en est cependant ainsi pour l'*École polytechnique de l'Agriculture*. En effet, l'Institut agronomique même, cet établissement si hautement apprécié pour son personnel dirigeant et enseignant, où accourent chaque année, de tous les points du globe, des jeunes gens destinés à répandre ensuite dans leurs campagnes la lumière et la science, l'Institut agronomique même, dis-je, forme des ingénieurs agronomes, très instruits, mais qui se souviennent à peine des quelques notions d'électricité, exigées d'eux à leur examen d'entrée à l'École. Dans ces conditions, que doit-on craindre et qu'arrive-t-il en réalité ? En dehors de l'agriculture pure, non seulement un assez grand nombre de ces agronomes ne s'intéressent que fort peu aux grands mouvements scientifiques du siècle qui consistent à remplacer la vapeur par l'électricité et à se servir de celle-ci pour utiliser toutes les forces vives de la nature, mais encore quelques-uns ignorent même les nombreuses applications qu'on fait déjà de l'électricité à l'agriculture. Et cependant si ce ne sont ces derniers, quels seront alors les hommes qui s'occuperont de cette question, destinée à augmenter si grandement le domaine de la science agricole?

On pourrait peut-être comprendre, jusqu'à un certain point, ce complet désintéressement que l'enseignement agricole professe à l'égard de l'électricité, si les applications de cette dernière dans la vie rurale étaient très peu nombreuses ou d'une faible importance; mais nous allons montrer, dans une énumération, pourtant bien résumée, des grandes lignes de l'*Électricité agricole,* qu'il n'en est pas du tout ainsi.

Phénomènes de l'Électricité atmosphérique.

L'électricité atmosphérique joue un rôle prépondérant dans la science en question, par les phénomènes auxquels elle donne lieu et par son action particulière sur les plantes; l'étude de sa formation est donc très importante.

C'est dans l'électricité atmosphérique que l'*orage* prend naissance; la *foudre* qui l'accompagne est très redoutée dans les campagnes à cause de ses différents effets sur les végétaux, les animaux, les bâtiments ruraux, etc. Aussi, la manière de se garantir de la foudre, le plus économiquement possible, présente-t-elle un sérieux intérêt rural.

On sait combien la *grêle,* phénomène de même ordre, est un calamiteux fléau. Aussi, les moyens d'en diminuer les funestes conséquences sont-ils intéressants. L'influence des forêts sur les *orages à grêle,* les *zones* battues par eux, la manière d'en construire la *carte,* les compagnies d'assurances contre la grêle, etc., sont autant de sujets qui touchent les agriculteurs.

Les effets de l'*électricité atmosphérique* ne sont d'ailleurs pas tous nuisibles, il y en a aussi d'utiles.

C'est ainsi qu'elle fournit gratuitement à la terre des engrais azotés :

1° Tandis que la foudre produit dans l'air des cristaux de nitrate d'ammoniaque en empruntant à l'atmosphère les éléments nécessaires.

2° Elle favorise : la nitrification des matières organiques du sol, et la fixation de l'azote de l'air.

Une application de l'électricité atmosphérique fera probablement disparaître bientôt, en outre, un autre fléau dont on connaît cette année toute l'importance, je veux parler de la *sécheresse,* à l'aide du procédé électrique capable de produire la *pluie à volonté.*

Actions de l'électricité sur la végétation.

Comme nous l'avons dit, l'*électricité atmosphérique* exerce aussi une action excessivement importante sur la végétation. L'étude en est constituée par l'*électro-culture* proprement dite : à elle seule, elle légitimerait un cours spécial, son avenir absolument certain a été pronostiqué depuis longtemps déjà par M. Grandeau, ce qui rend absolument extraordinaire le silence que l'enseignement agricole continue de garder à son égard. Dans tous les cas, nous avons la persuasion que l'*électro-culture* a une place réservée dans le livre d'or de la science.

Pour l'étudier à peu près complètement, il faut:

1° Faire l'historique de cette science en relatant les différents travaux entrepris à ce sujet depuis le siècle dernier;

2° Étudier les phénomènes physiologiques de l'électricité sur la plante et des courants qui prennent naissance au sein même du végétal;

3° Examiner les différentes théories qui expliquent les effets bienfaisants de l'électricité sur les végétaux;

4° Rechercher l'action de l'électricité atmosphérique et des différentes sources d'électricité sur la *germination* et la *végétation;*

5° Enfin, exposer les moyens actuels d'appliquer l'électricité à la culture.

Applications diverses de l'électricité
à la vie rurale.

1° *Applications de la transmission électrique.* — Grâce à la transmission électrique de la force, à l'aide de *dynamos,* ces applications sont déjà excessivement nombreuses, mais les améliorations certaines qui seront prochainement apportées à cette partie de la science, faciliteront encore d'ici peu l'utilisation des chutes d'eau, des courants fluviaux, des marées, des vagues, du vent, etc.

Plusieurs fermes emploient déjà la transmission électrique pour tous leurs travaux : pour faire mouvoir les charrues, herses, scarificateurs, semoirs, moissonneuses, etc. ; de même que pour mettre en mouvement les batteuses, les instruments de meunerie, de vannerie, de blutage, etc.

On actionne ainsi des pompes, des scies, des haveuses, des cabestans, etc. L'électricité s'emploie de plus en plus aussi pour les appareils de locomotion.

2° *Effet de l'électricité sur les animaux.* — Elle leur communique une véritable stupeur, qui a été appliquée pour le ferrage, le dressage des chevaux, la chasse, etc.

3° *Applications électrolytiques.* — Elles sont très

nombreuses aussi. On désinfecte ainsi les alcools et les eaux vannes; on améliore les vins; ce procédé est employé au blanchiment des matières textiles et des fécules, au tannage, au retaillage des outils, à l'analyse du lait, etc., etc.

4° *Applications de l'électricité statique*. — Celle-ci est employée pour condenser les fumées d'usines; dans certains *bluteurs* et *sasseurs;* pour le raffinage du sucre ; pour faire sauter des mines, etc.

5° *Applications thermo-électriques*. — Elles sont mises en usage pour l'incubation artificielle, le mirage des œufs; dans certaines forges, pour porter au rouge des barres de fer; pour le chauffage, etc.

Lumière électrique.

La lumière électrique a aussi un rôle important dans la vie rurale, par ses effets sur la végétation, et ses différentes applications agricoles. En outre, il est des cas où il est pratique et économique de s'en servir pour l'éclairage.

Nous arrêterons là notre énumération, car, malgré nous, elle pourrait nous entraîner trop loin.

Quoi qu'il en soit, nous pensons avoir démontré suffisamment que l'agriculture ne peut plus rester indifférente devant l'électricité.

La meilleure raison qui nous ait été donnée

pour expliquer l'indifférence de l'Institut agronomique, notamment, est la suivante : au moment où cet établissement fut réinstitué, l'École centrale des arts et manufactures, sur laquelle on copiait le mode d'enseignement, ne possédait pas alors de cours d'électricité ; mais il n'en est plus ainsi aujourd'hui, le cours *d'électricité industrielle,* professé maintenant à l'École centrale, augmente chaque année son programme, si bien que c'est aujourd'hui l'un des plus importants de l'École. Aussi pensons-nous que le temps est venu de voir les Écoles supérieures d'agriculture dotées aussi d'un cours *d'électricité agricole.*

Diminuer la fatigue, les difficultés, les déboires de l'agriculture tout en accroissant son profit, tel est le lot nouveau de l'électricité. Par ce fait même, elle est le seul moyen qui puisse arrêter maintenant l'émigration de la vie rurale vers la vie urbaine. Qui sait même si l'électricité ne sera pas un jour la cause d'une émigration de sens contraire ?

C. PABST.

(Agriculture nouvelle, 5 août 1893.)

ÉLECTRICITÉ AGRICOLE

—⋖•≻—

Iʳᵉ PARTIE

ÉLECTRICITÉ ATMOSPHÉRIQUE

—

CHAPITRE Iᵉʳ

FORMATION DE L'ÉLECTRICITÉ

Cause principale de la formation de l'électricité atmosphérique. — L'électricité de la terre et de l'atmosphère devant jouer un grand rôle dans ce travail, c'est par son étude que nous commencerons ; cela nous permettra de rappeler en quelques mots ce que l'on entend par *électricité*, et les quelques définitions que ce sujet entraîne.

Les phénomènes connus, capables de fournir de l'électricité à l'atmosphère, sont extrêmement nombreux. Nous analyserons rapidement quelques-uns d'entre ceux qui semblent contribuer pour une certaine part, toujours infime, à la formation de la quantité énorme d'électricité répandue dans l'atmosphère et dans la terre.

Si le nombre des phénomènes connus (capables d'engendrer de l'électricité) est grand, le chiffre de ceux qui restent inconnus doit l'être bien plus encore. C'est pourquoi on peut considérer sans grave erreur que :

L'électricité atmosphérique et l'électricité terrestre sont principalement formées par une vaste pile, dont la terre et la mer seraient les deux grands couples voltaïques.

Formation de l'électricité par la pile. — Pour bien faire comprendre le phénomène que nous venons d'énoncer, nous rappellerons succinctement celui qui préside à la formation de l'électricité dans la plus simple des piles.

Si dans un récipient contenant une eau acidulée par un acide capable de dissoudre du zinc (prenons l'acide sulfurique, par exemple) nous plaçons une plaque de ce métal, cette plaque, avant son immersion, était formée de particules douées de forces électriques moléculaires de sens contraire et qui se faisaient équilibre. Pour distinguer la résultante de chacune de ces forces, on les désigne sous les noms d'*électricité positive* et d'*électricité négative*.

Lorsque cette plaque a été plongée dans le récipient contenant l'eau acidulée, elle a été chimiquement attaquée par l'acide sulfurique pour faire du sulfate de zinc et de l'hydrogène, qui s'est dégagé en petites bulles. En même temps que l'acide décomposait la plaque, il lui enlevait son *électricité positive,* qui se répandait alors au sein de la masse du liquide. La plaque, ayant perdu ainsi son électricité positive, il ne lui restait plus que l'électricité négative et, par conséquent, elle se trouvait être *électrisée négativement*.

Si maintenant nous ajoutons, dans ce même récipient, une plaque semblable à la précédente, mais formée par un métal ne se laissant pas attaquer par l'acide sulfurique dilué (le cuivre, par exemple), dans ce cas, l'équilibre moléculaire qui existait avant l'immersion persistera après. Mais l'électricité positive, qui avait abandonné la plaque de zinc, se portera immédiatement sur la plaque de cuivre, qui se trouvera être ainsi *électrisée positivement*.

Dans ces conditions, si l'on munit les deux plaques, séparément, d'un fil formé par une matière *bonne conductrice* de l'électricité, du laiton par exemple, et que les extrémités libres de ces fils soient rapprochées, on forme un *circuit*. Si ces extrémités sont suffisamment rapprochées, on voit aussitôt se produire une étincelle électrique, à la fois lumineuse et calorifique. Cette étincelle est due à la recombinaison des deux électricités ou à la formation d'un *fluide neutre*. Si, entre les extrémités des deux fils en question on interpose la main, cette recombinaison s'y effectue, en produisant une sensation particulière.

Maintenant si, à l'aide d'une matière *mauvaise conductrice* de l'électricité, c'est-à-dire ne permettant pas que l'électricité la traverse, du verre par exemple, on rapproche les extrémités des deux plaques immergées, on reconnaît qu'*elles s'attirent;* tandis que, si l'une des deux plaques est coupée en deux au sein du liquide et qu'on approche l'un de l'autre ces deux fragments qui se trouvent être chargés d'électricité de même sens, on reconnaît qu'ils se *repoussent*. Donc : *les électricités ayant des noms contraires s'attirent et les électricités ayant un même nom se repoussent.*

Ceci nous permet d'expliquer comment un corps peut être *électrisé par influence.* Étant donné un corps *bon conducteur* à l'état d'équilibre électrique, si l'on en approche un autre, électrisé positivement par exemple, le fluide neutre du premier est décomposé par le second, qui attire son électricité négative et repousse à l'autre extrémité son électricité positive, de sorte que chaque extrémité de ce corps neutre est électrisée d'une façon différente, sous l'*influence* du corps réellement électrisé.

Vitesse de l'électricité. — **Sa propagation.** — La vitesse avec laquelle l'électricité se propage dans un circuit peut être considérée comme incalculable, puisqu'elle va d'un point à un autre, pour ainsi dire, instantanément.

Cependant, pour en donner une idée, comparons-la avec la vitesse du *son,* qui est de 334 mètres à la seconde, et de la lumière, qui est de 77,000 lieues à la seconde, pour Rœmer, et de 74,000, suivant Foucault. Si on lançait un courant dans un fil qui ferait environ trois fois le tour de la terre, on pense approximativement qu'il reviendrait à son point de départ en moins d'une demi-seconde. Cela donne une idée de la vitesse incommensurable avec laquelle l'électricité se propage à travers les corps conducteurs.

On ne sait pas encore au juste, non plus, comment se fait cette propagation; jusqu'à présent, la théorie des *ondes électriques* est celle qui a le plus d'adeptes ; en effet, la *théorie des ondes* permet d'expliquer la propagation du plus grand nombre de phénomènes naturels.

Ce qui précède nous facilitera, dans la suite, l'exposition de certains phénomènes électriques, en même temps que cela nous a mis à même de rappeler en quelques mots ce qu'on désigne sous le nom général d'*Électricité.*

CHAPITRE II

FORMATION DE L'ÉLECTRICITÉ ATMOSPHÉRIQUE ET TERRESTRE

Similitude entre la pile et le couple formé par la terre et la mer. — L'acide sulfurique qui, tout à l'heure, jouait le rôle de dissolvant, est maintenant remplacé par la chaleur solaire. L'eau répandue à la surface du sol peut être regardée comme dissoute par cette chaleur solaire, pour faire de la vapeur d'eau. L'eau tient donc ici la place du zinc de la pile précédente, tandis que la terre prend celle du cuivre. Par cette décomposition, l'eau est chargée d'*électricité négative,* qu'elle transmet à la terre par conductibilité ; tandis que l'*électricité positive* s'échappe avec la vapeur d'eau, évaporée sous l'influence de la chaleur solaire, et se répand ainsi dans toute l'atmosphère.

Preuves expérimentales de cette théorie. — Pour que cette théorie ait la valeur que nous lui attribuons, il faut que les expériences viennent à son appui.

Elles furent très nombreuses.

De Saussure a consigné, dans la relation de son voyage sur les Alpes, la première expérience scientifique faite à ce sujet. Ayant jeté une masse de fer rouge dans un petit volume d'eau contenu dans un vase également en fer, à large ouverture, suspendu par des cordons de soie et en communication avec un *électromètre*[1] peu sensible, le vase prit un

---

1. Pour la description des appareils que nous citerons dans cet ouvrage, nous prierons nos lecteurs de se reporter à un traité de physique élémentaire quelconque ; autrement cela nous entraînerait trop loin.

excès d'électricité négative ; la vapeur d'eau et le gaz hydrogène provenant de la décomposition de l'eau, un excès d'électricité positive. Ce qui concorde bien avec notre théorie.

De Saussure, qui ignorait que tous les phénomènes chimiques et que toutes les combustions produisent de l'électricité, admettait, pour expliquer ce fait, que la volatilisation précédée d'une ébullition était la cause du phénomène.

Volta, Lavoisier, Laplace et bien d'autres savants remarquèrent, vers la même époque, cette formation d'électricité.

Toutes les évaporations qui se passent à la surface de la terre devant amener ce résultat, on comprend l'importance qu'elles ont dans la production de l'électricité atmosphérique et terrestre, et le droit que nous avons de les considérer comme la cause principale du phénomène.

Une communication faite dans ces dernières années à l'Académie des sciences, par une note de M. C. André, a enlevé les derniers doutes à ce sujet. Pour cela, il n'a eu qu'à publier les chiffres qui résultent de ses observations sur l'humidité de l'air et du potentiel électrique, au même moment, pour montrer la parenté qui existe entre l'électricité et l'humidité atmosphérique. A l'aide d'appareils enregistreurs, M. C. André a obtenu des renseignements qui lui ont permis de construire des courbes représentatives de l'humidité (évaporation terrestre) et du potentiel électrique de l'air, observés aux mêmes moments. Il a reconnu que des courbes, construites ainsi quotidiennement et annuellement, semblent être calquées les unes sur les autres.

Par le même procédé, des observations faites à Odessa par M. Klossofsky ont montré qu'il existe aussi des rapports intimes entre la marche de la pression atmosphérique et les changements du potentiel électrique. Les mouvements cycloniques de l'atmosphère trouvent, pour ainsi dire, un écho fidèle dans les indications de l'électromètre. Dans ce phénomène, les courbes présentent aussi un parallélisme et des dimensions très semblables.

Enfin, le brouillard, la fumée, les dépôts atmosphériques, tombés même à une certaine distance du point d'observation, peuvent en partie masquer à nos yeux la marche régulière du phénomène ; malgré tout, des observations de peu de durée suffisent à montrer le rapport qui existe entre l'humidité et les grands mouvements atmosphériques, dans la marche du potentiel électrique.

Électricité formée par la combustion. — Nous avons établi que l'électricité atmosphérique prend sa principale source dans l'évaporation de l'eau à la surface de la terre. L'électricité qui résulte de cette évaporation est *positive* dans l'atmosphère et *négative* dans la terre. Comme nous l'avons déjà dit, il y a d'autres phénomènes qui produisent de l'électricité ; parmi eux, le plus important est la *combustion*. Aussi devons-nous en dire quelques mots, d'autant plus que les végétaux jouent un grand rôle dans cette origine de l'électricité atmosphérique.

C'est à M. Pouillet qu'on doit l'explication expérimentale de la formation d'électricité *positive*, qui se dégage dans l'air, dans la combustion du bois et du charbon.

Il montra, en premier lieu, que, dans la combustion du charbon, les molécules d'oxygène, ou du principe *comburant*, dégagent de l'électricité positive et que le charbon, ou principe *combustible*, dégage de l'électricité négative. Il montra, en outre, qu'à l'instant où ces deux électricités deviennent libres, elles se recombinent pour former du *fluide neutre ;* les portions qui échappent à la recomposition immédiate, sont transmises, par l'intermédiaire du principe comburant et des corps combustibles, aux *corps conducteurs* avec lesquels ils sont en contact. Pour cela, M. Pouillet a placé verticalement un cône de charbon en communication avec la terre, à quelques centimètres au-dessous d'une plaque, en communication elle-même avec le plateau inférieur d'un *condensateur*. Allumant ce cône à sa partie supérieure, il entretint la combustion avec un chalumeau, de manière à diriger le courant d'air brûlé et le gaz acide carbonique sur la plaque, laquelle transmettait une électricité *positive* au plateau inférieur.

Rôle joué par les végétaux dans la formation de l'électricité atmosphérique. — M. Pouillet est parti des effets électriques observés dans la combustion, pour examiner ce qui se passe dans la végétation, dans les feuilles, organes de la respiration, où s'opère une véritable combustion. Dans ce but, il a fait germer des graines dans des capsules de verre isolées et remplies de terre végétale, puis mises en communication avec l'un des plateaux d'un *condensateur*. Trois jours après il reconnut que ces capsules possédaient un excès d'*électricité négative* ; les gaz dégagés, suivant lui, avaient dû emporter un excès d'*électricité positive*. Il répéta cette expérience avec des graines de différentes espèces ; elles donnèrent toujours le même résultat ; seulement ces effets étaient plus ou moins marqués, suivant le temps écoulé entre deux observations et l'état hygrométrique du milieu ambiant ; quelquefois même il était impossible de recueillir de l'électricité. Pendant la nuit, les effets étaient identiques, ce qui parut assez étonnant, étant donné que les phénomènes physiologiques de la respiration ne sont pas les mêmes, la nuit et le jour, chez les végétaux. L'eau, chargée d'acide carbonique de l'air et de divers composés provenant de la décomposition des matières organiques, pénètre par les racines dans les tiges ; celles-ci ont pour fonction d'évaporer une portion d'eau superflue et d'exposer à l'action de l'air les substances tenues en dissolution. Sous l'influence de la lumière, l'acide carbonique est décomposé ; le carbone mis à nu sert à l'accroissement du végétal, tandis que l'oxygène est exhalé. Pendant la nuit, le contraire a lieu : une portion du carbone accumulé pendant le jour se combine avec l'oxygène que les parties vertes ont absorbé. L'acide carbonique ainsi formé est expulsé du végétal, mais en moins grande quantité qu'il n'y est entré. Les effets électriques doivent donc être inverses le jour et la nuit.

De ces observations M. Pouillet a déduit que l'action des végétaux sur l'oxygène de l'air, action qui équivaut à une véritable combustion, analogue à celle décrite plus haut, est une des causes les plus permanentes et les plus puissantes de l'électricité atmosphérique (parmi les causes secondaires, aurait dû ajouter M. Pouillet).

Quantité d'électricité de l'atmosphère. — Par un ciel serein, l'électricité atmosphérique sera donc toujours positive et celle de la terre, négative, pourvu que, dans un rayon d'environ 70 kilomètres, il ne tombe ni pluie, ni grêle, ni neige. Dans cet état de sérénité de l'atmosphère, l'électricité sera toujours d'une intensité plus grande que celle que l'on obtient par un temps nuageux, en supposant toujours qu'il ne pleuve pas à quelque distance du point d'observation. Il existe deux *maxima* et *minima* : le premier maximum se produisant avant le milieu du jour, vers 9 heures du matin ; le deuxième, le soir, quelque temps après le coucher du soleil. Ce dernier maximum est généralement plus élevé et se prolonge souvent fort avant dans la nuit, mais, à l'aube, on n'observe ordinairement qu'un minimum.

L'heure du deuxième minimum survient après le milieu du jour et est plus variable.

Cette période diurne est facilement troublée par un vent qui souffle, par un nuage qui apparaît à l'horizon, par un vent de la mer ou par toute autre cause qui n'est pas souvent facile à déterminer. M. Luigi Palmieri, directeur de l'observatoire du Vésuve, a affirmé que, d'une manière générale, quand on observe de très forts maxima, le ciel est rarement serein dans les journées suivantes.

Les maxima sont aussi plus forts et plus durables, s'il se forme une rosée abondante. Enfin, si, par un ciel nuageux, l'électricité de l'air reste toujours positive, elle est en général moins forte, plus variable et sans période diurne définie.

Nuages positifs et négatifs. — L'électricité des nuages n'est pas toujours positive, comme on pourrait le croire; nous venons de dire que, si le ciel est serein, la vapeur d'eau répandue dans l'atmosphère forme toujours un nuage électrisé positivement; on sait, en effet, que la vapeur d'eau formée par l'évaporation terrestre est chargée de cette électricité positive.

Mais si un nuage reste pendant quelque temps en communication avec une montagne, ce nuage s'électrise négativement.

En outre, la tension positive de l'atmosphère allant en croissant à mesure qu'on s'élève dans l'air, s'il arrive que deux couches nuageuses soient superposées, le nuage supérieur étant plus fortement électrisé que le nuage inférieur, le premier peut agir par *influence* sur le second : celui-ci abandonne son électricité positive à l'air qui l'environne et se charge de toute l'électricité négative qui lui est possible.

Apparition d'électricité négative dans l'atmosphère par un beau temps. — Nous venons de dire que l'électricité de l'atmosphère par un ciel serein est toujours positive ; c'est, en effet, la règle. Mais il existe cependant une exception, destinée à confirmer cette règle. En effet, on observe parfois de l'électricité négative par un beau temps.

Ce fait, d'ailleurs très rare, avait jusque dans ces derniers temps été regardé comme un phénomène accidentel, auquel on avait cherché à donner des origines spéciales, étrangères à la base même des théories électro-atmosphériques. On l'attribuait : soit à la présence de poussières électrisées par frottement contre le sol ; soit à une chute, dans le voisinage, d'une pluie dont les nuages protecteurs étaient au-dessous de l'horizon du lieu d'observation.

M. C. André a fait, à l'Académie des sciences, une communication de ses observations à l'Observatoire de Lyon : sur trois cas qui se sont présentés dans ces dernières années, il a reconnu qu'on ne pouvait attribuer la formation de l'électricité négative observée aux deux causes précédentes.

Les trois cas se sont présentés à la même heure, et, pour M. André, ils se rattachent à des conditions atmosphériques remarquables, communes à ces trois jours :

1° A une distribution anormale, dans nos régions, de la température suivant la verticale, tellement que dans l'un de ces cas, notamment le 17 septembre 1885, le minimum du Puy-de-Dôme surpassait de 9 degrés celui de Clermont-Ferrand.

2° A une très grande sécheresse relative de l'atmosphère.

La conclusion du travail de M. André est que cette apparition d'électricité négative par un beau temps paraît être l'exagération d'un mode de variation diurne de l'électricité atmosphérique, d'ailleurs fort rare dans nos régions, et qu'ainsi elle est une des données sur lesquelles toute théorie complète de l'électricité atmosphérique doit être basée.

Quelques théories sur la formation de l'électricité atmosphérique. — Comme nous l'avons dit, ces théories sont extrêmement nombreuses, aussi ne les énumérerons-nous pas. Cependant il en est une dont nous dirons quelques mots, à cause du nom célèbre de son auteur. Elle est due à Becquerel.

Pour celui-ci, l'électricité positive de l'atmosphère prendrait naissance dans l'état de constante combustion du soleil ; cette électricité positive s'échapperait, avec l'hydrogène et les diverses substances qui forment l'atmosphère solaire, des taches solaires qui ont quelquefois jusqu'à 16,000 lieues d'étendue. Cet hydrogène emporterait l'électricité positive, qui se répandrait ainsi dans les espaces planétaires, puis dans l'atmosphère terrestre et même dans la terre, en diminuant toujours d'intensité, à cause de la mauvaise conductibilité des couches d'air qui sont de plus en plus denses, et du peu de conductibilité de la couche superficielle de la terre ; *cette dernière serait alors électrisée négativement, parce qu'elle serait moins positive que l'air.*

Cette théorie ne nous paraît pas suffisamment explicative et, malgré les affirmations de M. Becquerel, on persiste à ne pas bien comprendre comment l'électricité positive du soleil peut traverser le vide qui existe entre l'atmosphère terrestre et l'atmosphère solaire.

On ne comprend pas bien non plus ce que le soleil fait de cette électricité négative qui doit s'augmenter indéfiniment, car nous avons montré que la recombinaison des électricités ayant des noms contraires exige des quantités égales de chacune d'elles.

M. Becquerel a émis aussi une autre théorie pour expliquer la formation et les états différents de l'électricité de la terre et de l'atmosphère. Selon lui, cela pourrait provenir du décroissement graduel de la chaleur terrestre, depuis les parties inférieures de la croûte solide jusqu'aux dernières limites de l'atmosphère. Malheureusement, comme le dit M. Becquerel, aucun fait probant n'est venu appuyer cette théorie.

Enfin, disons que la lune joue aussi un rôle dans la formation de l'électricité atmosphérique. Sans entrer dans de plus amples détails à ce sujet, nous nous contenterons de dire que, d'après les récents travaux de M. Renou, présentés par M. Mascart à l'Académie des sciences, dans nos contrées, les orages sont plus fréquents durant la déclinaison boréale que pendant la déclinaison australe de la lune.

Choix d'une théorie. — Pour nous, ce qui doit présider au choix d'une théorie, c'est :

1° Sa simplicité. Entre deux théories également démontrées par l'expérience, c'est la plus simple que nous adopterons.

2° La théorie qui s'appuie sur le plus grand nombre d'expériences sera par nous préférée.

Or, les théories de M. Becquerel ne peuvent s'appuyer sur l'expérience et elles sont relativement compliquées. C'est pourquoi nous pensons que la principale cause de l'électricité atmosphérique et terrestre est due à l'évaporation de l'eau par le mécanisme solaire expliqué.

En réalité, la cause de cette électricité ne nous intéresse pas outre mesure ; ce dont il est important de se rendre compte, c'est de la quantité infinie d'électricité que la nature a mise à notre portée, et comment, en particulier, elle est distribuée à la surface de la terre. M. Thomson, pour le faire comprendre, a considéré une portion de la surface de la terre, unie ou couverte d'accidents de toute nature. La quantité totale d'électricité contenue serait approximativement la même que sur une nappe liquide absolument calme, projection de la surface réelle ; mais cette quantité d'électricité serait distribuée d'une façon très irrégulière, plus grande sur les parties proéminentes et les surfaces convexes ; plus faible sur les parties abritées et concaves ; absolument *nulle* dans l'intérieur d'une cavité, sur le sol d'une forêt, sur les parois d'un tunnel ou d'un appartement, alors que les ouvertures auraient une valeur angulaire considérable. On en verra plus tard les raisons. Tels sont les phénomènes importants dont il est nécessaire de se rendre bien compte, car, comme l'a expliqué M. Pellat, dans son bel ouvrage sur l'électricité, les phénomènes électriques dont la terre est le siège s'expliquent facilement en partant de ce fait : que la terre est un globe possédant un excès d'électricité négative, en partie répandue à la surface du sol, et en partie répandue dans l'atmosphère. La terre, étant ainsi isolée dans l'espace, ne peut perdre cet excès d'électricité négative, et nous n'avons pas plus à rechercher son origine que nous ne nous demandons celle de l'azote de l'air et de l'oxygène qui entourent notre globe.

S'il existe des causes qui tendent à faire passer la couche électrique négative du sol dans l'atmosphère (brouillards, aurores polaires, etc.), il en existe d'autres, comme la pluie, qui ramènent constamment l'électricité négative de l'atmosphère au sol.

Si nous avons insisté un peu sur l'origine de l'électricité atmosphérique, c'est pour faire connaître un peu aussi à nos lecteurs un sujet qui donna lieu à de longues controverses et pour les familiariser avec des phénomènes dont ils retrouveront des applications par la suite.

Quant à la force magnétique terrestre, celle-ci n'ayant jusqu'ici aucune application agricole, nous n'en parlerons pas.

CHAPITRE III

L'ORAGE

Description. — Connaissant la formation de l'électricité atmosphérique, il nous est permis d'étudier maintenant les phénomènes auxquels cette électricité donne lieu. Si nous entrons dans quelques détails sur ceux qui peuvent intéresser la vie rurale, nous nous contenterons de quelques mots seulement pour décrire ceux qui n'ont que peu d'intérêt au point de vue agricole.

Le premier à étudier est l'*orage*. Mais on désigne généralement sous ce nom une série de phénomènes (pluie, grêle, éclair, tonnerre, bourrasque, coup de vent, inondation, etc...) qui ont chacun des effets particuliers. Nous n'étudierons naturellement que ceux qui ont une essence électrique et qui peuvent intéresser l'agriculture.

D'ailleurs, nous croyons qu'en empruntant à la *Revue scientifique* l'article suivant, nous donnerons d'un orage la description la plus exacte et la mieux écrite :

« Un orage de courte durée, mais d'une violence inouïe, s'est abattu, le 18 août 1890, au parc Baleine, de $7^h 30^m$ à 8 heures du soir. Ce jour-là, bien avant le lever du soleil, les éclairs avaient déjà brillé, et, entre 3 et 5 heures du matin, le tonnerre grondait sur l'arc d'horizon s'étendant du sud à l'ouest. Mais, en somme, la journée avait été fort belle, le ciel à peu près pur, la température extrêmement chaude.

« La colonne thermométrique atteignit un maximum de

35°,2 vers 3 ou 4 heures de l'après-midi. A cette dernière heure, le ciel était encore entièrement serein. Il se couvrit rapidement à 5 heures du sud-ouest au sud-est, et les nuages s'avancèrent denses et menaçants. A l'éclat radieux du jour succéda une morne clarté. Pas un souffle d'air. Une sorte de stagnation atmosphérique irrespirable, imprégnée d'une chaleur d'étuve, étouffante, accablante, dans un calme absolu.

« Les premiers roulements de tonnerre, sourds, lointains, se firent entendre à 5ʰ,55. A 6 heures, le ciel acheva de s'obscurcir. La girouette pointait du nord-ouest et les nuages inférieurs chassaient de sud-sud-est. On voyait alors, vers les régions zénithales, un spectacle curieux, rare dans nos contrées, les fameux *Pocky clouds,* si redoutés des îles Orcades. Leur aspect était étrange, sinistre. L'apparition de ces nuages singuliers présage d'ordinaire l'arrivée des tempêtes ou l'approche de mouvements orageux accompagnés de forts coups de vent.

« Vers 7 heures, les éclairs prirent de l'ampleur, s'allumèrent plus fréquents, apparurent merveilleux. La grande voix du tonnerre était nette, dure, vibrante. La situation resta telle jusqu'à 7ʰ,30. Puis, tout à coup, ce fut comme un épanouissement prodigieux, formidable, de toutes les puissances électriques de l'atmosphère. Les décharges se suivaient, se précipitaient, se répondaient, devenaient incessantes. Le dénombrement en était impossible. Le ciel tout entier se transformait en une effrayante mêlée d'éclairs étincelants, fulgurants, aveuglants, permettant à peine à l'œil ébloui de distinguer je ne sais quelle confusion de phénomènes dans l'obscurité troublée. C'était un embrasement général, un flamboiement grandiose. La pluie, la grêle tombaient avec furie. Les rafales de vent passaient rapides comme des projectiles, se heurtant aux obstacles, les brisant, les renversant. Le grondement ininterrompu du tonnerre n'était coupé que par les éclats rudes et déchirants des coups plus rapprochés. Cela fit rage pendant une demi-heure, et, soudain, la pluie vint à cesser, le vent s'apaisa, les éclairs s'espacèrent de plus en plus. On put les compter de nouveau. Les roulements de tonnerre redevinrent sourds et se perdirent peu à peu dans le lointain. Seule, la lueur amoindrie des éclairs illumina, vaguement et pendant longtemps encore, l'horizon du nord au nord-est.

« Au passage de la tourmente, les appareils enregistreurs présentèrent des variations extraordinaires. En moins de vingt minutes, l'aiguille barométrique s'éleva de $5^{mm},1$ pendant que la colonne thermométrique faisait une chute brusque de $10°,2$; $21^{mm},5$ d'eau avaient été reçus au pluviomètre. »

Nous ne savons si nos lecteurs sont de notre avis ; quant à nous, nous trouvons cette description, à la fois scientifique et littéraire, absolument admirable. Ce splendide tableau de l'orage a été fait par la main d'un véritable maître, devant être en même temps un admirateur passionné d'un des plus beaux phénomènes de la nature. Malheureusement, nous n'en connaissons pas l'auteur.

Statistique des orages. — Nous pensons que c'est peut-être à M. de Roquigny qu'on doit attribuer cette belle description, car on possède de très intéressants travaux faits par lui à la station météorologique de Baleine. C'est ainsi qu'il a établi une statistique sur les orages qui ont éclaté durant la période 1835-1889.

Il a trouvé que le nombre annuel des orages est en moyenne de 29 ; c'est d'ailleurs le chiffre observé pour l'année 1889.

Pendant la période 1835-1889, voici comment se répartit le nombre des orages mensuellement :

Janvier	8
Février	13
Mars	51
Avril	136
Mai.	258
Juin.	300
Juillet.	304
Août	274
Septembre.	150
Octobre	67
Novembre	15
Décembre	14
Total	1,590

La pression moyenne annuelle étant, à Baleine, voisine de 763 millimètres, les orages ont presque toujours apparu (90 p. 100) lorsque la hauteur barométrique était inférieure à la normale. C'est d'ailleurs la confirmation de la loi énoncée par Marié-Davy : « Les orages se produisent quand le régime est cyclonique. »

M. de Roquigny a reconnu aussi que, ni les pressions très élevées, ni les pressions extrèmement basses, ne sont favorables à l'éclosion des orages, car ils sont le plus fréquents sous la pression comprise entre 754 et 763 millimètres.

En 1889, la durée moyenne des orages a été de 79 minutes.

57 p. 100 se sont produits entre midi et 6 heures du soir.
27 p. 100 entre minuit et 6 heures du matin.

Enfin, la quantité d'eau tombée a été en moyenne de $6^{mm},7$, chiffre oscillant entre quelques dixièmes ; le chiffre important a été de $24^{mm},5$.

CHAPITRE IV

FOUDRE

Définition. — Le nom de foudre désigne, dans le monde, à la fois l'éclair et le tonnerre. On s'explique facilement cette bizarrerie apparente, en considérant l'infiniment court espace qui sépare ces deux phénomènes, le second n'étant que le bruit produit par le premier quand il se manifeste.

Nous savons que l'eau évaporée à la surface de la terre entraîne avec elle de l'électricité positive ; les nuages formés par cette vapeur d'eau se trouvent être naturellement chargés d'électricité de même nom.

Lorsqu'un de ces nuages est fortement électrisé, ce qui arrive dans les temps orageux, et qu'il est à une faible distance du sol, il agit par *influence* sur les corps qui sont à la surface ainsi que sur les couches superficielles de la terre.

On sait en effet, comme nous l'avons dit au début du chapitre précédent, que les électricités ayant un signe contraire s'attirent. Si la terre se trouvait en équilibre électrique, l'action des nuages électrisés positivement suffirait donc à attirer l'électricité négative à la surface, pour faciliter la recombinaison des deux électricités ; la terre étant surtout électrisée négativement, l'*influence* de l'électricité du nuage se trouve être bien plus grande sur l'électricité terrestre. C'est pourquoi la recombinaison de ces deux électricités est si fréquente dans les temps d'orage, où les nuages sont fortement électrisés et où ils sont particulièrement *bas,* c'est-à-dire près du sol.

Que l'action électrique augmente par suite d'un rappro-

chement du nuage ou par suite d'une électrisation plus
forte que ce nuage acquiert pour une cause quelconque,
on comprend facilement que l'équilibre électrique puisse
se rétablir par une ou plusieurs étincelles éclatant à travers
l'air.

Cette étincelle ne se produit pas suivant le plus court
chemin, c'est-à-dire suivant une droite qui relie la terre
au nuage, mais vraisemblablement suivant le chemin qui
offre la moindre résistance à l'électricité.

Éclair. — L'étincelle est justement ce que l'on nomme
éclair. Ce que nous venons de dire explique pourquoi l'é-
clair nous apparaît comme un zigzag lumineux.

Au moment où se forme cette combinaison d'électricité
positive et négative, on dit que la *foudre tombe*.

Les corps qui se trouvent sur le passage de cette étincelle et qui, par conséquent, servent généralement de *conducteurs* à l'électricité négative de la terre, subissent, par
ce fait, des actions d'ordres très différents et très énergiques. On dit alors qu'ils sont *foudroyés*.

Mais l'éclair peut avoir une autre formation. Par exemple, cette étincelle électrique peut se former entre deux
nuages voisins dont l'un serait moins électrisé que l'autre.

Quoique, dans ce cas, la *foudre* ne tombe pas sur la
terre, les objets qui se trouvent à sa surface ne sont cependant
dant pas à l'abri des effets du phénomène ; il peut en résulter des accidents pour les corps qui, sur la terre, sont
placés dans le champ d'action des deux nuages en question.
Il peut se produire un *choc en retour* dont nous donnerons
tout à l'heure l'explication.

Les éclairs sont constitués par un trait lumineux présentant, comme nous l'avons dit, un zigzag caractéristique.

La longueur de ce dernier peut être considérable ; dans

certains cas, elle a été évaluée à plus de 10 kilomètres ; ce qui n'empêche pas la très courte durée du phénomène. Wheatstone a voulu apprécier la valeur de ce temps ; pour cela, examinant, à la lueur d'un éclair, un disque tournant rapidement, il ne put observer aucun déplacement apparent des figures qui y étaient tracées ; il en conclut que la durée du phénomène devait être inférieure à un millième de seconde.

Cette courte durée, jointe à l'éclat très vif de l'étincelle et à sa production inopinée, rend très difficile toute observation. Dans ces derniers temps, cependant, la photographie a été d'un grand secours pour cette étude.

L'éclair est souvent formé de plusieurs traits lumineux qui présentent parfois un certain parallélisme et qui se ramifient pour aboutir à des points différents.

Tonnerre. — Le tonnerre est le bruit qui accompagne, comme on sait, l'éclair. Il est bref ou prolongé ; dans ce dernier cas il présente des renforcements caractéristiques ; au contraire, dans le premier, l'éclair est relativement court et ses divers points sont à peu près à la même distance de notre oreille ; s'il en était autrement, à cause de la vitesse proportionnellement faible du son, l'impression durerait un certain temps. Le bruit est bien produit simultanément ou à peu près, dans tous les points de l'éclair.

Il est probable que l'écho contribue à prolonger la durée du tonnerre, elle est aussi augmentée par la forme sinueuse et brisée de l'éclair.

Effets de la foudre. — Lorsque la foudre tombe sur la terre, c'est-à-dire quand a lieu la recombinaison des électricités de la terre et des nuages, les corps qui se trouvent sur le passage de l'énorme étincelle électrique ainsi formée sont dits *foudroyés*.

La foudre tombant sur la terre y produit des effets qui peuvent être classés en quatre espèces différentes : 1° effets physiologiques ; 2° effets physiques ; 3° effets mécaniques ; 4° effets chimiques.

1° *Effets physiologiques*. — Les effets physiologiques de la foudre sont ceux qu'elle produit sur les êtres vivants ; ceux-ci, sous cette action spéciale, peuvent éprouver ou un éblouissement passager ou des désordres graves, comme la paralysie de tout ou d'une partie du corps ; souvent même la mort en résulte.

Lorsque des personnes foudroyées ne présentent pas de lésions apparentes incompatibles à la vie, M. Assmann a recommandé la respiration artificielle ; pratiquée pendant un quart d'heure, elle suffit pour rappeler à la vie des individus frappés par la foudre. Quand cette dernière ne produit aucune lésion extérieure, on observe une congestion au cerveau et un épanchement de sang hors des vaisseaux. On a remarqué d'ailleurs que, dans la plupart des cas, le sang extrait des veines a perdu sa coagulabilité.

Le malaise général qui précède l'orage et fait qu'on trouve le temps *lourd* provient en grande partie de la forte tension électrique qui existe à ce moment-là dans l'atmosphère et doit faciliter la chute de la foudre. Ce malaise, les animaux l'éprouvent aussi. C'est sans doute lui qui cause l'extrême irritabilité des abeilles à l'approche des orages, irritabilité qui, pour M. Emerig, est un moyen certain de reconnaître l'approche des phénomènes orageux.

Quand un individu est mort foudroyé en ne présentant pas de lésions apparentes, la foudre a eu une action sur le système nerveux ou le bulbe (comme le montrent les autopsies des individus foudroyés ou tués par de puissantes

décharges et celles des animaux soumis à des actions énergiques provenant de machines d'induction).

Quoique la foudre soit, le plus souvent, très dangereuse, il est juste de dire aussi qu'elle est quelquefois inoffensive. C'est ainsi qu'on a vu un bloc de feu entrer dans
une maison en brisant une vitre, se promener dans une pièce
en cassant quelques objets, venir effleurer délicatement
l'habitant, puis sortir aussi inoffensivement qu'il était
entré.

2° *Effets physiques.* — Les effets physiques se réduisent
généralement à un dégagement de chaleur considérable
qui fond, vaporise, met en combustion des corps bons conducteurs ; il peut résulter ainsi, par conséquent, des gouttes
liquides incandescentes, lesquelles, tombant sur des corps
combustibles, sont de nature à en provoquer l'incendie.

Le bois, le chanvre, la paille, les fourrages sont rarement
enflammés par leur propre conductibilité, mais plutôt parce
que la foudre les traverse, attirée par le voisinage de quelques corps meilleurs conducteurs, de même que le coton
s'enflamme par la décharge d'une bouteille de Leyde.

Quand la foudre vient frapper les couches de sable
quartzeux, qui constituent le sol de certaines contrées, elle
peut fondre ce sable lui-même et former, avec les grains
agglutinés, des tubes auxquels on donne le nom de *fulgu-
rites.*

D'après une récente communication à l'Académie des
sciences, la foudre laisserait aussi, sur son passage, une
sorte de résine.

Des masses de fer ou d'acier peuvent être aimantées par un
coup de foudre ; les pôles différents d'un aimant sont souvent déplacés.

La foudre peut occasionner l'explosion du grisou. C'est

ce qui est arrivé au mois de novembre 1890 dans la mine de charbonnage de Drumsmuden, etc.

3° *Effets mécaniques.* — Ce sont les plus surprenants et les moins bien expliqués. Elle peut arracher de leurs scellements des masses de fer énormes, brisant et réduisant en poudre des blocs de pierre, transportant des pans de murs. Elle enlève des toitures en les projetant à une grande distance ; elle traverse des plaques épaisses de verre ; elle déchire en filaments le tronc des arbres. Elle peut réduire un homme en cendres, de même qu'elle peut visiter ses poches en le dépouillant de tout son argent, de sa montre, de ses boutons, en un mot, en lui enlevant tout le métal qu'il a sur lui, sans lui faire aucun mal ; elle peut fondre le tout, le volatiliser ou encore le reporter sur d'autres corps.

4° *Effets chimiques.* — Enfin, la foudre a des effets chimiques *très remarquables* ; c'est ainsi qu'elle agit sur la composition de l'air, en formant des combinaisons d'oxygène et d'azote. Nous reviendrons sur la description de ces effets chimiques et particulièrement sur les combinaisons dont nous venons de parler, à cause de leur intérêt agricole.

Lois des phénomènes de la foudre. Choc en retour, choc direct. — M. Grollet a établi trois lois suivant lesquelles ce phénomène a lieu. Lorsqu'un nuage orageux vient à passer près de la surface de la terre :

1° Ou le nuage, qui exerce par *influence* son action sur les corps qui se trouvent dans sa sphère d'activité, s'éloigne sans explosion, alors les corps repassent peu à peu à leur état normal sans qu'il se produise aucun effet.

2° Ou bien le nuage peut être assez près, assez volumineux et assez fortement électrisé par *influence,* alors les corps sont foudroyés par le *choc direct.*

3° Ou bien, enfin, les corps étant électrisés *par influence,* s'il y a tout à coup explosion entre le nuage qui les électrise et un autre nuage, les corps retombent alors dans leur état naturel ; l'électricité qui avait été attirée dans le point le plus voisin du nuage se précipite pour se joindre à celle dont elle avait été séparée ; on dit, dans ce cas, que les corps sont foudroyés par le *choc en retour*, lorsqu'ils se trouvent sur le retour de l'électricité gagnant sa position d'équilibre.

Mais ce phénomène est très rare, son existence est même discutée par quelques auteurs ; dans tous les cas, il est beaucoup moins à craindre que le *choc direct*.

Victimes humaines de la foudre. — Quelques statistiques ont été faites à ce sujet. Ainsi, en Angleterre, le nombre des personnes tuées pendant la période 1852-1880 a été de 546.

La foudre paraît être une galante personne, car c'est surtout au sexe fort qu'elle s'est adressée pour chercher ses victimes. C'est ainsi que sur 546 morts, 442 sont du sexe masculin et 104 de l'autre.

En outre, les habitants des campagnes payent toujours un plus grand tribut à la foudre, quant aux victimes, que les habitants des villes.

C'est d'ailleurs pour cela que nous étudierons avec assez de soin la construction des paratonnerres dont l'absence, dans les campagnes, semble être la cause de cette injustice du sort.

Enfin, les voisinages des côtes au sud et à l'ouest et ceux des montagnes paraissent diminuer les chances d'atteintes de la foudre.

Dans l'Allier, le nombre des personnes tuées ainsi a été, durant la période 1835-1889, de 133 : soit une moyenne de 2,4 par an.

D'après la statistique générale dressée par M. Flammarion, la foudre a tué 4,609 personnes en France de 1835 à 1883, ce qui fait une moyenne de 94 foudroyés par an, ou à peu près 1 foudroyé par département.

La foudre n'est donc pas un fléau bien terrible pour les hommes.

Arago, l'illustre savant, a établi, par une statistique soigneusement faite, qu'un promeneur dans les rues de Paris court plus de risques d'être écrasé par la chute d'une cheminée ou d'un pot quelconque, que d'être tué par la foudre.

Comme on le voit, la statistique a du bon, ne fût-ce que pour rassurer les esprits alarmés ! Dans tous les cas, nous pensons qu'il est avantageux, sous tous les rapports, de montrer à l'enfant la foudre comme un magnifique spectacle de la nature, plutôt que de lui en faire un objet de crainte par des superstitions ridicules.

Quoi qu'il en soit, il existe quelques précautions pratiques qu'il est préférable d'employer. Ainsi, il vaut mieux éviter tout courant d'air pouvant servir de conducteur à la foudre ; il est donc prudent de fermer les fenêtres dès que commence l'orage.

Pour la même raison, il ne faut pas courir en route ; en outre, il est préférable de ne pas se mettre à l'abri sous un arbre, car, comme on le verra, la foudre peut le frapper de préférence à tout autre corps moins élevé. Enfin, on sait que la foudre glisse sur la soie ; aussi, lorsqu'on est surpris en forêt par un orage et qu'on possède un parapluie de cette étoffe, est-il moins dangereux de se contenter de cet abri que d'en chercher un sous bois.

CHAPITRE V

ACTION DE LA FOUDRE SUR LES VÉGÉTAUX

Bizarres préférences de la foudre. — Nous allons commencer par citer les observations intéressantes de M. Beulé ; nous tâcherons de démontrer ensuite les influences que le sol et la végétation qu'il porte peuvent exercer sur la foudre.

Près de la station de Lincent, province de Liége, passe la chaussée de Tirlemont à Haunut, bordée d'ormes. Elle suit à peu près la direction nord-ouest, sud-est. De Linsmeau à Lincent, le terrain monte assez fortement jusqu'à la rencontre de la chaussée, à son point culminant, avec une autre crête allant à peu près du sud au nord. Plus loin, le terrain descend rapidement. Presque au point le plus élevé, on voit quatre ormes qui portent des cicatrices de blessures causées par la foudre. Un arbre a été frappé deux fois ; tout à côté, un arbre plus petit a également été atteint. Non loin de là, un faucheur fut tué dans ces dernières années.

A Bauteisen, à mi-chemin entre Louvain et Tirlemont, se trouve une maison autour de laquelle la foudre tombe fréquemment. Voici les chutes les plus remarquables dans ces dernières années.

Près de cette maison se trouvait un *peuplier canada,* il était devenu si gros qu'un enfant pouvait à peine passer entre l'arbre et le mur de l'habitation. Lors d'un orage, cet arbre fut entièrement détruit. Toutes ses branches furent emportées et le tronc fendu jusqu'au sol en trois ou quatre parties. La maison n'avait pas souffert. Quelque temps après, la foudre détruisit le garde-fou du puits attenant à la même maison. Ce fut ensuite le tour d'un poirier du jardin. L'an passé, la foudre tomba encore dans un champ de froment voisin. Tout cela dans un rayon de quelques mètres. La configuration ne présentait cependant rien de particulier.

Enfin, un bois de taillis et de grands arbres plantés en terrains marécageux, est situé à Lovenjoul, entre la voie du chemin de fer et la grande chaussée de Malines à Liége. Au milieu du bois il y a une drève bordée de chênes et allant de l'ouest à l'est. Il y a eu sept chênes frappés de la foudre dans cette drève ; ils sont tous situés l'un près de l'autre du côté sud. Tout près, un gros frêne a également été atteint. Sur la lisière sud du bois, deux peupliers ont encore été détruits l'année dernière. Les cultivateurs prétendent qu'aucun orage ne passe au-dessus de ce bois sans que la foudre y tombe.

Action des arbres sur la foudre. — La remarque que ces cultivateurs ont faite sur ce bois pourrait l'être sur tous les autres. C'est un phénomène bien établi aujourd'hui et connu d'ailleurs depuis longtemps : les arbres agissent absolument comme des paratonnerres en attirant l'électricité des nuages. Ce qui le prouve bien, c'est que, lorsqu'un orage est passé au-dessus d'une forêt, il se trouve notablement affaibli par suite de l'électricté qui lui a été soutirée par les arbres.

Cela a été démontré par M. Tristan, après observation de soixante-quatre orages distincts accompagnés de grêle ; il a reconnu que, si l'orage passant au-dessus d'une vaste forêt s'affaiblit, cela tient à ce que les arbres prennent aux nuages orageux une grande partie de l'électricité ayant un nom contraire à celui de l'électricité terrestre; on peut donc considérer les arbres comme un moyen d'atténuer les coups de foudre.

Mais M. Tristan ne regarde pas les arbres comme ayant une vertu toujours conservatrice, car il peut arriver qu'ils n'agissent plus ; cela tient à ce que le sous-sol n'est pas conducteur de l'électricité terrestre, ils deviennent alors inefficaces à servir de paratonnerres.

C'est ainsi que nous expliquerons les observations précédentes de M. Beulé, sur les apparentes préférences de la foudre.

Pour la même raison, les prédilections de la foudre envers les essences varient avec la composition des sols de certains pays et même de certains continents.

Pour l'Angleterre et la France, la statistique montre que les essences de prédilection sont : l'orme, le chêne, le frêne, le peuplier, plutôt que les arbres voisins. En Amérique, les espèces les plus atteintes sont : l'orme, le noyer, le chêne, le pin. En Allemagne, sur 25 chutes de la foudre, on compte 165 chênes atteints.

Néanmoins, dans la plupart des cas, les plantes offrent une grande force d'attraction aux décharges électriques et cette force varie considérablement avec les différentes espèces de végétaux. Il est plus que probable que la conductibilité électrique de l'essence particulière d'un arbre joue un rôle bien plus important que sa hauteur, la manière dont il communique avec le sol, la conductibilité même du terrain ; cependant, ces diverses particularités ont aussi une certaine importance.

On a fait des expériences à ce sujet qui ont donné les résultats suivants. En prenant l'*yeuse* pour unité de cette puissance, le pin a, dans une échelle ainsi construite, le coefficient 15, c'est-à-dire qu'il attire 15 fois plus l'électricité que l'yeuse. Le sycomore, le peuplier, et plusieurs autres essences semblables, valent ainsi 40 unités.

Causes de la chute de la foudre sur les arbres. — M. Jonesco a cherché comment les branches de diverses essences se comportaient vis-à-vis des décharges électriques. Il a tout d'abord constaté que la conductibilité électrique plus ou moins grande des arbres doit être d'autant moins prise en considération, que la tension électrique est plus forte ; quand celle-ci est suffisamment élevée, tous les arbres peuvent être frappés par la foudre. Mais des différences existent du moment que la tension n'est pas aussi élevée. La richesse du bois en eau serait, contrairement à ce qui a été admis, sans influence sur la conductibilité du bois vivant. Par contre, cette conductibilité dépendrait beaucoup de la richesse du bois en amidon et en huile grasse. L'auteur distingue, avec M. A. Fischer, les arbres à *graisse* et les arbres *amylacés* ; ceux-ci conduisent relativement bien l'électricité. Il n'a pu être fixé de notables différences dans le pouvoir conducteur de diverses espèces.

Le bois vivant conduit beaucoup moins bien l'électricité que le bois mort : l'existence des branches mortes chez les arbres, tant à graisse qu'à amidon, augmente donc le danger de la foudre.

Le cambium et l'écorce conduisent mieux que le bois, mais ces parties sont, relativement à la masse de l'arbre, trop peu développées pour modifier la conductibilité électrique. Celle-ci ne dépend donc que du bois, car, d'après M. Jonesco, le feuillage serait également sans influence sur le pouvoir conducteur relatif des arbres, pour l'étincelle électrique.

Les résultats de ces recherches trouveraient leur confirmation dans les matériaux statistiques dont l'auteur a rendu compte à la *Société agricole du Brabant;* ces matériaux sont le résultat d'observations faites, depuis 1847, par la *direction des forêts de la principauté de Lippe,* sur les coups de foudre et les arbres. On a, par exemple, trouvé que le chêne a été beaucoup plus souvent frappé que le hêtre : or, le premier est un type d'arbre à amidon et le second un type d'arbre à graisse.

D'autre part, c'est un fait établi par l'observation, il y a fréquence plus grande de coups de foudre dans les branches sèches.

En outre, les données statistiques de M. Jonesco l'autorisent à dire, paraît-il, que le danger de la foudre n'a aucun rapport avec les caractères du sol. Si les chiffres les plus élevés sont accusés en terres fortes et en terres sablonneuses, cela provient de ce que, dans ces sortes de terres, croissent mieux le chêne et le pin, arbres à amidon.

Action différente des essences sur l'électricité atmosphérique. — C'est Wöckert qui a donné l'explication de la différence d'action que chaque essence possède sur l'électricité atmosphérique. Il démontre ainsi que les arbres à feuilles *poilues* ou *ciliées* sont, toutes autres conditions étant égales d'ailleurs, moins exposés à la foudre que les arbres à feuilles *glabres.*

Le danger de la foudre pour les arbres dépend non seulement de leur hauteur, mais encore de leur conductibilité, déterminée par leur plus ou moins grande richesse en séve, et, en outre, de la tension électrique.

Ainsi, le hêtre est moins exposé que le chêne, parce que ses feuilles sont *pubescentes* et *ciliées.* Les nombreux poils et cils des feuilles de hêtre ne permettent pas la production d'une forte tension électrique, parce que, durant un orage, l'électricité accumulée dans l'arbre s'écoule en grande partie par la multitude de pointes que constituent les poils et les cils.

Une feuille de hêtre attachée à un conducteur électrique diminue la tension de celui-ci d'une quantité déterminée, en moins de temps que ne le fait une feuille de chêne dans les mêmes conditions. Le même résultat est obtenu lorsque, dans cette expérience, on remplace les feuilles par des rameaux de hêtre ou de chêne. Dans les rameaux de chêne, il s'accuse une quantité d'électricité deux fois aussi grande que dans les branches de hêtre et elle y est conservée aussi pendant plus longtemps.

Statistique des arbres foudroyés. — D'après des recherches exécutées dans les forêts de la principauté de Lippe, entre le Hanovre et la Westphalie, on a remarqué que, sur 40 arbres frappés par la foudre, plus de 25 étaient des chênes et 2 seulement des hêtres, ce qui confirme bien la théorie de Wöckert.

Tous les arbres étaient sains, sauf un. Le fluide frappa le sommet de 11 arbres ; 14 furent atteints sur les branches sèches ; 11 reçurent la décharge sur le tronc et 4 sur les branches vertes.

Dans 34 cas, l'éclair descendit le long du tronc ; ce dernier fut fendu en deux, dans un seul cas.

Dans 3 cas, la foudre descendit le long du tronc sans l'endommager ; jamais elle ne passa d'un arbre à un autre.

A part 6 arbres qui furent débités en esquilles, on put constater 31 fois que le fluide avait suivi les fibres longitudinales ; dans 3 cas la trace était plus ou moins spiralée.

M. de Lamoury a examiné un chêne de $2^m,20$ de circonférence et 15 mètres de hauteur, foudroyé dans la forêt de Gisors ; non seulement il fut fendu et crevassé jusqu'à son pied, mais encore la plus grande partie de son tronc fut littéralement pulvérisée, réduite en petits fragments de la grandeur d'une allumette, qu'on pouvait ramasser à pleine main.

Relativement à leur situation, les arbres endommagés se répartissent comme suit :

5 sont isolés ;

6 à la lisière ;

8 dans les parties peu denses du bois ;

21 dans les parties serrées.

La plupart avaient plus de 10 mètres de haut ; deux fois seulement des arbres d'une moindre hauteur furent atteints.

Pendant la période 1874-1892 : 578 arbres furent foudroyés dans les forêts de la principauté de Lippe. Le maximum fut constaté en 1884 : 81 arbres tombèrent ; le minimum se produisit en 1883, où 4 arbres furent foudroyés.

Action de la foudre sur la vigne. — La foudre cause souvent de grands ravages dans les vignobles. M. Rathay a étudié particulièrement cette action ; il a été conduit aux résultats suivants, présentés à l'Académie des sciences de Vienne :

1° *Feuilles.* — L'affirmation de Colladon, relative à la rubéfaction du feuillage de la vigne atteinte par la foudre, et mise en doute par Caspary, est exacte en ce qui concerne toutes les vignes dont les feuilles rougissent à l'automne. Cette rubéfaction est propre au *vitis sylvestris* et se produit également sur toutes les espèces bleues et certaines espèces rouges de *vitis vinifera,* ainsi que sur quelques espèces de vignes américaines.

Les vignes, dont le feuillage rougit à l'automne, présentent le même phénomène à la suite de blessures, soit aux nervures ou aux pétioles des feuilles, soit aux mérithalles.

Le pliage, l'écorçage, l'incision partielle de ces derniers, entraînent la rubéfaction de toutes les feuilles situées au-dessus des parties blessées. La rubéfaction, à la suite de blessures dues à une action mécanique, ne résulte pas d'une moindre distribution d'eau. Pour les feuilles qui ont pris la coloration rouge à la suite d'une blessure de ce genre, l'exhalaison aqueuse est bien moindre que pour les feuilles vertes.

La coloration rouge due à la foudre est semblable à celle causée par les blessures dans tous les effets exposés jusqu'ici.

Cette coloration est une conséquence immédiate de la foudre ; en effet, celle-ci désorganise le tissu qui se trouve en dehors du cambium dans les parties moyennes des nombreux entre-nœuds successifs, déterminant ainsi une sorte de décortication.

2° *Sarment*. — Le cambium du sarment atteint par la foudre reste vivant et produit vers l'extérieur un *calus*, et vers l'intérieur une couche ligneuse, qu'une tranche mince et brunâtre sépare du vieux bois.

3° *Grappes*. — D'après les observations antérieures, les grappes des vignes atteintes par la foudre se dessèchent.

L'extrémité des sarments atteints meurt, tandis que les parties situées au-dessous se maintiennent, au moins quel-que temps. D'après les observations faites jusqu'ici, la foudre agit sur les vignobles comme sur les troupeaux, frappant non les individus isolés, mais un grand nombre de ceps ; c'est pourquoi la foudre occasionne parfois de graves pertes.

Mais l'action qui vient d'être décrite pour la vigne peut être appliquée aussi aux arbres, quant à ce qui a été dit pour les feuilles, l'écorce, le fruit.

CHAPITRE VI

Action du sol sur la foudre. — On a vu déjà que lorsque le sous-sol est mauvais conducteur, la recombinaison de l'électricité terrestre négative avec la positive de l'atmosphère ne peut plus se faire lentement par l'intermédiaire de la végétation. On comprend facilement alors que, dans ce cas, la tension électrique de la terre augmente beaucoup.

Si donc un nuage fortement électrisé passe à peu de distance de ce sol mauvais conducteur, la recombinaison ne se fera que tout d'un coup, par une étincelle *foudroyante*. C'est justement la raison qui fait que certains endroits sont beaucoup plus souvent atteints par la foudre que d'autres.

La nature et la composition des sols ont donc une grande influence sur ce phénomène. Cette connaissance récente a un certain intérêt au point de vue de l'emplacement à choisir pour les constructions rurales.

Ainsi, si nous employons le même système que pour les arbres, si nous représentons par 1 le chiffre indiquant la facilité avec laquelle les terrains *calcaires* permettent la recombinaison des électricités du sol et de l'air, dans les terrains *sablonneux* cette expression sera égale à 9, et à 18 ou 22 dans les terrains marécageux.

Rôle du paratonnerre. — Le rôle du paratonnerre est justement celui que jouent les arbres et que nous avons montré déjà, c'est-à-dire qu'il permet à l'électricité du sol de s'échapper lentement pour se recombiner avec l'électricité de nom contraire des nuages, et de les *décharger* par conséquent ; on évite ainsi le brusque rétablissement de *l'équilibre électrique* qui, comme nous le savons, désorganise, *foudroie* les corps qui se trouvent sur le chemin de l'étincelle qui en résulte.

C'est ainsi que Franklin, se basant sur le pouvoir qu'ont les pointes de laisser échapper l'électricité, parvint, en 1752, à fixer les conditions qui permettent de protéger les corps de l'action de cette étincelle.

Principe du paratonnerre. — Si, au-dessous d'un nuage orageux, on place un conducteur métallique terminé en pointe à sa partie supérieure et aboutissant, à sa partie inférieure, dans les couches aquifères constituant un réservoir commun : l'influence se produira peu à peu, le nuage sera déchargé soit par l'action directe de la pointe, soit par l'action des molécules d'air électrisées qui, repoussées par la pointe, viennent le neutraliser. On aura ainsi agi préventivement et la foudre ne pourra pas se produire. Ce conducteur métallique est le *paratonnerre*.

Pour le rendre efficace, on le place au-dessus des objets à préserver. On admet, approximativement, *qu'il garantit l'espace compris dans un cône dont ce paratonnerre serait l'axe, la pointe étant le sommet, la base étant égale à une fois et demie la hauteur.*

Composition du paratonnerre. — La construction du paratonnerre ayant une grande importance pour garantir les habitations rurales, nous voulons donner les moyens de le construire à bon compte en expliquant bien sa composition et la façon de l'ériger.

M. Gariel, ingénieur des ponts et chaussées, a très bien étudié cette question dans son *Électricité*.

Le paratonnerre se compose de deux parties :

La *première* est le paratonnerre proprement dit, qui est la pointe située au-dessus de l'édifice.

La *seconde* est le *conducteur* qui relie le premier au *réservoir commun*.

1° *Paratonnerre proprement dit*. — Il est formé d'une tige en fer; elle a une hauteur variable de 3 à 5 mètres sur $0^m,02$ de diamètre. Elle est surmontée à sa partie supérieure par une pièce de cuivre qui y est solidement vissée, ayant le même diamètre, dont la hauteur est de $0^m,20$ à $0^m,25$ et qui se termine par un cône de 30 degrés d'ouverture.

2° *Conducteur*. — Le paratonnerre est relié à sa partie inférieure avec le *conducteur*, qui est constitué par un câble en fils de fer, ou plutôt par une série de barres de fer. L'ensemble ne doit présenter aucune solution de continuité, aussi recouvre-t-on de soudures tous les joints des nœuds.

Ce *conducteur*, comme le paratonnerre, pouvant être traversé par de grandes quantités d'électricité, il faut lui donner une section suffisante. On n'a pas d'exemple qu'une barre de fer de $0^m,015$ de côté ait été amenée à l'incandescence par le passage de la foudre. On prend donc des barres de fer ayant $0^m,015$, ou mieux $0^m,020$ de côté.

La partie inférieure du conducteur doit être largement en relation avec une couche conductrice constituant vraiment le *réservoir commun*.

S'il est possible, on devra descendre le paratonnerre jusqu'à une nappe d'eau qui ne tarisse pas, alors même qu'on serait obligé, pour arriver à ce résultat, de prolonger le conducteur à une certaine distance du bâtiment. Si l'on a une couche qui reste toujours humide, on peut, à la rigueur, s'en contenter; on y creuse alors une tranchée que l'on remplit de charbon de bois et de braise et où aboutit la partie inférieure du conducteur. Mais, c'est là un pis-aller qu'il ne faut accepter qu'en cas de nécessité absolue.

Il importe de remarquer qu'il ne suffirait pas de faire aboutir le conducteur dans une citerne, fût-elle toujours remplie d'eau. Il faut, de toute nécessité, que le conducteur soit en communication avec le réservoir commun, et non pas seulement avec l'eau.

On a obtenu, à l'étranger, de bons résultats en reliant les parties inférieures des paratonnerres avec des conduites d'eau ; bien qu'ainsi il ne puisse y avoir d'incendie à craindre, cette solution n'est pas acceptée en France.

Association de paratonnerres. — Lorsqu'il s'agit de défendre un édifice d'une certaine étendue, on emploie une réunion de plusieurs paratonnerres dont le nombre et la position n'ont rien d'absolument déterminé. Chaque paratonnerre présente un conducteur spécial jusqu'à la base de l'édifice. Ces conducteurs peuvent être réunis en un conducteur unique de large section, pour se relier à la couche aquifère. Il est bon, en outre, que les tiges des divers paratonnerres soient reliées à leur base par un conducteur métallique qui règne sur le toit.

Si, dans la construction qu'il s'agit de protéger, il existe des pièces métalliques de quelque étendue, des réservoirs, des planchers ou combles en fer, il est nécessaire de les relier métalliquement au conducteur ; faute de cette disposition, il pourrait éclater des étincelles qui amèneraient de véritables foudroiements, pour ainsi dire, secondaires.

Recommandations. — La nécessité absolue d'une continuité métallique parfaite entre toutes les pièces, depuis le sommet du paratonnerre jusqu'à la couche aquifère, est la condition *essentielle ;* pour éviter les accidents qui pourraient résulter de ce que cette condition n'est pas remplie, il serait bon de pratiquer de temps à autre un véritable essai de la conductibilité électrique du conducteur; c'est d'ailleurs là une habitude qui tend à s'établir.

Il arrive parfois qu'à la suite d'un orage, la pointe du paratonnerre est fondue; le paratonnerre agit cependant encore d'une manière utile. Son action est moins préventive et il décharge moins les nuages orageux; mais dans le cas où la foudre viendrait à tomber, l'électricité suivrait son parcours de préférence, pour rétablir l'équilibre entre les nuages et le réservoir commun; en effet, le chemin offert par le paratonnerre et le conducteur est peu résistant, d'autant que le sommet de la tige est plus près du nuage que les autres pointes de la construction.

Paratonnerre système Melsens. — M. Melsens a proposé de remplacer les paratonnerres tels qu'ils ont été construits jusqu'à présent, par un autre système qui a été appliqué déjà sur divers édifices, notamment à l'*hôtel de ville de Bruxelles*.

Dans ce système, au lieu d'avoir un petit nombre de tiges élevées, on garantit toutes les parties saillantes de l'édifice (angles, pignons, etc.) de petites aigrettes formées de tiges de cuivre rouge de $0^m,006$ de diamètre et terminées en pointes. Toutes ces aigrettes sont reliées à un réseau métallique formé de conducteurs de section relativement faible, descendant jusqu'à la partie inférieure, et de tiges horizontales ou obliques reliant les diverses aigrettes. Ce réseau est relié intimement à la couche aquifère.

L'action est la même que celle expliquée plus haut. Le bâtiment est garanti dans chacune de ses parties. La protection paraît être très satisfaisante.

Avantages. — L'avantage de ce système est principa-

lement son prix peu élevé. Cet avantage est réel pour les cas
où on aurait à appliquer à tout prix un système de paratonnerres, comme il arrive pour les grandes constructions rurales, les usines agricoles ou non, les bâtiments publics,
etc. ; mais, de plus, ce système permet d'établir, dans
nombre de cas, des paratonnerres aux endroits où la dépense aurait fait hésiter à adopter le système classique.

Paratonnerre américain. — Pour terminer cette question des paratonnerres, nous citerons celui de M. Vort, de
Chicago, qui est d'une réelle simplicité, mais ne l'ayant
pas vu fonctionner par nous-même, nous ne pouvons en
assurer la valeur. Quoi qu'il en soit, les Américains semblent
l'estimer beaucoup, les expériences faites avec ce paratonnerre ayant, paraît-il, donné d'excellents résultats.

Une vingtaine de disques métalliques, séparés par des
rondelles très minces en mica, sont embrochés sur un boulon vertical. Un épais manchon de caoutchouc isole ce boulon des disques, à l'exception de celui qui est à la partie
supérieure. Le tout est renfermé dans une boîte cylindrique
en tôle et peut être placé en plein air sans inconvénients.

Une décharge électrique atteint-elle le conducteur, elle
passe dans le boulon qui est en communication avec lui et
dans le disque supérieur. Elle saute ainsi de disque en disque, jusqu'à la base métallique de l'appareil, reliée à la
terre par un fil.

Le danger de la formation d'un arc par la décharge, et de
sa continuation par le courant, se trouverait évité par le refroidissement que détermine la masse relativement considérable des disques métalliques.

CHAPITRE VII

PHÉNOMÈNE DE LA GRÊLE

Introduction. — La grêle est un phénomène électrique de même ordre que la foudre. Malheureusement, la première cause à l'agriculture de bien plus grands ravages que la seconde ; ces ravages sont d'autant plus considérables qu'on ne connaît pas encore le moyen de s'en préserver comme on se garantit de la foudre. Cela veut-il dire qu'on n'y arrivera pas? Nous gardons le ferme espoir que l'étude de l'électricité agricole ou de l'électro-culture réserve la solution de ce problème. Déjà, on a pensé appliquer la théorie du paratonnerre pour parer la grêle ; ces deux phénomènes ayant même origine doivent en effet avoir des remèdes communs. On n'a pas obtenu encore des résultats absolument persuasifs et certains, mais, nous le répétons, l'avenir de cette science nouvelle, l'*Électricité agricole*, apportera bien d'autres bienfaits dans la vie rurale. D'ailleurs, nous reviendrons sur l'étude des *paragrêles* en parlant, dans la troisième partie, du *géomagnétifère*.

Disons tout de suite, cependant, que M. Vaussenat, directeur de l'observatoire du Pic du Midi, afin de diminuer la tension électrique des nuées et d'éviter la formation de la grêle et des orages, a fait mettre, sur les crêtes d'une petite contrée des environs de Tarbes où les orages sévissaient régulièrement, des mâts enroulés de cordes conductrices ; à partir de ce moment, le plus grand nombre d'entre elles se sont trouvées à l'abri des déflagrations dangereuses.

Quoi qu'il en soit, on voit que la grêle, phénomène électrique, a une grande importance au point de vue agricole ;
aussi son étude est-elle indiquée dans cet ouvrage.

Formation expérimentale de la grêle. — Comme nous
venons de le dire, la grêle est due à un phénomène d'électricité atmosphérique. M. G. Planté en a donné la preuve en
reproduisant ce phénomène expérimentalement.

Pour cela, il plongea l'électrode négative d'une batterie
de 400 couples dans un vase contenant de l'eau salée. Puis,
il fit effleurer l'électrode positive à la surface du liquide ;
aussitôt il se produisit une gerbe d'innombrables globules
ovoïdes se succédant avec une extrême rapidité et projetés
à plus de 1 mètre de distance du vase où se poursuivait
l'expérience. En même temps, il se formait des sillons lumineux accompagnés de jets de vapeur. On comprend que
chaque fois que l'électrode entre en contact avec la surface
du fluide, elle vaporise les gouttelettes qui l'entourent, et
le courant se trouve être un moment interrompu. Une nouvelle portion de la masse liquide qui humectait cette surface
affluant de nouveau, le phénomène recommence.

Analogie avec la formation atmosphérique. — D'après
cette expérience, M. Gaston Planté a expliqué la formation
de la grêle des orages, dans son étude sur les phénomènes électriques de l'atmosphère.

Quoique les nuages ne soient pas des masses liquides
proprement dites, ceux des régions élevées sont composés
de petits cristaux de glace si fins et si légers (dont la cohé-
sion est moins grande, il est vrai, que dans la glace ordinaire), qu'ils peuvent être considérés à peu près comme
une masse liquide suspendue dans l'atmosphère.

La décharge a lieu entre deux nuages qui s'approchent :
1° quand ils sont électrisés différemment l'un et l'autre ;

2° quand, tous deux chargés d'une même électricité, l'un est plus électrisé que l'autre.

On conçoit donc que les décharges électriques puissent y produire un effet analogue à celui qu'elles produisent sur un liquide, et que l'eau de ces cristaux de glace, liquéfiée et pulvérisée sur les points où éclatent les décharges, soit lancée en gerbe de globules, comme dans l'expérience.

De plus, en raison de la basse température de l'ensemble du nuage lui-même et des régions élevées dans lesquelles le phénomène se produit, ces globules peuvent être congelés instantanément et donner naissance à des grêlons. En un mot, *la grêle est le résultat de la congélation, dans les hautes et froides régions de l'atmosphère, de l'eau vaporisée et des nuages pulvérisés par les décharges électriques.*

Formation des grosses gouttes d'orage. — Nous quitterons un petit instant notre sujet pour ouvrir ici une parenthèse, de manière à expliquer la formation des grosses gouttes qui précèdent ou accompagnent les orages.

On s'explique de la précédente manière ce phénomène. Il y a, par suite des mêmes décharges qui éclatent entre deux nuages électrisés inégalement, une vaporisation abondante due au passage d'un flux électrique. La seule différence qui existe entre ces deux phénomènes, c'est que la grêle est formée dans les couches élevées et froides de l'atmosphère, tandis que ces grosses gouttes prennent naissance dans des couches beaucoup plus basses et par conséquent beaucoup moins froides.

Phénomènes électriques qui accompagnent les orages à grêle. — L'intensité des phénomènes électriques que présentent généralement les orages à grêle, pendant lesquels les éclairs se succèdent d'une manière incessante et forment comme la décharge continue d'un puissant courant d'électricité, montrent toute l'importance du rôle que jouent les effets mécaniques et calorifiques, dans la production de la grêle.

On a vu jusqu'à 10,000 éclairs à l'heure, formant un immense incendie, lors des orages à grêle de Suisse et de France les 7 et 8 juillet 1875.

Mouvements et formes des nuages à grêle. — Les mouvements violents qui se produisent au milieu des nuages d'où tombe la grêle, la transformation rapide des nuages (une partie des *cirrus* se vaporisant donne naissance à des *nimbus*), s'expliquent aussi par l'action calorifique des décharges électriques. Les déchirures, les formes déchiquetées des nuages à grêle doivent également résulter de l'effet des décharges électriques, si l'on se rapporte aux effets que produisent les courants de haute tension sur des matières humides.

Vents violents des orages à grêle et bruissement. — Le vent violent qui accompagne les orages à grêle s'explique par la raréfaction que produit le courant électrisé vaporisant brusquement les masses humides qu'il rencontre sur son passage et par l'afflux de l'air environnant qui vient combler instantanément le vide formé.

Le *bruissement* qui précède la chute de la grêle est dû à la pénétration du flux électrique dans le nuage et à la pulvérisation ou vaporisation qui en résulte, de même que le bruissement produit par le passage d'un courant de haute tension dans un liquide ou sur une surface humide est dû à la projection en gerbe de globules aqueux ou à la formation rapide de jets de vapeur.

Éclairs. — Les éclairs, avec ou sans tonnerre, qui accompagnent les orages à grêle proviennent de ce que, dans cette collision entre deux masses humides et d'une grande mobilité de formes, c'est à qui pénétrera plus ou moins profondément l'une dans l'autre.

Grêle sans manifestation apparente. — L'expérience première explique encore le phénomène qui donne une production de vapeur, même sans phénomène lumineux, lorsque la quantité d'électricité formée par le courant de haute tension est faible. De même, il peut y avoir dans l'atmosphère, sans éclairs visibles, sans bruit de tonnerre perceptible, une production de vapeur et une congélation dans les régions froides, lorsqu'il n'y a qu'une faible quantité d'électricité en jeu.

Courte durée de la chute de grêle. — L'intervalle de temps, quelquefois très court, pendant lequel dure la chute de grêle, s'explique par la courte durée des décharges électriques elles-mêmes et par le vent violent qui accompagne les nuées orageuses et les entraîne rapidement sur d'autres points.

Bandes de grêle. — La chute de grêle est en bande quelquefois si étroite, que sur un même champ on voit des points, séparés l'un de l'autre par une faible distance, qui n'ont pas eu à déplorer la chute de grêle, tandis qu'au milieu se trouve toute une surface où la récolte a été détruite.

Cela s'explique par la vaporisation et la congélation de l'eau autour des sillons tracés par les éclairs, toujours plus développés en longueur qu'en largeur.

Quant aux longues et larges bandes de grêle qui couvrent une grande étendue de pays, elles résultent naturellement de la translation même des nuées orageuses sous l'action du vent qui les accompagne.

La largeur de la bande correspond à celle du groupe des nuées ; et sa longueur, à la distance parcourue.

Bandes de pluie alternant avec des bandes de grêle.
— Les bandes de pluie comprises entre deux bandes de
grêle peuvent résulter de ce que la masse interne des
nuages froids dans lesquels s'opèrent les décharges, étant
échauffée par la fréquence des éclairs, l'eau pulvérisée ou
vaporisée ne fait que se condenser sous forme de pluie dans
la partie médiane, tandis que la congélation peut encore
avoir lieu sur les parties latérales et se continuer sur tout
le parcours.

Intermittence et recrudescence. — Les intermittences
et recrudescences qu'on observe soit dans la chute de la
grêle, soit dans les coups de vent qui l'accompagnent sont
tout à fait analogues à celles qu'on observe dans l'expérience de M. Planté, lorsque le courant électrique débouche
sur une surface humide. Quand le nuage électrisé a réduit
en vapeurs une portion du *cirrus* dans lequel il pénètre, il
se passe un instant avant qu'il rencontre une nouvelle masse
à vaporiser ; mais le reste du cirrus comble aussitôt le vide
formé, une nouvelle décharge se produit par suite, une
nouvelle projection de vapeur ou d'eau pulvérisée en résulte, et, par conséquent, formation de nouveaux grêlons.

Forme, lueur, structure des grêlons. — Le grêlon a
une forme ovoïde ou en pointe. Cette forme est due à son
origine électrique même. En effet, dans l'expérience de
la *gerbe* on voit que les globules possèdent cette forme
ovoïde. C'est au flux électrique qu'il faut sans doute attribuer la *lueur* qui est émise parfois par les grêlons en
leur communiquant une courte phosphorescence, puisqu'avec une tension plus grande l'air humide devient lui-
même incandescent.

La *structure* des grêlons est variable : les uns ont une
structure rayonnante à partir du centre et semblent avoir été

formés d'un seul jet. D'autres ont un noyau blanc opaque, recouvert de glaces alternativement opaques et transparentes qui semblent attester un développement successif au sein des nuages. De nombreuses théories ont été établies pour expliquer ce phénomène.

Volta admettait un mouvement oscillatoire quand la disposition des groupes nuageux s'y prête. L'abbé Raillard prétend que cela provient de la chute même au travers d'une grande épaisseur de nuages.

MM. Sægly, Daguin, Fron, Faye, Secchi, etc., admettent comme cause de ce phénomène la giration prolongée du grêlon, sous l'influence des tourbillons accompagnant généralement les orages à grêle, observés par M. de Taste, Severtzow, Buchwalder, etc. Ces tourbillons capables de soutenir les grêlons en l'air, peuvent, en effet, contribuer à leur constitution et à leur accroissement de volume.

Quant aux différences de couches concentriques, M. Planté prétend que les vaporisations et congélations successives, jointes au mouvement giratoire, suffisent à rendre compte de ce phénomène.

L'opacité du noyau neigeux de ces grêlons semble attester, en effet, le saisissement et la congélation subite de la vapeur d'eau, le caractère des cristallisations rapides étant de donner naissance à des cristaux enchevêtrés, non transparents. Ce premier noyau formé, la giration au sein de l'humidité du nuage produit tout autour une couche de glace solidifiée plus lentement et par conséquent transparente.

A la suite d'une nouvelle décharge électrique, une autre émission de vapeur survient ; les grêlons, tournant encore, peuvent se recouvrir d'une deuxième couche de vapeur qui se congèle brusquement à l'état neigeux.

Grosseur des grêlons. — Plus la quantité d'électricité formée par le courant de tension était grande, dans l'expérience de M. Planté, et plus les globules projetés étaient gros : de même, dans la nature, les plus gros grêlons sont produits dans les orages où les manifestations électriques ont le plus d'intensité. Dans les orages cités plus loin, les grêlons atteignirent des proportions rares sous nos latitudes, un vent violent d'ouest les transformait en véritables projectiles. Une décharge de mitrailleuse n'eût pas eu d'autre action, car ils brisaient tout sur leur passage. Ceux qui avaient la grosseur d'une noix, d'un œuf de pigeon et même d'un œuf de poule n'étaient pas rares.

Tourbillons de grêle. — Enfin, quant à la cause de la formation de ces tourbillons, M. Planté l'attribue à l'action magnétique du globe. Les courants électriques pouvant tourner, sous l'influence d'une action magnétique, avec d'autant plus de rapidité qu'ils traversent des courants plus mobiles, ce savant a montré expérimentalement que ces courants rayonnent en tous sens au sein d'un liquide. Ce mouvement giratoire, produit sous l'influence d'un aimant et rendu visible par un tourbillon de poudre semi-métallique détachée de l'électrode, s'effectue en spirale avec une rapidité extraordinaire.

Les colonnes d'air humide ou nuageux doivent donc prendre aussi un mouvement giratoire en spirale sous l'influence du magnétisme terrestre et par conséquent la grêle et les décharges accompagnent ces tourbillons.

CHAPITRE VIII

L'ORAGE A GRÊLE

Effets de l'orage à grêle. — L'*orage à grêle* est un véritable fléau pour l'agriculture en général et les cultures sur lesquelles il passe, en particulier. Pour donner une idée de ce qu'est un orage à grêle et des désastres qu'il peut amener, nous citerons celui de la nuit du 18 au 19 août 1892 en Belgique.

Le nuage à grêle est entré en Belgique par les communes d'Orcq et d'Esplechin, et a continué sa marche vers l'est-nord-est, en ravageant toute une zone de 3 à 4 kilomètres de largeur et quelques lieues de longueur. Les plus grands dégâts furent signalés à l'est de Tournai, sur le territoire des communes de Warchin, Havinnes, Rumillies, etc. La région au nord de Tournai n'a pas été atteinte.

Les grêlons avaient la grosseur d'un œuf de pigeon ou d'une grosse noix. Leur poids moyen était de 30 à 50 grammes. On en a ramassé qui pesaient de 120 à 140 grammes.

A la campagne, tout le gibier fut tué ; on relevait le lendemain, dans les *champs hachés,* les cadavres de lièvres et de perdreaux. Sous les arbres, on voyait des oiseaux morts au milieu de débris de *branches coupées* et de *feuilles déchiquetées.* Les poires et les pommes, qu'on pouvait ramasser par paniers, étaient presque toutes éraflées ou écartelées par les grêlons.

A Tournai, l'averse de grêle a commencé à minuit quinze

et a duré de 12 à 15 minutes. Dans ce temps très court, les grêlons ricochaient des toitures dans les rues, comme de véritables projectiles, et rebondissaient sur le pavé à plus de 1 mètre de hauteur. Il est inutile d'ajouter que les dégâts furent incalculables. Au sud et au sud-ouest de Malines, tout a été haché dans la campagne et les arbres se sont trouvés entièrement dénudés.

L'orage à grêle qui tomba à Bordeaux le 26 mai 1886 donna aussi naissance à des grêlons qui causèrent les plus grands ravages dans cette ville.

Lois des orages à grêle. — Ces phénomènes n'ont pas tous les ans la même intensité ni la même fréquence, mais leur marche est toujours semblable.

Les nombreux orages étudiés et les observations faites à ce sujet, par M. Hautreux, lui ont permis de tirer les conclusions suivantes sur ces phénomènes :

1° Les vallées sont plus exposées à la grêle que les plateaux ; 2° les grandes grêles frappent surtout les vallées peu sinueuses, droites, qui suivent le parcours de l'orage ; 3° les collines divisent les grêles et les détournent momentanément de leur direction générale ; 4° les coups de foudre se trouvent en dehors et à gauche du courant de grêle ; 5° l'orage est nettement limité et près de la bande de grêle ; 6° la grêle augmente dans les dépressions du sol et paraît épuiser sa force en gravissant des pentes de 100 à 150 mètres ; 7° les accidents du sol, même médiocres, les vallées, les coteaux, leur direction exercent alors une grande influence sur la production des orages à grêle et sur les ravages qu'ils peuvent exercer. Il est important de savoir, lorsqu'on achète des terres, les risques auxquels elles sont exposées par la grêle, c'est pourquoi cette question nous intéresse particulièrement.

Influence des forêts et cours d'eau sur les orages à grêle. — Si la marche des orages à grêle est modifiée par la configuration du sol, les forêts possèdent aussi une action sur ce phénomène. M. de Tristan, à la suite de ses travaux sur cette question, a énoncé les aphorismes très intéressants qui suivent :

1° Les orages sont attirés par les forêts ; quand ils arrivent, les effets varient suivant que leur direction est oblique ou directe à l'égard de ces dernières ; dans le premier cas, ils les contournent ; dans le second, si les forêts sont étroites, ils les tournent ; dans le cas contraire, ils peuvent être arrêtés.

2° Quand les forêts tendent à détourner l'orage, sa vitesse paraît momentanément retardée, tandis que sa force est augmentée.

3° Si un orage ne peut se dévier suffisamment, ni tourner une forêt (quand cette dernière a trop d'étendue), il s'épuise, et si, à la longue, il passe au-dessus, il est fort affaibli ; il arrive même quelquefois qu'il reprend sa force un peu plus loin.

4° Les orages à grêle étant attirés quelquefois par les forêts et celles-ci ne les arrêtant pas toujours, il arrive que deux orages, qui marchent éloignés l'un de l'autre, semblent s'attirer.

5° Un orage peut suivre une grande rivière ou une vallée, quand sa direction s'écarte peu de celle de l'une ou de l'autre. Si les deux directions sont parallèles, rien n'empêche que l'orage suive la vallée ; mais l'approche d'une forêt ou un détour un peu brusque de la première le fait dévier de sa direction.

6° Quand un orage arrive à angle droit sur une vallée, il la traverse immédiatement sans se dévier de sa route.

7° Une nuée attirée par une autre plus forte hâte son mouvement à mesure qu'elle approche de l'orage principal.

8° Quand il y a une nuée affluente qui, de son côté, fait des ravages, elle les suspend en s'approchant de la nuée principale ; après leur réunion, l'effet s'augmente.

Becquerel a étudié aussi l'influence des forêts et des cours d'eau sur les nuages à grêle. Il a trouvé que celle des forêts a deux causes :

1° Elles font obstacle à la propagation des couches inférieures des masses d'air qui transportent les nuages, d'où résultent des remous dans ces couches, qui ébranlent ces masses ; il se produit un écoulement d'air et d'une portion des nuages, soit sur les rives de bois, soit dans le sens de la hauteur.

2° Cette influence peut dépendre de la hauteur du nuage au-dessus de la forêt et des courants d'air latéraux de nature à faire dévier les masses d'air en mouvement, de la direction qui lui est imprimée par le vent, surtout quand la température est élevée et que ces masses arrivent obliquement.

D'un autre côté, les feuilles, en raison de leur grand pouvoir absorbant et émissif, s'échauffant plus que l'air ambiant sous le rayonnement solaire, doivent donc donner lieu à des courants d'air ascendants qui ne peuvent s'effectuer qu'en déplaçant l'air.

Les arbres, en raison de la sève qui imbibe leurs tissus, de l'eau qui circule dans leurs vaisseaux, de la vapeur exhalée par les feuilles, et surtout quand les racines sont dans un sol mouillé et que le sous-sol est bon conducteur, les arbres, avons-nous déjà dit, sont d'excellents conducteurs de l'électricité et peuvent très bien jouer le rôle de véritables paratonnerres. En effet, ils enlèvent aux nuages qui se trouvent dans leur sphère d'activité, l'électricité dont ils sont chargés. Les arbres arrivent à ce résultat à l'aide de la vapeur d'eau provenant de l'exsudation des feuilles ; en effet, ces arbres étant bons conducteurs de l'électricité, chargent la vapeur d'eau qu'ils émettent de l'électricité terrestre et négative. Cette vapeur, ainsi électrisée, produit un courant ascendant qui gagne les nuages, où les deux électricités différentes se neutralisent lentement.

C'est pourquoi les arbres, et par conséquent les forêts, contrarient la formation de la grêle en neutralisant l'électricité des nuages.

On voit donc bien que si le *paragrêle* n'a pas encore donné de résultats satisfaisants, cela ne peut provenir que d'un défaut d'organisation, car la nature comme la théorie indiquent qu'un avenir pareil à celui du paratonnerre est réservé à cet instrument.

Ce qui le prouve encore, c'est que chaque fois que la foudre frappe un arbre, la grêle cesse de tomber, au moins d'une manière désastreuse, tant que le nuage est dans la sphère d'activité de la forêt.

Donc, en général, les forêts préservent dans de certaines limites les pays qui sont au delà, comme elles faisaient disparaître la cause productive du météore.

Pour les raisons données plus haut, relatives à l'action des vapeurs exhalées par les feuilles, les *fleuves* doivent donner naissance à des courants latéraux qui peuvent influencer la tendance des nuages à grêle à se bifurquer.

Enfin, d'après des renseignements recueillis sur une période de trente ans pour la forêt de Montargis, on conclut qu'il grêle rarement dans les forêts ; encore n'est-ce que d'une manière inoffensive, sauf dans les cas d'orages *extraordinaires ou irréguliers*. Le voisinage des forêts doit donc être recherché dans le choix ou l'achat de terres à cultiver.

Caractères de l'orage à grêle. — En 1866, M. Becquerel étudia les caractères des orages à grêle ; ceux-ci répondent bien à la théorie que M. Planté a donnée du phénomène.

M. Becquerel a reconnu que, dans les orages à grêle, il existe toujours deux nuages superposés, et que la grêle ne cesse de tomber que lorsque ces deux nuages n'en forment plus qu'un seul par leur mélange. Il y a ordinairement des éclairs, du tonnerre, avant, pendant et très rarement après la chute de la grêle.

Les décharges électriques n'ont lieu que dans les diverses parties du nuage inférieur et nullement dans l'intervalle et dans le nuage supérieur.

Les nuages à grêle sont épais, d'une couleur grise, cendrée ; ils font entendre, lors de leur passage, un bruit comparable à celui d'une charrette chargée, roulant rapidement sur le pavé, ou d'un sac de noix qu'on remue.

Les orages à grêle ont lieu le plus souvent en été au moment de la plus forte chaleur du jour, entre 2 et 3 heures de l'après-midi ; c'est-à-dire à l'instant de la journée où l'évaporation est la plus grande. Ils sont très rares la nuit et l'hiver.

Sous la ligne et sous les tropiques, il y a également chute de grêle, mais à des hauteurs plus ou moins considérables au-dessus du niveau de la mer, là où le décroissement de la température commence à être rapide ; condition indispensable pour la formation de la grêle.

Les nuages à grêle sont, en général, peu élevés. M. Peytier leur assigne, dans les Pyrénées, une hauteur de 3,000 mètres, tandis que, dans les Alpes, M. Kœmtz leur donne 5,000 mètres.

CHAPITRE IX

Cartes d'orages à grêle. — Les orages à grêle sont, comme on l'a vu plus haut, très influencés par les configurations physiques du sol. Celles-ci pouvant, à notre point de vue, être considérées comme immuables, exerceront chaque année une action semblable sur le phénomène. Par conséquent, les orages à grêle doivent se présenter annuellement avec de nombreux points de ressemblance.

C'est justement ce qui arrive. Tous les ans, l'orage à grêle vient battre dans chaque pays une certaine *zone,* qui peut être parfaitement déterminée.

La connaissance de cette zone, au moment de l'achat de terrains à cultiver, a une très grande importance. C'est pourquoi de nombreux auteurs ont eu déjà l'idée de construire des cartes des différentes régions, destinées à montrer les points le plus souvent visités par la grêle avec des intensités plus ou moins grandes.

Différents tracés de ces cartes. — L'idée de ces cartes d'orages est, comme nous venons de le dire, déjà ancienne; mais chacun les a conçues à sa manière, par conséquent, sans plan uniforme et sans leur donner un caractère scientifique.

On a tracé quelquefois, sur la carte d'une contrée, les espaces ravagés par la grêle, qu'on a coloriés différemment; mais on comprend qu'après un certain nombre d'années, la carte se couvre de parties tellement surchargées de couleurs, qu'il devient bien difficile de distinguer les orages les uns des autres et d'en déduire des conséquences générales.

Cependant, parmi ces travaux, celui de M. de Tristan sur ce sujet dans le département du Loiret, est un des plus intéressants. Il l'exécuta au moyen de notes recueillies par lui-même sur les lieux, à la suite des orages et à l'aide de renseignements fournis par la préfecture du Loiret. Dans ce genre d'études, les *Sociétés d'assurances* et l'administration départementale peuvent fournir des renseignements d'une grande exactitude. Nous ne saurions donc trop vivement engager ceux qui en ont la faculté, à dresser cette carte très intéressante, dans les pays qui ne la possèdent pas encore.

Direction des orages. — Si l'on regarde la carte de M. de Tristan, faite pour le département du Loiret en particulier, on voit que la plupart des orages courent entre le sud et l'ouest-nord-ouest, et entre le nord et l'est-sud-est. Les espaces compris entre les lignes de démarcation sont les parties ravagées par la grêle. Parmi les directions indiquées, celles du nord-ouest sont très rares ; on peut donc les considérer comme suivies très rarement par les orages à grêle.

On voit sur la carte les parties qui sont le plus exposées à la grêle et celles qui le sont le moins. Sur la carte de M. de Tristan, les portions les plus atteintes sont les terrains qui se trouvent à la pointe occidentale de la forêt d'Orléans, le passage sur Pithiviers et la partie orientale de la forêt ; les parties qui échappent à la grêle sont vers le sud-ouest du département ; en effet il y a là un espace d'environ 30 lieues de surface où, jusqu'en 1826, aucune trace de dégâts causés par la grêle n'avait été signalée. Cette partie de la Sologne est très boisée.

M. Parant, sur le même département, est parvenu à réunir des documents sur 100 orages, dont 22 avec plus ou moins de grêle. Il a trouvé, en notant la direction du vent :

DIRECTION DU VENT.	SANS GRÊLE.	AVEC GRÊLE.
Nord.	2	4
Nord-est	8	2
Est	6	0
Sud-est.	9	0
Sud	34	0
Sud-ouest.	38	2
Ouest	31	6
Nord-ouest	10	8

Le plus grand nombre marche donc du sud à l'ouest. M. Parant a construit une carte par la méthode de coloration dont nous avons parlé ; mais les indications de cette méthode laissent à désirer. D'après cet auteur, les parties les plus atteintes sont comprises entre 94 et 154 mètres d'altitude.

Principe de construction d'une carte d'orage. — Le principe qu'a employé M. Becquerel, pour la construction de la carte des orages à grêle, paraît le meilleur, à cause des résultats auxquels il conduit.

Il trace des zones dans lesquelles on a observé des ravages pendant trente années au moins, avec l'indication exacte de chaque commune grêlée ; on note le nombre d'années pendant lesquelles elles ont été grêlées. Naturellement plus on a réuni d'années plus les résultats sont exacts. Nous avons déjà dit le moyen d'obtenir ces renseignements : à la préfecture ; dans les rapports annuels des sociétés d'assurances contre la grêle, où l'on trouve le résumé des sinistres causés pendant l'année avec la mention des communes ; les jours où ils ont eu lieu sont fournis par les registres matricules de ces compagnies. Ces derniers documents sont beaucoup plus complets que ceux fournis à la préfecture, où sont inscrites seulement les indemnités accordées aux indigents dont les propriétés ont été grêlées, et le dégrèvement d'impôts de celles qui n'ont pas été assurées. Ces derniers chiffres sont insuffisants pour former une carte d'orage complète, mais ils fournissent cependant déjà d'utiles données.

A l'aide de tous ces renseignements, M. Becquerel a établi une carte des orages à grêle dans les départements du Loiret, de Loir-et-Cher, de Seine-et-Marne, du Cher, d'Eure-et-Loir, de l'Yonne.

Il a commencé par classer les communes grêlées de chaque département par ordre alphabétique, en indiquant les années de grêle pour chacune d'elles. Il a été facile ainsi de constater combien chaque commune a été grêlée en trente ans. Les communes grêlées ont été pointées sur les cartes en colorant le chef-lieu de chacune d'elles avec une couleur spéciale, puis une autre couleur pour les communes grêlées : 1 ou 2 ans, 3 ou 4 ans, 5 ou 6 ans, et enfin une autre pour celles grêlées : 7, 8 ans et au delà. On saisit ainsi facilement les zones plus ou moins grêlées.

Nous ne donnerons pas les résultats obtenus par M. Becquerel, cela nous entraînerait trop loin ; nous renvoyons aux Mémoires de l'Académie des sciences de 1866 et 1870 ceux de nos lecteurs qui s'intéresseraient aux départements signalés.

Différentes espèces d'orages. — L'inspection de ces cartes permet de distinguer deux espèces d'orages : ceux soumis à une certaine régularité, et les orages irréguliers ; ces derniers sont les plus désastreux, ils ne sévissent qu'à des intervalles éloignés et n'ont pas d'allures fixes. On voit effectivement, par les cartes, que ces orages ravagent indistinctement les lieux plus ou moins grêlés et ceux qui ne le sont que très rarement ou jamais régulièrement. Cela tient à ce que les nuages qui les forment réunissent la vitesse à la compacité et à la grosseur des grêlons. Ces nuages grêlent indistinctement toutes les contrées qu'ils traversent et même celles qui ne sont pas exposées aux désastres causés par les *orages réguliers*.

Périodicité des lieux grêlés. — Sous nos latitudes moyennes, les récoltes de céréales et autres produits servant aux besoins de l'homme sont soumises, comme les phénomènes atmosphériques dont elles dépendent, à une certaine périodicité qui n'est assujettie à aucune loi ; c'est ainsi que l'on voit sur une certaine étendue : deux, trois bonnes récoltes succéder à plusieurs mauvaises et réciproquement, sans que l'on puisse en connaître la cause.

Les lieux grêlés le sont à de semblables périodes, avec cette différence toutefois, que les périodes de grêle sont propres à certaines localités de très peu d'étendue, placées dans des conditions climatériques spéciales ; tandis que celles de bonnes ou mauvaises récoltes affectent souvent de vastes contrées.

Orages irréguliers. — Ces orages peuvent être aussi appelés *orages accidentels*, pour les raisons que nous avons déjà dites. En effet, ils se montrent de loin en loin dans un pays, même dans ceux qui ne sont pas fréquentés par les orages. Nous ne dirons plus les causes de leurs grands ravages, nous ne donnerons que la description d'un de ces orages observé par M. Becquerel dans le Loiret.

Il était formé, au début, de quatre branches qui se sont réunies d'abord deux à deux pour n'en former bientôt plus qu'une seule en sortant du département.

Ces nuées, avant leur réunion, saccageaient les contrées

comprises dans les lignes tracées sur la carte. La grêle ne tombait pas d'une manière continue, elle alternait avec la pluie. Cet orage exceptionnel n'était pas influencé par les causes locales, il traversait indistinctement les lieux atteints par la grêle périodique, et ceux rarement grêlés. Dans chaque forêt, les parties placées sous le vent étaient les plus maltraitées.

Orages réguliers. — Il existe encore deux catégories d'orages. La première, formée d'orages traversant une grande étendue de pays, laissant çà et là des traces de leur passage, produites soit par le vent, la grêle ou les grandes ondées. Ces orages prennent naissance au loin et semblent grossir en s'avançant.

La seconde catégorie se compose d'orages restreints ou locaux, qui ne grêlent qu'une petite étendue de pays.

Volta a étudié ces derniers orages et a reconnu que lorsqu'un d'eux se forme dans une localité, si les conditions atmosphériques ne changent pas, on voit le même orage reparaître à la même heure les jours suivants, en produisant les mêmes effets. Cette formation est due à une cause purement locale, bien qu'il y ait une cause prédisposante existant dans l'atmosphère, sur une grande étendue.

Compagnies d'assurances contre la grêle. — Étant donnés les dégâts que la grêle occasionne en agriculture, on comprend facilement l'extension prise par les compagnies d'assurances contre la grêle; c'est une institution très heureuse qui permet au cultivateur, moyennant un faible prélèvement fait sur ses bonnes récoltes, de mettre à l'abri celles atteintes par ce fléau.

Bien que cela sorte un peu de notre sujet, nous pensons qu'il n'est pas inutile de terminer ce qui est relatif à la grêle, en disant quelques mots de ces compagnies, et en prévenant les cultivateurs des seuls droits qu'ils acquièrent en signant leur assurance ; les assurés, en effet, ne connaissent généralement pas assez ce qu'ils sont en droit d'attendre des compagnies, et sont entraînés très souvent dans des procès onéreux.

Le principe du taux variable des assurances contre la grêle est le suivant : *certaines récoltes craignent la grêle plus que d'autres, comme certaines régions sont plus ou moins sujettes au fléau.* C'est sur ce principe que les assurances ont établi leurs taux exacteurs de primes.

Les compagnies d'assurances éprouvent de grandes difficultés à faire admettre par leurs assurés l'assurance qui garantit du risque de la grêle, à l'exclusion de toutes autres causes de pertes qui accompagnent souvent la chute des grêlons : tempêtes, coups de vent, inondations, etc., que les assurés désignent sous le nom générique d'*orage*. En outre, depuis quelque temps, les compagnies ne répondent plus des dommages causés à la qualité des récoltes, elles ne tiennent compte que des *diminutions de quantité.*

L'assurance comprend aussi, sous peine de déchéance, toutes les récoltes de même nature dépendant d'une même exploitation. Cette obligation a été imposée pour empêcher certains assurés de ne faire garantir que quelques portions de leurs propriétés, et, en cas de sinistre, de faire figurer des parcelles atteintes qui n'auraient pas été assurées.

Toutes les parties intégrantes de la récolte sont comprises dans l'assurance, c'est-à-dire que l'assurance porte sur le bon comme sur le mauvais ; dans l'estimation d'un désastre produit sur des céréales ou des oléagineux, l'assurance s'appliquera à la valeur de la partie fourragère, de même qu'au fruit proprement dit, quand bien même il n'y aurait que l'un d'eux qui serait atteint.

Enfin, *pour la vigne, les fruits seuls sont assurés.*

L'assurance des prairies naturelles ou artificielles comprend toutes les coupes de l'année, pourvu que l'assuré indique dans sa police la partie du rendement qu'il entend affecter à chacune d'elles, faute de quoi la première coupe seule est assurée.

L'assurance peut être faite à toute époque pour l'exercice de l'année, à la condition que la récolte n'ait pas déjà été atteinte par la grêle.

Il faut faire une désignation exacte de la commune et du lieudit.

Chaque année, l'assuré doit déclarer les changements survenus dans ses ensemencements. Sauf pour les prairies, l'assurance, pendant sa durée, ne peut couvrir deux récoltes consécutives sur une même parcelle. En outre, les assurances ne paient pas les dommages qui n'atteignent pas les 2/20 du produit de la récolte, de même qu'elles ne remboursent pas les assurés, quand ceux-ci ont prématurément coupé, mis en gerbes, rentré ou mis en meules, les récoltes, de façon à rendre l'évaluation plus ou moins impossible.

Nous n'avons dit ici que quelques mots (d'ailleurs suffisants) des articles qui peuvent amener des litiges entre la compagnie et l'assuré, pensant que cela complétait bien notre étude agricole de la grêle et que cela pouvait rendre service aux cultivateurs qui ne savent pas exactement à quoi ils s'engagent avec l'assurance. D'ailleurs, les précautions que cette dernière prend ne sont pas exagérées, mais il faut les connaître.

CHAPITRE X

PHÉNOMÈNES SECONDAIRES DE L'ÉLECTRICITÉ ATMOSPHÉRIQUE

Tonnerre en boule, éclair globulaire. — Le but agricole de cet ouvrage devait nous faire étudier principalement les phénomènes électriques de l'atmosphère les plus communs et qui peuvent avoir le plus d'effets dans la vie rurale. Cependant, nous pensons qu'il n'est pas inutile de dire quelques mots des autres manifestations électriques de moindre importance, ne fût-ce que pour les faire connaître.

A côté du tonnerre et de l'éclair, observés souvent, il existe un phénomène de même ordre, mais plus rare, dont l'existence a été même niée, à tort, par quelques auteurs. C'est un globe lumineux dont les dimensions ont été variables suivant les cas, mais dont le diamètre n'a que rarement été évalué supérieur à un mètre.

La distance étant très grande entre la position du phénomène et celle de l'observateur, cela ne peut être qu'une appréciation approximative.

Ce globe, dont on ne signale pas le point de départ, se déplace lentement pendant un temps qui a dépassé parfois cinq ou six minutes, ne produit aucun effet sur son passage jusqu'à ce que, soudainement, sans cause apparente, il éclate, produisant alors des ravages analogues à ceux de la foudre.

Pendant longtemps, faute de pouvoir expliquer ce phénomène, on n'était pas éloigné de le nier et d'admettre que les observateurs avaient été trompés par des apparences ; mais, outre qu'il existe des relations très précises émanées d'observateurs très sérieux et très instruits, M. Gaston Planté a pu reproduire le phénomène expérimentalement.

Il a pris deux disques de papier à filtrer, humectés d'eau distillée et séparés par une couche d'air, mis en rapport avec les pôles d'une pile secondaire de 800 couples. On voit ainsi apparaître une véritable boule de feu qui court de côté et d'autre entre les deux surfaces, présentant ainsi une grande ressemblance avec le tonnerre en boule.

On ne sait d'ailleurs à quoi attribuer ce phénomène, qui exige pour se produire une grande tension électrique et un puissant débit d'électricité.

Trombe. — L'électricité contenue dans l'air ne se manifeste pas seulement par des éclats de foudre, il existe d'autres phénomènes électriques.

On peut remarquer parfois, dans certains orages, que le tonnerre cesse de gronder ; tout à coup, un tourbillon d'air s'accumule, ayant la forme d'une colonne par suite de la poussière qu'il soulève. Cette colonne part du sol pour rejoindre le nuage le plus bas, elle suit la marche de l'ouragan animée d'un mouvement giratoire, en brisant, déchirant tout ce qui s'oppose à son passage : c'est la *trombe,* dont nous avons déjà parlé en décrivant les tourbillons de grêle.

Cette trombe peut produire des pluies de sable qu'elle dérobe aux plaines et aux déserts d'Afrique en les traversant ; ce fait, auquel on a voulu donner une origine cosmique, fut observé en Sicile durant les années 1880 et 1881.

La trombe passant au-dessus d'un étang, on l'a vue en attirer des poissons et des grenouilles qu'elle allait porter à quelques lieues de là, à la grande terreur de certains paysans témoins de ce phénomène.

M. Mohorviéié, d'Agram, a décrit un phénomène de cette espèce qui eut lieu le 11 mai 1892 à Novska, en Slavonie ; le gouvernement l'avait chargé d'aller en étudier les effets.

On jugera de la force que le vent peut y acquérir.

Un train quittait la station de Novska vers 4 heures du soir, lorsqu'une obscurité soudaine l'enveloppa ; toutes les voitures furent jetées hors de la voie avec grand fracas, et la force du vent en emporta trois jusqu'à plus de 30 mètres de distance ; l'explosion de deux réservoirs d'eau placés sur la ligne se joignit à la violence du vent pour augmenter le désastre. La trombe traversa alors une forêt située au nord-est de Novska, déracinant plus de 150,000 grands arbres et les étendant sur le sol autour du centre du tourbillon, avec la régularité des flèches qu'on place autour du minimum barométrique d'une carte météorologique et dans une zone de 2,500 à 3,000 mètres de diamètre. Parmi les faits les plus curieux, celui d'une jeune fille de 17 ans qui fut transportée à plus de 90 mètres sans recevoir aucune blessure est des plus remarquables. Quoique ces faits paraissent invraisemblables, M. Mohoroviéié est un savant absolument digne de foi.

La *trombe marine* se forme de la même manière et est accompagnée de grondements sourds, de déchirements sinistres, de lueurs éblouissantes. Les bateaux qu'elle rencontre sont immédiatement anéantis s'ils ne parviennent pas à l'éviter ou à la couper. Si on arrive à rompre cette colonne d'eau en tirant dessus un boulet, la trombe est aussitôt coupée et se transforme en une pluie abondante. M. G. Planté a pu reproduire aussi ce phénomène expérimentalement et prouver ainsi son origine électrique.

Ouragan, cyclone, tornade, typhon. — Les ouragans ou cyclones s'appellent aussi *tornades* sur les côtes d'Afrique et *typhons* dans la mer des Indes ; ils sont une combinaison d'air et d'électricité du même ordre que le précédent phénomène.

Au lieu de courir en droite ligne, comme le vent le fait dans les tempêtes ordinaires, ce phénomène décrit une courbe, avec une vitesse de 50 à 60 lieues à l'heure. Les désastres qu'il occasionne sont parfois terribles ; les Espagnols se souviendront longtemps de l'effroyable cyclone qui s'abattit le 12 mai 1886, sur Madrid.

Feu Saint-Elme. — Pendant ces différents phénomènes d'air et d'électricité, le fluide électrique est soumis à une tension extrême, au point qu'elle se manifeste souvent sous la forme d'aigrettes lumineuses ; ces dernières portent le nom de *feu Saint-Elme ;* elles scintillent au sommet des mâts des bateaux et à toutes les pointes métalliques.

Ces mêmes lueurs peuvent se produire sans ouragan, quand l'air est extrêmement saturé d'électricité ; dans ce cas, certaines personnes ont, paraît-il, vu jaillir des étincelles de leurs doigts et senti un souffle léger redresser leurs cheveux en faisant entendre un crépitement.

Jusqu'en 1700, ces perturbations électriques lumineuses restèrent pour les populations des sujets d'étonnement ou de crainte.

Ces aigrettes lumineuses eurent généralement, dans l'antiquité, une signification de victoire ou de gloire. On se souvient que ce fut, pour César, la prophétie du triomphe de sa V^e légion, quand les bouts des piques s'enflammèrent.

Christophe Colomb se servait de l'apparition de ces feux Saint-Elme qui couronnaient l'extrémité des mâts de sa caravelle, pour remonter le courage de ses matelots et leur faire présager l'heureuse issue de son voyage.

Aurore boréale. — Enfin, l'aurore boréale est aussi un

phénomène électrique de l'atmosphère. Cette perturbation atmosphérique apparaît sous la forme d'une pâle clarté, d'où lui vient son nom d'*aurore*.

Le qualificatif de *boréale* n'est pas juste, puisqu'on observe aussi ce phénomène dans les régions australes.

Elle affecte deux formes : tantôt elle se présente en dentelures rougeâtres, d'autres fois teintée des autres couleurs du prisme.

Selon M. de la Rive, l'aurore boréale est due à des décharges électriques dans les régions polaires.

Elle n'est généralement visible que dans une région fort restreinte ; cependant on en a aperçu une à la fois de Rome, Cadix, Moscou.

CHAPITRE XI

FORMATION ÉLECTRIQUE D'ACIDE NITRIQUE
DANS L'ATMOSPHÈRE

Bons effets agricoles de l'électricité atmosphérique. — Les phénomènes électriques de l'atmosphère que nous avons étudiés sont tous plus ou moins nuisibles à l'agriculture.

Le but de cette première partie a été de chercher les moyens de les empêcher de nuire ou au moins d'en diminuer les funestes effets.

Mais si la plupart de ces phénomènes agissent défavorablement, il en est au moins un, dont on ne peut pas en dire autant.

Actions chimiques de la foudre. — On se souvient qu'en décrivant les propriétés générales de la foudre : physiologiques, physiques, mécaniques, chimiques, nous avons dit que nous reviendrions spécialement sur cette dernière, à cause de l'importance qu'elle a en agriculture.

L'expérience bien connue de Cavendish montre que, lorsqu'on fait passer une série d'étincelles électriques dans un mélange d'azote et d'oxygène en présence d'une solution alcaline, ces deux gaz se combinent entre eux pour donner naissance, particulièrement, à de l'acide nitrique. Quand la combinaison de l'azote et de l'oxygène n'est pas complète, il peut se faire de l'acide nitreux.

Le même phénomène a lieu dans l'atmosphère sous l'influence de cette énorme étincelle électrique que nous avons étudiée sous le nom de *foudre*.

L'azote et l'oxygène qui composent l'*air*, s'y trouvent répandus, comme on sait, non en combinaison, mais en un mélange. L'atmosphère contient en outre de l'ammoniaque [1], laquelle jouera pour la foudre, le rôle que jouait la dissolution alcaline dans l'expérience précitée.

C'est ainsi que, dans les orages, il se fait une notable quantité d'acide nitrique et d'acide nitreux. La plus grande partie de ces acides se combine à l'ammoniaque que l'air renferme particulièrement à ce moment, pour former des nitrates et des nitrites d'ammoniaque, dont nous n'avons pas besoin de rappeler la grande richesse fertilisante pour la terre.

Ces sels sont alors répandus dans toute l'atmosphère, sous la forme de petits cristaux microscopiques, qui tombent sur le sol sous l'action de la pesanteur, ou bien parce qu'ils sont entraînés par les pluies qui en balayent l'air.

C'est Liebig qui découvrit le premier que les eaux de pluies d'orage renferment de l'acide nitrique. MM. Bence, Jones et Barral reconnurent ensuite la présence de cet acide dans toutes les pluies en général.

Il n'est pas nécessaire, en effet, qu'il éclate un orage pour qu'il se forme de l'acide nitrique et, par conséquent, pour que l'eau de pluie révèle sa présence. Ce qui le prouve, c'est qu'on reconnaît que la proportion d'acide nitrique augmente dans l'atmosphère au fur et à mesure qu'on s'approche de la zone équatoriale du globe. Cette zone des saisons voit chaque jour son orage, et même, d'après Boussingault, il paraît qu'une oreille exercée pourrait y entendre le grondement continu du tonnerre.

---

1. L'ammoniaque n'est pas à l'état libre, la majeure partie doit même être carbonatée, mais comme les combinaisons de l'ammoniaque et de l'acide carbonique sont douées de tension, on peut, sans grande erreur, considérer dans l'atmosphère l'ammoniaque comme libre.

Cette région intertropicale est donc, comme le dit M. Schlœsing, un foyer de production nitreuse très intense d'où le nitrate et lenitrite d'ammoniaque qui en résultent sont emportés dans les deux hémisphères par les vents réguliers ou accidentels. Par conséquent, quoique ces sels aient toujours la foudre comme origine, on comprend pourquoi ils existent dans des pluies qui n'ont rien d'orageux.

Dosage de l'acide nitrique. — On ne saurait mieux traiter cette question que M. Schlœsing, le savant professeur de l'Institut agronomique ; aussi nous nous permettrons de reproduire ce qu'il a écrit à ce sujet dans l'*Encyclopédie chimique :*

« Si la recherche de cet acide dans l'atmosphère présente certaines difficultés, sa détermination dans les eaux météoriques est très praticable. M. Boussingault dans l'est de la France, le colonel Chabrier dans le midi, MM. Lawes et Gilbert en Angleterre, et bien d'autres expérimentateurs en Allemagne ont recueilli sur ce sujet des observations nombreuses et précises.

« M. Boussingault, au Liebfrauenberg, a dosé l'acide nitrique dans la pluie, la neige, la grèle, le brouillard et la rosée au moyen d'un procédé dont il est l'auteur, fondé sur l'emploi d'une liqueur titrée d'indigo. Voici ses résultats (Boussingault, *Agronomie*, t. II, p. 311) :

Pluie.

	ACIDE NITRIQUE.	
	Total.	Moyenne par litre.
Eau recueillie pendant les mois de juillet, août, septembre, octobre, novembre.	0^{gr},179	0^{mg},184

Pluies les plus riches.

ACIDE NITRIQUE.

16 juillet 1857, commencement d'une pluie.	6^{mg},25
9 octobre 1857	5 ,48
25 septembre 1857, petite pluie.	3 ,74
14 août 1856, orage pendant la pluie. . .	3 ,43
9 août 1856, commencement d'une pluie.	3 ,23
5 août 1857, — — .	2 ,09
20 juillet 1856, — — .	2 ,01
8 septembre 1857, pluie la nuit..	2 ,00
10 septembre 1857, orage, première pluie.	1 ,91
9 août 1856, deuxième prise de pluie. .	1 ,88

« Dans les eaux de 11 pluies tombées pendant les mêmes mois et recueillies pour la plupart à la fin de la pluie, on n'a pas trouvé d'acide nitrique.

Neige.

ACIDE NITRIQUE
par litre d'eau de fusion.

27 novembre 1857, au Liebfrauenberg.	0^{mg},42
27 janvier 1858, à Paris	4 ,00
Du 28 février au 1er mars 1858, à Paris.	1 ,55
6 mars, le jour, à Paris	2 ,56
Nuit du 6 au 7 mars, à Paris	0 ,95
9 mars, à Paris.	0 ,32
10 mars, à Paris	0 ,58
Moyenne	1^{mg},48

Grêle.

2 septembre 1857, orage violent au Liebfrauenberg..	0^{mg},3

Grêle (suite).

30 avril 1858 à Paris.	Pluie et grêle ; les grêlons sont retenus sur l'udomètre et examinés séparément.	Grêlons.	$0^{mg},83$
		Pluie. .	$0\ ,55$

Brouillard.

	ACIDE NITRIQUE dans un litre d'eau provenant du brouillard.
25 octobre 1857, matin, Liebfrauenberg	$0^{mg},39$
26 octobre 1857, nuit	$1\ ,19$
28 octobre 1858, soir	$0\ ,72$
18 novembre.	$0\ ,96$
25 décembre.	$1\ ,08$
26 décembre.	$1\ ,83$
19 décembre 1857, à Paris (brouillard exceptionnel).	$10\ ,11$

Rosée.

	ACIDE NITRIQUE dans un litre d'eau.
Moyenne de 27 expériences.	$0^{mg},279$
Maximum	$1\ ,121$
Minimum	$0\ ,06$

« On n'a pas obtenu de rosée exempte d'acide. La rosée était recueillie tantôt dans des terrines, tantôt sur les plantes mêmes, contre lesquelles on passait un bâton creusé en forme de rigole. Le premier procédé a paru fournir des liquides un peu plus riches.

« Il résulte des tableaux précédents que la neige contient

beaucoup plus d'acide nitrique que la pluie. Cela doit tenir à deux causes : d'abord, la neige occupe, sous un même poids, un volume bien plus grand et présente une surface bien plus étendue que les gouttes de pluie ; en second lieu, elle tombe avec lenteur ; elle doit donc dépouiller l'air plus complètement de la poussière de nitrate d'ammoniaque qui y est suspendue. Comment la neige, qui est un corps solide, peut-elle retenir un autre corps solide, le nitrate d'ammoniaque ? C'est qu'au moment où les deux corps entrent en contact le nitrate est dissous.

« La rosée se forme à la place où on l'a recueillie. Pourquoi donc contient-elle de l'acide nitrique ? Le fait tient sans doute à ce qu'elle se produit par les temps calmes et sereins et que la chute des poussières de nitrate d'ammoniaque est alors favorisée par la tranquillité de l'air.

« Un fait qui semble bien établi prouve d'ailleurs que ces poussières, comme toutes celles que l'atmosphère tient en suspension, tendent sans cesse à tomber vers le sol, c'est qu'on n'en trouve plus dans les régions élevées. On sait que M. Pasteur a reconnu qu'au Mont Anvert (2,000 mètres) l'air renferme beaucoup moins de corpuscules que dans la vallée voisine. MM. Müntz et Aubin viennent tout récemment de faire une constatation semblable pour la poussière de nitrate d'ammoniaque : ils n'ont pas trouvé d'acide nitrique dans les eaux météoriques recueillies au sommet du Pic du Midi (2,887 mètres).

« Enfin, M. Boussingault a étudié la variation du taux d'acide nitrique dans une même pluie divisée en plusieurs périodes consécutives. Il a trouvé comme moyenne de 18 pluies :

	ACIDE NITRIQUE par litre d'eau.
1re prise.	0^{mg},49
2e prise	0 ,41
3e prise	0 ,37
4e prise	0 ,24

« Cette décroissance de la proportion d'acide nitrique s'explique naturellement par cette raison que la pluie, en dépouille l'air à mesure qu'elle tombe.

« D'après les chiffres qui précèdent, M. Boussingault a trouvé que la quantité d'azote à l'état d'acide nitrique tombant annuellement par hectare avec les eaux météoriques était, au Liebfrauenberg, de $0^{kg},33$. D'autre part, par des expériences analogues, MM. Lawes et Gilbert ont obtenu pour Rothamsted $0^{kg},86$ en 1855 et $0^{kg},81$ en 1856.

« Enfin, en 1870 et 1871, le colonel Chabrier, à Saint-Chamas (Provence), a recherché si les pluies contenaient de l'acide nitreux. Par un procédé de dosage précis qui lui est dû, il a trouvé comme moyenne de 25 expériences $0^{mg},90$ d'acide nitreux par litre (*Annales de chimie et de physique*, 4e série, t. XXIII). Suivant ses observations, le composé oxygéné de l'azote contenu dans la pluie n'est, pendant une partie de l'hiver et presque toute la durée du printemps, à peu près que de l'acide nitreux. L'acide nitrique constamment et exclusivement accusé par les dosages antérieurs provient, en totalité dans un certain nombre de cas, en partie dans les autres, de la suroxydation de l'acide nitreux. Cette suroxydation est la conséquence nécessaire de toutes les méthodes employées pour doser l'acide nitrique en présence des matières organiques. Elle induit en erreur quand on n'a pas préalablement et directement dosé l'acide nitreux. Presque toujours l'acide nitrique domine dans les pluies d'orage recueillies au centre de la tempête ou par les grands vents ; c'est l'acide nitreux, au contraire, lorsque le temps est calme et l'orage lointain.

« Il résulte des expériences faites par le colonel Chabrier qu'il tombe annuellement, en Provence, avec les eaux de pluie, soit à l'état d'acide nitreux, $2^{kg},8$ d'azote par hectare.

« Pour ce qui est de la végétation, les proportions relatives des nitrites et des nitrates nous importent peu, car les nitrites se transforment rapidement en nitrates ; c'est l'apport d'azote qui nous intéresse. Le chiffre $2^{kg},8$ du colonel Chabrier est beaucoup plus fort que celui obtenu par M. Boussingault, au Liebfrauenberg. A mesure qu'on se rapprocherait de la zone intertropicale, foyer principal de la production nitreuse, il est probable qu'on trouverait dans les eaux météoriques une proportion croissante d'azote à l'état d'acide nitrique. Des dosages exécutés vers les pôles et à l'équateur présenteraient, à ce point de vue, un vif intérêt. »

Expériences faites en Danemark. — M. Schlœsing, comme on vient de le voir, a très bien résumé les travaux qui ont principalement été faits sur ce sujet par des savants français. Mais la question de la formation des nitrates et des nitrites sous l'influence de la foudre a inquiété aussi les chimistes étrangers et, parmi eux, nous devons citer les résultats obtenus par M. Tuxen, en Danemark.

De 1880 à 1885, on a dosé l'ammoniaque et l'acide nitrique des eaux de pluies recueillies dans les deux pluviomètres des champs d'expériences de l'École supérieure agricole et vétérinaire de Copenhague.

La quantité d'azote ammoniacal fut relativement aussi plus grande en hiver et dans les printemps froids.

Dans les pluies d'hiver, elle oscillait en moyenne de $1^{mg},05$ à $7^{mg},98$ par litre. Dans les pluies d'été de $0^{mg},7$ à $1^{mg},95$.

Dans d'autres stations on reconnut que les pluies d'été ne sont pas toujours, par rapport à celles des autres époques de l'année, les plus riches en azote nitrique.

Dans deux années seulement, sur cinq d'expériences, la pluie d'été renfermait le plus d'acide nitrique. **La quantité d'azote sous forme d'acide nitrique n'a que rarement dépassé** $0^{mg},5$. La plus forte quantité trouvée **fut 2 milligr.** par litre.

La quantité d'ammoniaque dépasse de beaucoup, **dans la pluie, la proportion d'acide nitrique.** Il n'y a que très peu d'ammoniaque qui puisse y être combinée **à l'acide azotique.**

Le rapport moyen entre les quantités d'azote existant sous les deux formes fut :

ANNÉES.	ACIDE NITRIQUE.	AZOTE AMMO-NIACAL.
1880-1881	1	3,1
1881-1882	1	15,5
1882-1883	1	34,0
1883-1884	1	5,4
1884-1885	1	1,7

Il est remarquable que, dans les mois de juillet 1883 et d'août, septembre, novembre 1884, la quantité d'acide nitrique était dominante. Pendant ces mois, la pluie avait une réaction acide.

En ce qui concerne les quantités totales d'azote apportées au sol par les pluies, on a reconnu que les pluies d'été (juin, juillet, août) à l'exception de l'année 1883-1884, fournissaient au sol moins d'azote, comparativement aux pluies des autres époques de l'année.

Si l'on considère les mois proprement dits de végétation

(mai, juin, juillet) et si l'on calcule ce que représente pour 100 de l'azote des pluies de l'année correspondante, l'azote des pluies de ces trois mois, on trouve que pendant ceux-ci, les pluies mettent à la disposition de la végétation de 14 à 32 p. 100 de la quantité totale d'azote qu'elles fournissent annuellement.

Conclusions. — Quoique la proportion de ces sels fertilisants et azotés, apportés à la terre par la pluie et prenant naissance avec la foudre, quoique cette proportion soit faible, dis-je, et que nous ne conseillions même pas d'en tenir compte dans le calcul des importations d'azote pour une agriculture rationnelle, on doit cependant regarder cette source fertilisante comme très importante, car, comme l'a dit M. Schlœsing : « Il ne faut pas oublier non plus que l'atmosphère terrestre supposée à 765 millimètres et à zéro, aurait un volume d'un milliard de milliards de mètres cubes. Si l'on multiplie par ce facteur les 2 ou 3 centièmes de milligramme d'ammoniaque qui existent dans un mètre cube d'air, on arrive à un chiffre représentant une fraction notable de l'azote consommé annuellement par les végétaux. Il ne faut pas oublier non plus que les plantes ont une faculté merveilleuse, qui leur permet d'aller chercher les principes fertilisants dont elles ont besoin dans des milieux qui n'en contiennent que des traces. Par exemple, la potasse, l'acide phosphorique suffisent à nourrir une récolte, bien qu'ils soient disséminés dans le sol en quantités si minimes que, sans des précautions toutes spéciales, ils échapperaient à l'analyse ; 200 kilogr. d'acide phosphorique fertilisent, si les autres éléments nécessaires ne manquent pas, un hectare de terre dont le poids varie de 2 à 4 millions de kilogrammes. La même faculté s'exerce à l'égard des principes contenus dans l'atmosphère.

« C'est ainsi qu'on peut regarder les végétaux comme ayant pour mission de rassembler les principes épars perdus pour ainsi dire dans l'air et le sol et d'en composer des aliments pour les animaux. »

Si donc les phénomènes électriques de l'atmosphère ont été montrés, dans cette première partie, plutôt comme des fléaux pour l'agriculture que comme des bienfaits, ce chapitre devra tout au moins réhabiliter un peu la foudre à nos yeux.

CHAPITRE XII

LA SÉCHERESSE

Puisque nous parlons de fléaux agricoles, disons quelques mots d'un de ceux qui, quoique ne prenant pas son origine dans les phénomènes électriques de l'atmosphère, a pourtant sa place dans ce chapitre, à cause du moyen électrique proposé pour le faire disparaître.

Tout le monde connaît la véritable calamité qu'amène la *sécheresse* en agriculture. Sans entrer dans de plus amples détails sur les effets de la sécheresse, il nous suffira de rappeler l'état d'esprit dans lequel se trouvaient, ces temps derniers, tous ceux qui s'occupent de près ou de loin d'agriculture, en voyant ces trois mois consécutifs de l'année 1893 se passer sans une goutte de pluie; il nous suffira, dis-je, de rappeler cette extraordinaire sécheresse, pour se faire une idée exacte de la crainte qu'on professe en agriculture pour ce fléau.

Pluie à volonté. — Justement à propos de cette période de sécheresse dont nous venons de parler, le problème de la *pluie à volonté* est revenu dans la presse plus vivace que jamais, nié par les uns et laissant beaucoup d'espérance chez les autres.

On a proposé plusieurs procédés pour arriver à produire la pluie à volonté, c'est-à-dire pour amener la condensation des nuages au moment où la terre commence à réclamer de l'eau.

Différents procédés proposés. — On sait qu'on a prétendu arriver à ce résultat en ébranlant les couches atmosphériques par des détonations. Quoique nous voulions bien croire à l'efficacité des détonations en cette occurrence, aucune théorie, aucune expérience sérieuse ne nous fait espérer quelque chose de pratique par ce moyen. Nous n'en dirons donc pas davantage, d'autant que ce procédé ne se rattacherait en rien au principe électrique de cet ouvrage. Signalons cependant un procédé récent, proposé par M. Henry-W. Allen, de Gooburga (Indes).

Ce n'est ni une application de l'électricité atmosphérique, ni un procédé bien sérieux ; cependant nous le relatons parce qu'il est très peu connu et à cause de son ingéniosité.

Une fusée de $0^m,10$ de diamètre et $0^m,45$ de long, capable de s'élever à 1,600 mètres et d'y produire un froid intense, est lancée dans les régions supérieures de l'atmosphère. A sa pointe se trouve une sphère en cuivre, pouvant supporter une pression interne de 150 kilogr. par centimètre carré et vissée sur la fusée de manière à pouvoir être enlevée pour charger celle-ci. Un tube de cuivre est vissé à son tour sur la sphère dans laquelle son extrémité supérieure pénètre jusqu'à $0^m,005$ du fond. Elle est terminée en pomme d'arrosoir avec un grand nombre de petits trous. Lorsque la fusée a atteint son maximum de hauteur et qu'elle traverse un nuage, l'éther dont on a rempli la sphère entre en ébullition violente et donne lieu, par la pomme d'arrosoir, à une pulvérisation abondante et, par suite, à un froid intense, devant amener la condensation du nuage. L'engin est complété par un dispositif qui lui permet, lorsqu'il redescend vers la terre, d'en diminuer la vitesse de chute : c'est une sorte de petit parachute.

N'ayant pas même vu l'appareil, nous le répétons, nous ne le signalons qu'à cause de son originalité.

Enfin, on poursuit encore des expériences avec des ballons chargés de cartouches renfermant non seulement de la dynamite, mais encore de la suie ou des substances analogues, car il faudrait, d'après un certain physicien, pour produire la condensation des nuages, non seulement ébranler l'air, mais encore lancer dans l'atmosphère un nuage de poussière. Cette théorie serait basée sur celle de la formation, à Londres, du brouillard, que l'on attribue à la présence d'une multitude de matières charbonneuses dans l'air. L'électricité servirait à faire naître ces explosions aériennes.

On a annoncé même, paraît-il, la formation d'une *Compagnie générale des pluies artificielles*.

Procédé du lieutenant-colonel Baudouin. — Ce procédé, quoique n'ayant pas encore donné des résultats très pratiques à cause des difficultés que présente l'opération, a du moins l'avantage de reposer sur une théorie indéniable.

Cette théorie est celle de Franklin, sur la formation de la pluie. Sans entrer dans toute l'explication de cette théorie, nous nous contenterons de rappeler succinctement que les nuages sont chargés d'électricité positive et la terre d'électricité négative. La condensation de la vapeur d'eau des nuages, nécessaire à la formation de la pluie, n'a lieu que lorsqu'il peut s'établir une communication entre les électricités contraires de la terre et du nuage. C'est pourquoi dans les pays montagneux, où les nuages cachent si souvent le sommet des montagnes, il pleut plus abondamment que dans les pays de plaines.

Puisqu'on ne connaît pas le moyen d'abaisser le nuage jusqu'à la terre, pour produire la condensation en temps voulu, M. Baudouin propose d'amener le sol en communication avec le nuage, par l'intermédiaire d'un ballon de faibles dimensions ou même d'un cerf-volant, qui portera jusqu'au nuage, une petite sphère de métal, reliée au sol par une cordelette rendue bonne conductrice. Ainsi, chaque commune possédant à peu de frais un appareil de cette sorte pourrait, d'après M. Baudouin, obtenir la pluie sur un endroit à peu près déterminé d'avance, dès qu'un nuage se présenterait.

M. Baudouin a fait de nombreuses expériences où il appliquait la théorie que nous venons d'énoncer, il a même fait récemment à l'Académie des Sciences [1] une communication des résultats qu'il a obtenus.

« Le dimanche 15 octobre, vers 5^h15, j'ai obtenu un contact avec les nuages situés à une distance que j'évalue à 1,200 mètres environ. A ce moment, il est survenu un brouillard *local,* puis quelques gouttes d'eau se sont mises à tomber. Dès que le contact a cessé, en rentrant le cerf-volant, tout est revenu à l'état normal. »

« En 1876, j'ai obtenu *plusieurs fois* la pluie de la même manière sur le plateau de El Meridj (frontière de Tunisie). »

La difficulté, qu'on arrivera très probablement à résoudre, c'est d'avoir un conducteur d'un poids suffisamment faible, pour que le ballon ou le cerf-volant puisse s'élever à une hauteur d'autant plus grande que la terre a plus besoin d'eau.

Quoi qu'il en soit, le principe est juste et nous souhaitons ardemment que les travaux que M. Baudouin poursuit avec tant d'opiniâtreté soient couronnés par le succès qu'ils méritent.

Action de l'électricité atmosphérique sur la nitrification. — Nous avons montré déjà que l'électricité atmosphérique

---

1. 23 octobre 1893.

prépare dans l'air des nitrates fertilisants d'une haute valeur. Non satisfaite de cette fabrication aérienne, l'électricité la continue sur la terre en facilitant la nitrification des matières azotées du sol par l'intermédiaire des plantes qui le recouvrent ; celles-ci jouent alors le rôle de conducteurs de l'électricité. Devant revenir sur cette question dans la troisième partie en parlant des beaux travaux de M. Grandeau, nous n'en dirons pas davantage.

Nous ne ferons que mentionner aussi la faculté, que M. Berthelot prête aux végétaux, de fixer directement l'azote de l'air, sous l'influence de l'effluve électrique.

Enfin, l'action bienfaisante de l'électricité sur la végétation elle-même est certainement celle qui produit les effets les plus importants ; son étude sera pour nous l'objet d'une partie spéciale, c'est pourquoi nous nous contentons encore de n'en faire qu'une simple mention.

Quoi qu'il en soit, on voit par ce dernier chapitre que, si l'électricité atmosphérique fait naître quelques inconvénients pour l'agriculture, en revanche, elle est souvent son auxiliaire. Il lui sera donc beaucoup pardonné !

II° PARTIE

CHAPITRE Ier

UNITÉS EMPLOYÉES EN ÉLECTRICITÉ

Préliminaires. — Après avoir étudié l'électricité atmosphérique, il eût été rationnel de rechercher ses effets sur la
végétation; mais nous en avons été empêché par la nécessité
où nous aurions été d'employer des termes dont on aurait
pu ne pas connaître exactement le sens. C'est pourquoi
nous chercherons les effets de l'électricité sur la végétation
dans la IIIe partie, et que dans la seconde nous allons étudier à peu près toutes les *applications qu'on a pu faire des
courants* électriques en agriculture ou dans les industries
agricoles. Quant aux applications de la lumière électrique,
nous les étudierons dans la IVe partie.

Ce chapitre sera donc consacré aux définitions et aux formules destinées à représenter la force des courants électriques. Mais nous commencerons par expliquer comment se
comporte un courant électrique, abstraction faite de son
mode de production.

Comparaison entre l'Électricité et l'Hydrostatique. — M. Lemoine a montré cette analogie de l'*Électricité* et de l'*Hydrostatique* dans son livre sur l'électricité dans l'industrie. Cette comparaison très heureuse donne une idée de ce qu'est la force électrique, en même temps qu'elle facilite la compréhension de ses phénomènes.

Supposons les deux pôles d'une source électrique réunis par un conducteur métallique quelconque, nous savons déjà que nous formerons de cette façon un *circuit*, c'est-à-dire la voie suivant laquelle se propagera le mouvement continu auquel on a donné le nom de *courant*. Pour se faire une idée exacte de ses effets mécaniques, il faut se rappeler que le courant électrique présente une grande ressemblance et peut même être comparé avec un courant d'eau. Ainsi, de même que ce dernier ne peut se produire que s'il y a une certaine différence de niveau entre les deux extrémités de la conduite d'eau, de même un courant ne peut exister entre deux points quelconques d'un conducteur, que si ces points sont maintenus à des *potentiels* différents.

Or, le potentiel en *électricité* correspond à la pression due à la différence de niveau en *hydrostatique* ; il est logique d'admettre que si le courant, dans ce dernier cas, va du point le plus haut vers le point le plus bas, en électricité il devra se diriger du point où le potentiel est le plus élevé (pôle positif) vers le point où il est le plus bas (pôle négatif) ; par analogie, nous voyons immédiatement que les choses devront se passer ainsi, jusqu'au moment où l'équilibre sera établi entre les points considérés, c'est-à-dire jusqu'au moment où ils auront atteint le même potentiel ou le même niveau électrique.

Ce qui précède met donc en évidence ce fait bien connu :

pour qu'un courant continu puisse traverser un conduc-teur, il faut que les extrémités de ce dernier soient reliées à une source d'électricité capable d'entretenir, d'une façon constante, une certaine différence de potentiel entre les points extrêmes.

Ce principe donne naissance aux deux remarques impor-tantes qui suivent : 1° la force, de nature encore inconnue, d'un courant, et qui a reçu le nom de force *électro-motrice*, ne doit jamais être confondue avec la différence de *potentiel* (dont la puissance s'exerce à une extrémité du circuit), car cette dernière ne saurait être prise comme la *cause* du mouvement, alors qu'en réalité elle n'en est que l'*effet*.

2° L'électricité n'a pas d'*inertie ;* autrement dit, son mou-vement n'a pas de vitesse acquise et cesse instantanément dès qu'on ouvre le circuit.

Lorsque le courant est produit, il faut le conduire depuis le *générateur* jusqu'à l'appareil qui doit l'utiliser. Pour cela, on se sert d'un fil métallique qui joue, par rapport à l'électricité, le même rôle que le tuyau d'une conduite qui amène l'eau d'un réservoir à une turbine ; la canalisation *électrique* présente absolument les mêmes particularités qu'une canalisation *hydraulique*. Ainsi, de même que dans une conduite d'eau, le frottement du liquide contre les pa-rois fait naître une certaine résistance qui détermine une perte de charge, de même, en électricité, le *conducteur* oppose au passage du courant une certaine résistance qui détermine une perte de *tension*. La comparaison entre les courants électriques et hydrauliques peut, d'ailleurs, être poussée plus loin.

Formules d'électricité. — On sait qu'en hydrostatique la quantité d'eau débitée pendant un temps T est égale au produit du débit par le temps. Or, Faraday a démontré que si l'on appelle I l'intensité du courant électrique, et T le temps pendant lequel il est considéré, la quantité Q est représentée par la formule :

$$Q = I \times T \qquad (1)$$

Il établit ainsi que le débit d'un courant électrique est égal aussi au produit de l'intensité (I) par le temps (T), formule identique à celle employée en hydrostatique.

Enfin, l'intensité d'un courant électrique doit avoir la même valeur dans tous les points du conducteur, afin que l'électricité ne s'accumule pas indéfiniment dans une même section de circuit.

Les trois valeurs que nous venons de considérer dans l'étude du courant : *force électro-motrice, intensité, résistance,* sont liées entre elles par la *loi de Ohm* :

$$I = \frac{E}{R} \qquad (2)$$

dans laquelle I représente l'intensité, E la force électro-motrice, R la résistance. Cette formule peut être traduite en langage ordinaire :

L'intensité d'un courant est proportionnelle à la force électro-motrice et inversement proportionnelle à la résistance du circuit.

Cette formule (2) permet de déterminer l'une quelconque de ces quantités, quand on connaît la valeur de deux d'entre elles :

$$E = RI \qquad (3)$$

$$R = \frac{E}{I} \qquad (4)$$

Mais la similitude des deux formules données plus haut n'est pas encore la seule qui existe entre l'électricité et l'hydrostatique.

Lorsqu'un courant d'eau est utilisé pour actionner une roue hydraulique *en dessus,* pour se faire une idée du travail développé, l'on fait le produit de la *masse* par la *hauteur* de chute. L'électricité se comporte absolument de la même façon et, si nous considérons une certaine quantité d'électricité (Q) traversant un conducteur entre deux points dont la différence de potentiel ou de niveau électrique est (E), le travail développé (W) sera aussi égal à la quantité d'électricité, multipliée par la différence de potentiel, et nous aurons :

$$W = Q \times E \qquad\qquad (5)$$

En divisant, dans cette formule, le deuxième nombre par 9,81 (représentant, en mètres, l'accélération due à la pesanteur), nous aurons l'expression du travail en *kilogrammètres.*

$$W = \frac{Q \times E}{9,81} \qquad\qquad (6)$$

Ce quotient, divisé lui-même par 75, donnera l'expression en *chevaux-vapeur.*

$$W = \frac{Q \times E}{9,81 \times 75} = \frac{Q\,E}{736} \qquad\qquad (7)$$

Système international d'unités électriques. — Pour déterminer les valeurs que les lettres I, E, R (force électromotrice, intensité, résistance) représentent dans ces différentes formules, on a dû recourir à certaines unités permettant de les mesurer. C'est pourquoi un congrès de savants fut réuni à Paris en 1881, lors de la mémorable exposition d'électricité, afin d'étudier l'établissement d'un *système international d'unités électriques* se rattachant au système C. G. S.

Ce congrès célèbre eut quatre séances, les 16, 17, 19 et 21 septembre. Il était composé de : MM. Mascart, Maurice Lévy, Raynaud, Lippmann, pour la France; de MM. Thomson, Warren de la Rue, Spotiswoode, Tyrton, Everett, pour l'Angleterre; de MM. Siemens, Helmholtz, Clausius, Wiedemann, Fœrster, pour l'Allemagne; Govi, pour l'Italie; Stoletow, pour la Russie; c'est-à-dire, par les plus grands savants électriciens du monde entier.

Nous allons reproduire leur projet de résolutions, ratifié par la séance plénière du Congrès, puis nous donnerons ensuite des explications complémentaires de chacun des termes employés :

1° On adoptera pour les mesures électriques les unités fondamentales : le *centimètre*, le *gramme-masse*, la *seconde* (C. G. S.).

2° Les unités pratiques de la résistance électrique et de la force électro-motrice, l'*ohm* et le *volt*, conservent leurs définitions actuelles : 10^9 pour l'ohm, et 10^8 pour le volt.

3° L'unité de résistance *ohm* sera représentée par une colonne de mercure d'un millimètre carré de section à la température 0 degré centigrade.

4° Une commission internationale sera chargée de déterminer par de nouvelles expériences, pour la pratique, la colonne de mercure d'un millimètre carré de section à la température de 0 degré centigrade, qui représentera la valeur de l'*ohm*.

5° On appellera *ampère*, l'intensité du courant produit par un *volt* dans un *ohm*.

6° On appellera *coulomb*, la quantité d'électricité définie par la condition qu'un ampère donne *un coulomb* par seconde.

7° On appellera *farad*, la capacité définie par la condition qu'un *coulomb* dans un *farad* donne un *volt*.

Nous devons ajouter aussi les quelques résolutions nouvelles relatives aux unités de mesures électriques légales dont l'usage est recommandé, qui viennent d'**être** prises tout dernièrement au Congrès international d'électricité de Chicago.

Unité de résistance. — L'*ohm* international, égal à 10^9 unités de résistance C. G. S., est représenté par la résistance offerte à un courant électrique invariable, par une colonne de mercure à la température de la glace fondante de section uniforme sur $106^{cm},3$ de longueur et pesant $14^{gr},4521$.

Unité d'intensité. — L'*ampère* international, égal à 1/10 d'unité C. G. S., est représenté d'une façon suffisante pour la pratique par un courant invariable qui, en passant à travers une solution de nitrate d'argent dans l'eau, donne lieu, dans des conditions spécifiées, à un dépôt d'argent de $0^{gr},001118$ par seconde.

Unité de force électro-motrice. — Le *volt* international est la force électro-motrice qui, appliquée à un conducteur dont la résistance est l'*ohm* international, produit un courant d'intensité égal à l'ampère, et qui est représenté suffisamment pour la pratique par les $\dfrac{1000}{1434}$ de la F. E. M., entre les pôles d'une pile de Clark à la température de 15° centigrades.

Unité de travail. — Le *joule*, égal à 10^7 unités de travail C. G. S., et représenté d'une façon suffisante pour la pratique par l'énergie dépensée en une seconde par un ohm international.

Unité de puissance. — Le *volt* international, égal à 10^7 unités C. G. S.

Unité d'induction. — Le *henry* est l'induction dans un circuit de la F. E. M. du courant induit, le courant inducteur variant au taux de 1 ampère par seconde.

La résolution relative à l'*unité de lumière* a été ajournée.

Unité de résistance. — C'est l'*ohm*. On peut se faire une idée de sa valeur, car il équivaut à la résistance d'environ 100 mètres de fil de fer télégraphique de $0^m,004$ de diamètre, ou à 48 mètres de fil de cuivre de $0^m,001$ de diamètre.

La résistance s'exprime aussi en *ampères* : une lampe de 1,000 bougies absorbe 8 ampères ; et les lampes à incandescence les plus généralement employées de 0,6 à 2 ampères.

Les machines à galvanoplastie donnent des courants qui peuvent aller jusqu'à 3,000 ampères.

Ces quelques chiffres permettent donc de se faire une idée sur la valeur réciproque de chacune des unités ci-dessus, volt, ohm, ampère ; ce sont celles qui sont le plus souvent employées dans la pratique. Cependant nous devons faire remarquer qu'il en existe deux autres, dont la connaissance est indispensable pour l'étude des applications électriques. Ce sont les unités de *quantité* et de *capacité*.

Unité de quantité. — C'est le *coulomb*, ou quantité d'électricité qui traverse un conducteur pendant une seconde, lorsque l'intensité du courant est de 1 *ampère*.

Pour la commodité de l'usage, l'on se sert souvent de l'*ampère-heure* comme unité de quantité, mais alors il faut remarquer que cette valeur exprime la quantité d'électricité qui traverse un circuit dans une heure, lorsque l'intensité du courant est de 1 ampère, ce qui représente donc une valeur 3,600 fois plus considérable que le *coulomb*. Aussi en disant qu'un appareil peut produire, par exemple, 100 *ampères-heures*, c'est dire qu'il peut fournir 360,000 *coulombs*.

Unité de capacité. — Farad. — L'unité de capacité est le *farad*. Elle est moins souvent employée que les unités précédentes par la pratique industrielle, et l'on estime généralement la capacité d'un accumulateur, par exemple, en *ampères-heures*, c'est-à-dire la quantité d'électricité que peut fournir l'appareil pendant sa décharge ; l'on a ainsi une idée de contenance par la mesure du contenu.

Quantité. — C'est la relation qui représente le *farad*, force électro-motrice.

Relations. — En résumé, l'expression (1) :

$$Q = IT$$

est la relation qui a reçu le nom de *coulomb*.

Si on remplace dans la formule (2) les lettres par ce qu'elles représentent, on a :

$$\text{Intensité} = \frac{\text{force électro-motrice}}{\text{résistance}} \qquad (2')$$

ou bien encore :

$$\text{Intensité} = \frac{\text{volt}}{\text{ohm}} \qquad (2'')$$

(2″) est alors une nouvelle forme de l'expression de l'*unité d'intensité électrique*.

Enfin, sachant que l'électricité est produite par une décomposition chimique, l'*ampère* a pour mesure approximative l'*intensité capable de précipiter 4 grammes d'argent par heure, ou 1ᵍʳ,19 de cuivre (Mascart) ou de décomposer 0ᵍʳ,09378 d'eau par seconde.*

Si donc on le compare à l'*unité d'intensité* égale à $\dfrac{\text{unité Daniell}}{\text{unité Siemens}}$, on trouve que cette unité est égale à 1,16 $\dfrac{\text{volt}}{\text{ohm}}$, et qu'elle est capable de déposer 1ᵍʳ,38 de cuivre par heure.

CHAPITRE II

TRANSMISSION DE LA FORCE PAR L'ÉLECTRICITÉ

Appareils de transmission électrique. — Les applications de transmission de force sont relativement récentes ; ce fut à l'exposition de Vienne de 1873 que parurent pour la première fois en public les appareils destinés à la transmission de la force par l'électricité, présentés par M. Fontaine. Naturellement on n'apprécia pas tout d'abord ses expériences ; il démontrait cependant qu'au moyen d'un courant électrique produit par une machine Gramme (*génératrice*), il pouvait mettre en mouvement une machine semblable (*réceptrice*) qui se trouvait à quelque distance de la première, et qu'avec cette seconde machine il pouvait actionner un appareil quelconque.

Nous ne décrirons pas les différentes *dynamos,* nous nous contenterons de rappeler que ce sont des *générateurs électriques* dont la construction est basée sur les phénomènes d'aimantations et désaimantations instantanées d'*electro-aimants,* de manière à pouvoir engendrer rapidement une très grande puissance électrique.

L'emploi de ces machines a été arrêté quelque temps par les dimensions colossales qu'on était forcé de donner, au début, à ces appareils. Aujourd'hui le problème est résolu par l'emploi de machines de dimensions très courantes; la pratique a même reconnu qu'il est préférable d'employer plusieurs petites machines qu'une seule grosse, de manière à ne jamais dépasser une différence de potentiel de 1,500 volts.

Il existe déjà dans les industries agricoles et autres, comme en agriculture, de nombreuses applications du transport de la force par l'électricité.

Transmission électrique de la force à longue distance. — On comprendra quelle importance présente la question de la transmission de la force à longue distance, quand on aura lu le chapitre suivant relatif aux puissances motrices que la nature met à notre portée ; en effet, la résolution complète de ce problème permettra d'aller capter l'énergie des chutes d'eau, du vent, etc., en certains points, pour l'utiliser à de longues distances.

La difficulté de la question provient de ce que l'on ne peut utiliser qu'une fraction de la force initiale, la résistance d'un courant croissant avec la longueur du fil qu'il parcourt. On comptait, il y a peu de temps encore, lorsqu'on n'employait pas de dispositions spéciales, un rendement moyen de 50 à 60 p. 100 pour 1 ou 2 kilomètres entre le *générateur* et la *réceptrice*.

En raison de l'importance de cette question, M. Hippolyte Fontaine d'un côté et M. Marcel Despretz de l'autre se sont occupés particulièrement de cette question. Ce dernier, avec le concours pécuniaire de M. de Rothschild, a résolu le problème suivant : prendre 100 chevaux de force motrice à la station de Creil, les transporter électriquement à la station de La Chapelle, soit à 56 kilomètres de distance, avec un rendement de 50 p. 100.

Pendant deux ans, M. Despretz travailla à la réalisation de ce projet et, après quelques accidents inévitables dans une entreprise de cette importance, il a vu ses efforts couronnés de succès.

La force motrice est fournie à Creil par deux locomotives et est transmise à une seule machine dite *génératrice* par l'intermédiaire d'une poulie dynamométrique enregistrant à chaque moment la force absorbée par la machine électrique et l'excitation de son champ magnétique.

A La Chapelle, la machine dynamo, dite *réceptrice*, est de dimensions plus restreintes que la *génératrice*, puisqu'elle ne reçoit que la moitié de la force consommée à Creil.

La distance du transfert étant de 56 kilomètres, le fil transmetteur, aller et retour, a une longueur de 112 kilomètres. Il est en bronze siliceux de 5 millimètres de diamètre. Le travail utile fourni par la réceptrice est mesuré au frein de Prony.

Pratiquement, la force reçue à La Chapelle est employée à faire mouvoir les pompes des accumulateurs Armstrong de la gare de La Chapelle (28 chevaux), et à côté, une deuxième machine électrique à double enroulement, système Marcel Despretz, qui distribue la force à divers appareils (12 chevaux) :

Un marteau-pilon de 80 kilogrammes et de $0^m,80$ de chute ; 2° un treuil électrique ; 3° un frein électrique ; 4° un petit moteur (à vitesse constante) actionnant un tour ; 5° un petit appareil pour la commande des aiguilles. Soit en totalité une force utile de 40 chevaux, alors qu'on dépense à Creil 88 chevaux, d'où un rendement de 45 p. 100.

On a constaté que suivant les vitesses données à la génératrice (très faible puisqu'à la périphérie de l'anneau de la machine les vitesses linéaires ne dépassaient pas $7^m,5$) le travail utile fourni par la réceptrice variait entre 30 et 50 chevaux avec un rendement moyen de 44 p. 100.

M. Maurice Lévy procéda à des expériences de contrôle. Il fit tourner la machine génératrice à des vitesses angu-

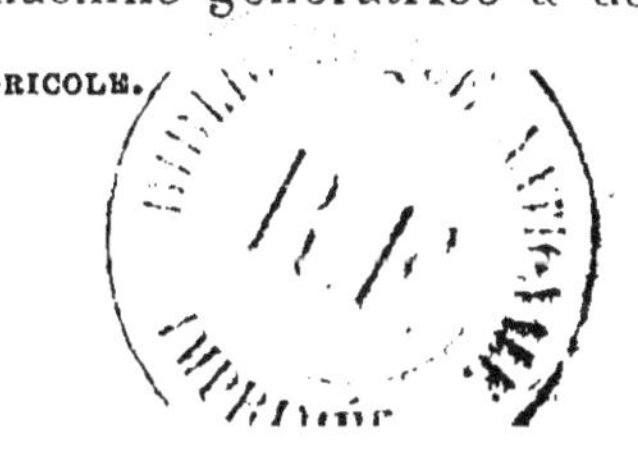

laires oscillant entre 170 à 220 tours et constata un travail utile fourni par la réceptrice, variant entre 27 chevaux pour la vitesse minimum et 52 chevaux pour la vitesse maximum. Les forces motrices correspondantes absorbées par la génératrice, étaient de 66 et de 117 chevaux. D'où le rendement de 41 et 45 p. 100.

On voit que la transmission par l'électricité est presque résolue et que déjà, dans l'état actuel de la science, elle peut rendre d'immenses services.

CHAPITRE III

UTILISATION DES FORCES NATURELLES.

Introduction. — Pour se rendre un compte exact des services que la transmission électrique est appelée à rendre à l'humanité en général et dans la vie rurale (fermes, industries agricoles, etc...) en particulier, il faut étudier les différentes sources que la nature met à notre disposition.

D'ailleurs l'aliment principal de la machine à vapeur n'est pas inépuisable dans la terre. S'il est vrai que le stock de charbon de terre ne sera pas épuisé durant notre vie, nous pouvons cependant nous intéresser aux générations futures, ne considérant pas qu'après nous viendra la fin du monde. C'est pourquoi il est permis de prévoir qu'au fur et à mesure que la houille s'épuisera, l'activité humaine se portera vers l'utilisation mécanique de toutes les forces naturelles : courants et chutes d'eau, vagues, marées, vents, etc. C'est alors que l'électricité apportera son bienfaisant concours, car, en effet, comment utiliser sans elle ces forces mécaniques ?

L'électricité possède la curieuse propriété de transmettre à une machine quelconque le mouvement que possède une machine semblable, même quand toutes deux sont distantes de plusieurs kilomètres l'une de l'autre ; on comprend facilement alors l'importance de cette faculté qui permet d'aller chercher la force naturelle à l'endroit où elle se produit pour la transporter dans tous les points où l'on en a besoin.

Chutes d'eau. — La quantité de toutes les forces inutilisées, auxquelles la nature donne naissance, est si grande, qu'on ne peut même pas en faire un calcul approximatif. Il est possible cependant de s'en faire une idée, lorsqu'on songe que rien que le débit *horaire* du Niagara est égal à environ 100 millions de tonnes de 1,000 kilogrammes, ce qui représenterait à peu près 16 millions de *chevaux-vapeur*. La production journalière de charbon dans le monde entier serait, d'après un savant allemand, juste suffisante pour assurer le relèvement des eaux de la chute. Le Niagara seul développe ainsi 16 millions de chevaux hydrauliques, et, par une coïncidence singulière, c'est la valeur de la puissance hydraulique de la France en supposant que les fleuves arrivent à la mer sans vitesse.

On a déjà construit des appareils destinés à utiliser ces forces naturelles, mais, comme nous l'avons dit, la nécessité leur réserve une importance certaine, dans l'avenir.

Moulins de marée. — Il existait déjà des moulins de marée, de temps immémoriaux, sur les côtes découpées du Finistère, depuis les environs de Saint-Brieuc jusqu'à la crique de Ploummanach, la baie de Pont-l'Abbé et dans l'île de Bréhat.

Le projet de l'utilisation de l'estuaire de la Seine, transformé en bassin à flot et en bassin d'écoulement, permettrait d'établir en ce point des usines motrices dans lesquelles le prix de revient de premier établissement du cheval de 75 kilogrammètres ne s'élèverait, paraît-il, qu'à 1,500 fr.

Vagues de la mer. — On a déjà construit aussi des appareils destinés à utiliser l'énergie des vagues de la mer. Le premier de ces appareils a été installé à *Ocean growe*, sur les côtes de New-Jersey.

Si le but spécial de cet appareil est d'élever de l'eau de

mer destinée à l'arrosage, on pourrait naturellement utiliser la force enregistrée à tous les usages qu'on voudrait.

Voici de quoi se compose cet appareil :

Le système *récepteur* de l'énergie est constitué par une série de trappes dont la partie inférieure plonge de $0^m,60$ dans la mer à marée basse et de 2 mètres à marée haute.

Chaque trappe oscille autour d'une tige d'acier horizontale, engagée à ses deux bouts, dans deux piliers du tablier de l'estacade qui s'avance dans la mer. La partie supérieure de chaque trappe porte deux brides qui embrassent l'extrémité d'une tige courant horizontalement sous le tablier de la jetée et s'articulant avec cette tige reliée au piston d'une pompe. Les trappes ont 7 mètres de longueur et chaque vague qui les frappe, donne une impulsion suffisante pour produire un coup de piston utilisé, dans ce cas spécial, pour monter de l'eau dans un puits situé près de l'appareil, jusqu'à un réservoir placé à 13 mètres de haut. On se sert de cette eau pour l'arrosage des rues, l'extinction des incendies, le nettoyage des égouts.

Ne fût-ce que pour cette utilisation, combien de nos plages ne pourraient-elles pas employer ce moyen d'assainissement ?

C'est surtout la municipalité de Trouville, qui chaque année cherche à assainir sa ville, depuis la mort de l'une de nos plus charmantes comédiennes, que nous engageons à étudier ce procédé à la fois simple et peu coûteux.

Moulins de mer. — Enfin, il serait grandement à désirer qu'on donnât plus d'extension aux *moulins de mer* qui ont un grand avenir sur nos côtes et qui sont déjà employés en Bretagne. Ils pourraient utilement servir à la production de l'énergie.

Ces moulins sont situés à l'embouchure de quelques-uns

dés petits fleuves si nombreux en Bretagne dont le cours est insignifiant et le volume d'eau très minime, mais qui débouchent dans des estuaires assez vastes où, à l'aide d'une digue et d'une écluse, on peut emprisonner des quantités d'eau assez notables. Ces installations rudimentaires, dont quelques-unes fort anciennes, parfois abandonnées, datent d'une époque où l'on n'aurait pu parler du transport de la force par l'électricité sans être pris pour un insensé.

Cette ancienne découverte sera certainement reprise et permettra, dans un avenir rapproché, de fournir de l'énergie à très bas prix, à l'aide de la transmission électrique, dans toutes les campagnes situées près des côtes.

Vent. — Enfin, on connaît l'utilisation, extrêmement ancienne, faite du vent. Malheureusement pour notre cas spécial, qui consiste à mettre des dynamos en mouvement, la direction et la grande variabilité qui existent dans le phénomène du vent ont fait généralement échouer les essais tentés. Cependant on a tout lieu d'espérer que les travaux, poursuivis par la science dans ce sens, arriveront à vaincre les difficultés.

Déjà, M. Mascart a remarqué que la girouette du sommet de la tour Eiffel s'écarte peu d'une direction moyenne et que les variations diurnes de vitesse du vent à cette hauteur sont lentes et peuvent presque être déterminées à l'avance.

On comprend alors toute l'importance de cette remarque au point de vue de l'avenir de l'utilisation mécanique du vent. Ce résultat serait-il le seul qu'amènerait cette fameuse tour, qu'il suffirait à faire pardonner bien des choses à celui qui l'a construite.

D'ailleurs, les projets qui ont déjà été proposés depuis plusieurs années, pour utiliser la force motrice du vent, sont très nombreux. Ils ont été souvent mis à exécution et l'on peut citer plusieurs installations qui ont fonctionné avec des moteurs à vent. Le procédé est assurément efficace quand il s'agit d'applications locales dans les pays où le vent souffle avec force et d'une façon presque continue ; il cesse d'être pratique, dans l'état actuel de la science, quand il faut utiliser à distance la puissance produite. Avec les moteurs à vent, en effet, la transformation de l'énergie exige dès accumulateurs électriques, s'il s'agit d'une application différée. Les accumulateurs une fois chargés, doivent être transportés à distance. Or, personne ne doute des difficultés que présente ce mode de transport encombrant, surtout dans les pays où le vent possède des conditions favorables, comme les pays de montagnes ou les bords de la mer.

M. Ch. F. Brush, à Cleveland (Ohio), a fait une installation très pratique que nous allons décrire, car elle peut être utilisée en France dans des fermes et dans des usines agricoles.

A l'extrémité du parc avoisinant sa maison, se trouve une grande tour rectangulaire de 18 mètres de haut, portant une zone mise en mouvement sous l'influence du vent. Un axe de fer de $35^{cm},42$ de diamètre s'enfonce à l'intérieur d'un bâti en maçonnerie, situé en terre, d'une longueur de $2^{m},43$ et se prolonge à l'intérieur de la tour de $3^{m},65$. C'est sur cet axe que repose la charpente en fer de la tour, d'un poids total de 36,287 kilogrammes. A la partie supérieure de la tour est fixé un axe horizontal qui commande la roue motrice. Cet axe a une longueur de 6 mètres et un diamètre de $16^{cm},44$. Il se meut dans des paliers à graisseurs automatiques et porte à son centre une poulie de $2^{m},43$ de diamètre et d'une largeur de 80 centimètres. La roue motrice est formée de 144 lames ajustées et a un diamètre de 17 mètres. La surface totale exposée au vent est de 167 mètres carrés. La longueur du gouvernail-girouette qui fait tourner la roue du côté du vent, est de 18 mètres et sa largeur de 6 mètres. Le moulin se tourne ainsi automatiquement selon le sens du vent. Le gouvernail extérieur peut se replier et se rabattre parallèlement à la roue.

Au-dessus du premier axe dont nous venons de parler, s'en trouve un deuxième de $8^{cm},8$ de diamètre portant une poulie d'un diamètre de 48 centimètres. Cette poulie, d'une largeur de 80 centimètres, reçoit la courroie qui commande en même temps la poulie supérieure. Ce deuxième axe commande la machine dynamo par l'intermédiaire de courroies. La dynamo est une machine Brush d'une puissance de 12 *kilowatts,* à la vitesse angulaire de 500 tours par minute. Des appareils automatiques spéciaux ont été disposés, pour ne pas dépasser une différence de potentiel de 90 volts, à la machine ; le circuit d'utilisation est fermé automatiquement à 75 volts et ouvert à 70 volts. Suivant la charge, les balais sont décalés automatiquement. De la dynamo partent des câbles qui se rendent à la maison d'habitation située à quelque distance. Dans les caves de la maison se trouvent 408 accumulateurs repartis en 12 batteries de 34 chacune. Ces 12 batteries sont chargées et déchargées en quantité ; chacune d'elles a une capacité de 100 ampères-heure.

L'installation comprend 350 lampes à incandescence, de puissances lumineuses variables entre 10 et 50 bougies. Les lampes ordinairement employées sont des lampes de 16 et 20 bougies. Le service ordinaire journalier se compose de 100 lampes à incandescence auxquelles il faut ajouter 2 lampes à arc et 3 moteurs électriques. D'ailleurs, nous reviendrons, dans notre quatrième partie, traitant de la *lumière électrique,* sur l'explication de ces lampes.

Cette installation, destinée à fournir de la lumière, pourrait, le jour, produire du travail. C'est surtout à ce point de vue que nous l'avons citée. Ne connaissant pas le prix de revient de ce moteur à vent, force nous est de ne pas indiquer l'économie qu'il est de nature à apporter ; peut-être même les frais de premier établissement coûtent-ils encore aujourd'hui plus cher pour les moteurs à vent que pour les moteurs à vapeur ; mais on comprend facilement que, cette installation une fois faite, il doit y avoir une économie certaine, puisqu'il n'y a aucuns frais de combustible à faire. Dans tous les cas, la science est appelée à apporter des améliorations à ces moteurs.

Pression du vent. — La force produite par le vent est extrêmement grande, par conséquent on peut obtenir ainsi une grande quantité de travail. Pendant les ouragans du mois de janvier 1889, on a constaté que le grand appareil installé à Inchgarvie, qui présente au vent une surface de 28 mètres carrés, orienté de l'est à l'ouest, a accusé une pression maxima de 132 kilogrammes par mètre carré, tandis qu'un petit appareil de 14 décimètres carrés a indiqué une pression de 200 kilogrammes par mètre carré et un autre de même dimension à peu près, 170 kilogrammes seulement. Au dernier meeting du fer et de l'acier, M. Cooper, ingénieur adjoint du pont de la Forth, a dit que la plus forte pression du vent constatée pendant les années 1888 et 1889 avait été de 92 kilogrammes par mètre carré avec son grand appareil, et 136 et 185 pour les petits. Comme on le voit, c'est une notion importante à retenir pour la construction destinée à utiliser l'énergie du vent : *plus la surface exposée au vent est considérable, moins la pression par unité de surface est grande.* Les chiffres précédents, provenant d'expériences, en donnent la preuve. Les appareils employés à capter le vent n'auront donc pas besoin d'avoir de fortes dimensions, il sera préférable d'en construire un plus grand nombre n'ayant que des proportions réduites.

Moyens d'utiliser les forces hydrauliques. — Nous donnerons ces moyens en exposant quelques-uns des exemples qui fonctionnent de nos jours.

1° La ville de Bonne, en Suisse, possède à ses portes une force hydraulique considérable que l'on a eu l'idée d'utiliser au moyen d'un transport électrique, afin de permettre de commander, par ce moyen, les usines qui sont dans l'intérieur de la ville et quelques fermes qui l'environnent.

Voici en quelques mots comment on a appliqué ces forces hydrauliques : la machine *génératrice,* placée près du moteur qui est ici une turbine Gérard à axe horizontal, se trouve à 1,200 mètres de la réceptrice. La ligne qui joint les deux dynamos est aérienne et se compose de deux fils de cuivre de 7 millimètres de diamètre ; elle est supportée par des poteaux et des isolateurs analogues à ceux qui servent au service télégraphique. Les deux machines sont du système Thury, la *génératrice* tourne à 500 tours et fonctionne à 350 volts, la *réceptrice* tourne à 400 tours.

2° En Suisse, dans un grand nombre de petits chemins de fer d'intérêt local, la nature accidentée et la pente des terrains ne permettant pas à la simple adhérence de suffire pour la commande des trains, l'on recourait autrefois soit aux crémaillères, soit aux systèmes funiculaires. Près de Lucerne, le chemin de fer de Burgenstock se trouvait dans ces conditions, on a donc établi un chemin de fer funiculaire ; mais comme on ne disposait pas de force motrice à la partie supérieure de la ligne, on a eu l'idée d'utiliser une force hydraulique qui se trouvait à 4 kilomètres, en installant un transport de force et en faisant commander directement le tambour du câble moteur par les machines réceptrices elles-mêmes.

La longueur de la ligne, en plan, est de 827 mètres, sa longueur réelle de 936. La différence de niveau entre les deux extrémités est de 440 mètres, soit une pente moyenne de 53 p. 100.

La génératrice est placée près d'une turbine Gérard et la réceptrice se trouve à la station supérieure, d'où elle actionne le treuil de commande. La ligne de chemin de fer est double, c'est-à-dire qu'il y a deux wagons qui s'équilibrent et dont l'un monte quand l'autre descend. La force motrice ne sert donc qu'à vaincre les frottements et à suppléer aux différences de poids lorsque la charge montante est supérieure à la charge descendante, ce qui a toujours lieu pendant la première partie du trajet, car à ce moment, la partie du câble qui monte est beaucoup plus longue que celle qui descend. La force à fournir est donc très variable; pour maintenir constante la vitesse, on a recours aux freins du wagon et à un frein placé près du tambour sur lequel s'enroule le câble moteur.

Un système de roues d'angles à débrayages permet, sans changer le sens de rotation des dynamos, de faire tourner le tambour en avant ou en arrière. Enfin, un autre débrayage permet d'utiliser, le soir, le transport de force pour actionner une dynamo qui fait le service de l'éclairage de l'hôtel. Au point de vue électrique, l'installation se compose de quatre dynamos Thury; toutes les quatre sont semblables. Deux servent de génératrices et deux de réceptrices. La longueur de la ligne est de 4 kilomètres et l'installation est disposée de sorte que le service puisse être fait avec une seule génératrice et une seule réceptrice. Ces quatre machines sont excitées en série en tournant à 800 tours et en fournissant un courant de 25 ampères à 800 volts de tension.

Cette application est l'une des mieux combinées qui existent ; nous l'avons citée à cause de l'usage qu'on pourrait en faire en France dans nos contrées montagneuses.

Ainsi, avec deux génératrices placées à 4 kilomètres, on actionne deux dynamos chargées d'abord d'assurer le service des trains ; le soir, d'éclairer l'hôtel ; enfin, dans la journée, pendant les intervalles qui séparent les trains, le courant est envoyé à un autre moteur électrique situé à 600 mètres au delà des réceptrices, actionnant un service de pompes qui prennent l'eau au pied de la montagne et la refoulent à plus de 400 mètres pour le service de l'hôtel.

Cet exemple vraiment curieux montre quels services immenses peut rendre un transport de forces bien compris, établi sur des bases sérieuses offrant toute la sécurité désirable.

3° Nous citerons encore un transport de force relaté par M. Lemoine dans son livre d'électricité industrielle, à la fois très original et parfaitement établi par la maison Henrion, de Nancy, pour le service spécial de l'éclairage électrique de l'une des usines des héritiers de M. G. Perrin, à Cornimont.

Les héritiers de G. Perrin possèdent trois usines, dont les deux extrêmes ont entre elles une distance de 735 mètres. L'une de ces dernières manquait de force motrice pour pouvoir assurer le service de son éclairage, tandis que l'autre disposait d'une force motrice hydraulique plus que suffisante pendant 9 mois de l'année, et pendant les trois autres mois, une machine de 350 chevaux assurait le fonctionnement de l'usine. L'idée a donc été celle-ci : emprunter à cette dernière la force qui manquait pour la première installation ; c'était un simple transport qui offrait l'avantage de régler l'usine, en ce sens que la force transportée devient nulle quand la vitesse augmente de 10 p. 100. D'un autre côté, l'installation présente ceci de curieux, que la dynamo, le câble et le moteur, existant déjà auparavant, l'on n'a même pas fait la dépense d'un câble spécial, et le câble-lumière a dû servir lui-même au transport de force. Malgré la perte considérable résultant de cette dernière combinaison, l'on a encore obtenu les résultats suivants :

Force initiale au départ, 14 à 16 chevaux ;

Force à l'arrivée, 8 chevaux.

Dans des conditions aussi peu avantageuses, on ne saurait certainement demander mieux.

4° Un ingénieur de Mannheim, M. Kreitz, se propose de tirer parti des chutes d'eau considérables du Rhin. Un premier pas est déjà fait par la ville de Mülhausen. Il s'agit de faire servir à l'éclairage électrique et au transport de force, l'énergie des masses d'eau de tout le Rhin supérieur, depuis Bâle à la frontière suisse jusqu'à Mannheim. Un canal serait ouvert le long du cours du Rhin, dont l'étiage ne subira pas les influences des actions des variations du niveau d'eau du fleuve. La dénivellation du canal serait suffisante pour que la chute obtenue puisse actionner un grand nombre de puissantes turbines, dont la force pourrait être utilisée pour les besoins industriels et agricoles, non seulement dans les endroits avoisinant le cours du fleuve, mais encore dans toute la Forêt-Noire et les plaines de la contrée.

5° Enfin M. Troller était propriétaire d'un moulin à vapeur situé à Thoremberg, qui est un point de la ligne de Lucerne à Berne, près de Litau (à 5 kilomètres de Lucerne). Il y a près de là une chute d'eau de 8 mètres de haut, empruntée à la rivière. M. Troller augmenta encore, par des travaux, cette hauteur de chute, qui est maintenant de

15 mètres. C'est ainsi qu'à la place de son moulin, M. Troller établit une usine électrique, dans laquelle une turbine actionne un grand arbre de couche, qui règne tout le long de l'usine et commande deux séries de génératrices :

1° Générateurs à courants alternatifs, servant à éclairer une partie de Lucerne ;

2° Machine à courant continu, dont le courant actionne, à 3 kilomètres, un moteur électrique qui commande la meunerie de M. Troller.

Le nombre des applications de la transmission électrique des forces naturelles est déjà très grand.

Coût de l'électricité. — Dans une intéressante statistique, M. Haubtmann a constaté, il y a quelques années, que le prix du *cheval-heure* électrique est : à Londres, de trois fois le prix du gaz, soit 0 fr. 375 ; à Paris, il est de 0 fr. 90 c. En France, c'est à Saint-Brieuc que ce prix est le moins élevé ; nous avons déjà expliqué pourquoi ; il n'est que de 0 fr. 52 c. seulement. Fribourg, en Suisse, est la ville d'Europe où le coût de l'électricité est le moindre : il n'atteint pas 0 fr. 15 c. et tombe même à 0 fr. 10 c. pour les consommateurs qui emploient une puissance de 20 chevaux.

L'auteur de cette statistique fait remarquer que ces différences ne proviennent pas de celles du coût de la *force motrice*, mais qu'il faut les attribuer au plus ou moins grand développement de ces industries et aux systèmes employés pour transformer la force motrice en électricité.

On comprend que, plus on ira et plus la science électrique fera de progrès dans ce sens, et plus, par conséquent, le prix de l'électricité diminuera, surtout quand on arrivera à utiliser les différentes forces mécaniques que la nature met à notre disposition. Déjà les prix que nous avons relatés plus haut ont diminué.

Conclusions. — En résumé, l'on peut voir que, dans la généralité des cas, une transmission établie par voie électrique, lorsqu'elle est bien entendue et faite par une maison sérieuse, est capable de rendre des services inappréciables.

C'est surtout lorsqu'il s'agit de répartir ou de transporter une certaine force, à des machines faisant partie d'un ensemble groupé, pour lesquelles la disposition ou l'éloignement ne permettent pas l'établissement de moteurs à vapeur, que ce mode de transmission est apprécié. Il se présente, en effet, des cas où les dangers d'incendie ne permettent pas d'introduire des machines à vapeur. Les mines sont dans ces conditions, et aussi les travaux agricoles ; il est en effet très prudent de ne pas placer une machine à vapeur auprès de greniers à fourrages ou de meules, par exemple.

En outre, il y a des cas où la disposition de l'emplacement est un obstacle de plus à l'établissement d'une commande ordinaire ; là encore, la transmission électrique trouve une heureuse application.

D'ailleurs, le mouvement est donné ; on commence à regarder l'électricité sous son vrai jour et l'on comprend que c'est l'avenir de presque toute chose. Dans tous les cas, elle est appelée à remplacer bientôt la vapeur, tout comme la lumière qu'elle produit est appelée à remplacer le gaz. Déjà un grand nombre de villes voient s'élever des *stations centrales,* destinées à procurer le soir de la lumière électrique pour l'éclairage, et qui, le jour, fournissent de l'énergie comme force motrice, non seulement aux petites industries de ces villes, mais encore aux agriculteurs des environs.

Recommandation. — Enfin, nous ferons une recomman-

dation en terminant ce chapitre, recommandation importante et facile à suivre.

La distribution d'énergie électrique par courants alternatifs comporte l'emploi de grandes différences de potentiel de haute tension, qui sont dangereuses. La canalisation
est assez difficile et doit être faite avec le plus grand soin. Il
faut non seulement des câbles d'un isolement parfait, mais
encore il faut des prises de branchement et des dérivations
soignées, car de véritables foudroiements peuvent résulter
d'une mauvaise installation.

Naturellement ces précautions particulières n'ont d'intérêt que pour les stations centrales établies dans les villes
et dont nous parlions tout à l'heure. Dans les applications
agricoles qui vont suivre, cette question devient secondaire.

CHAPITRE IV

APPLICATIONS AGRICOLES DE L'ÉNERGIE TRANSMISE PAR L'ÉLECTRICITÉ

Expériences de M. Félix. — C'est M. Félix qui, le premier, eut l'idée d'appliquer la transmission de l'énergie par l'électricité, pour effectuer les différents travaux agricoles. Il débuta en 1879 par des expériences de labourage, dans sa ferme de Sermaize (Marne). Le principe était, d'ailleurs, le même que pour le labourage à la vapeur, une grande charrue à bascule Fowler à six socs (trois par devant, trois par derrière), marchant alternativement d'un côté à l'autre du champ, attirée tantôt par un treuil placé sur ses limites, tantôt en sens inverse par un autre treuil placé symétriquement, par rapport au premier, sur le côté opposé de ce champ. Les treuils, situés sur deux chariots, avancent alors parallèlement, dans une direction perpendiculaire aux raies tracées par la charrue, et à chaque raie nouvelle. On comprend que le champ finisse ainsi par être entièrement labouré.

M. Félix imagina donc de remplacer les encombrantes *locomobiles* employées dans le labourage à la vapeur, par un simple fil métallique de transmission électrique. Il utilisa une partie de la force motrice produite dans la sucrerie attenant à sa ferme pour activer deux *dynamos ;* celles-ci transmettaient alternativement leur mouvement à deux autres machines Gramme identiques et placées sur les chariots déjà désignés ; il y eut donc un système de six *dynamos*.

C'est ainsi que les treuils recevaient la force nécessaire. L'application de M. Félix fut surtout ingénieuse par l'invention qu'il y apporta, consistant en une transmission par friction du mouvement des essieux des machines Gramme, à des roues dont les axes portaient des pignons de transmission, disposés suivant des méthodes variées et d'après le travail qui devait être exécuté. Ce perfectionnement eut pour résultat de permettre, quand un sillon était achevé, de faire passer le courant électrique dans la machine Gramme du deuxième treuil, qui tire à son tour la charrue dans l'autre sens.

Au moment où M. Félix faisait ses expériences, la transmission électrique ne jouissait pas encore des progrès actuels, aussi sur les trente chevaux qu'il empruntait aux machines motrices de son usine, quinze seulement étaient transmis aux treuils placés à deux kilomètres de là ; il est vrai de dire qu'il n'avait pas besoin d'une force supérieure.

Quoi qu'il en soit, la machine *réceptrice* reçoit maintenant un plus grand travail effectif de la *génératrice ;* on sait qu'en effet M. Marcel Despretz, dans ses expériences entre Paris et Creil (soit 56 kilom.), a pu recueillir dernièrement 45 p. 100 de la force initiale.

Le prix de l'agencement complet comprenant : les appareils de labourage, les deux machines Gramme, les deux treuils, les câbles de traction, les conducteurs en cuivre pour deux kilomètres, s'élevait alors à environ 50,000 fr.

Ce prix est très diminué aujourd'hui ; mais ces appareils ne peuvent naturellement s'employer (comme d'ailleurs les appareils de labourage à la vapeur) que dans les pays de plaines et de grandes propriétés.

Il est facile de comprendre que le système que nous venons de décrire ne sert pas seulement au labourage ; à la place de la charrue, on peut attacher aussi bien aux câbles : des *herses,* des *rouleaux,* des *scarificateurs,* des *semoirs,* des *moissonneuses,* etc., en un mot tous les instruments de culture à traction.

M. Félix s'est servi, en outre, de ses appareils de transmission de la force pour faire mouvoir une *batteuse* à grains, pour *emmagasiner les betteraves, lier* les gerbes, *teiller* le lin, le chanvre, la ramie, etc.

On emploie aussi ce système dans la *meunerie,* la *vannerie,* le *blutage,* etc.

Applications faites par M. Siemens de la transmission électrique. — Des rares savants qui s'occupèrent de l'application de l'électricité à l'agriculture proprement dite, M. Siemens, le célèbre électricien anglais, fut l'un de ceux qui s'y intéressèrent le plus.

En 1879, M. Siemens installait l'électricité dans une ferme des environs de Londres. Cette électricité provenait, durant le jour, d'appareils destinés principalement à produire de la lumière électrique pendant la nuit. On verra en effet, dans notre quatrième partie, que ce savant étudia d'une façon très remarquable l'action de la lumière électrique sur les végétaux.

Non seulement M. Siemens appliqua l'électricité aux travaux déjà décrits, mais encore il l'employa pour *hacher* de la paille, *couper* des racines, *scier* du bois, *pomper* de l'eau, etc., etc. Ces travaux furent effectués à l'aide de petites machines dynamiques placées aux points où ce savant voulait utiliser leur force ; il les relia par des fils à la machine centrale (dont on trouvera la description dans la quatrième partie), mise en mouvement par la vapeur. Les fils conducteurs adoptés étaient en cuivre nu, supportés par des poteaux en bois ou par des arbres sans isolateurs ; tandis que le circuit de retour était établi par la grille du parc ou par la clôture métallique, reliée aux deux machines de transmission et de travail par de petits conducteurs métalliques. Afin d'assurer la continuité métallique de la clôture, M. Siemens a eu soin, partout où il y a des portes, de faire passer en terre, sous celles-ci, une pièce métallique soudée à la clôture et de chaque côté.

L'élévation de l'eau exigeait autrefois, chez M. Siemens, une machine à vapeur de la force de trois chevaux, qui animait deux pompes de 10 centimètres de diamètre dont le piston faisait 36 courses doubles par minute. Il emploie maintenant les mêmes pompes, mais elles sont mises en mouvement par une machine dynamique pesant 200 kilogrammes. Quand les citernes de la maison, les jardins et la ferme ont besoin d'eau, les pompes sont mises en mouvement, en établissant simplement la communication avec le poste central où se trouve la machine à vapeur.

Toutes les opérations de la ferme sont accomplies au moyen d'un simple et même moteur. Il est difficile de calculer exactement la force disponible aux points où ont lieu les opérations ; néanmoins, à l'aide d'un dynamomètre, M. Siemens est parvenu à établir que cette force est à peu près de 60 p. 100.

L'emploi de la lumière électrique dans les expériences que nous décrirons, et la transmission de la force dans les différentes opérations qui furent effectuées chez M. Siemens, étaient entièrement remis, dès le début, à la direction de M. Buchanon, jardinier en chef de ce savant, aidé par son escouade de jardiniers et d'ouvriers agricoles, qui, avant ces expériences, n'avaient aucune idée de ce que pouvait être une machine électrique. C'est là un fait important à noter pour les agriculteurs, car l'emploi d'une force qu'ils ne connaissent pas pourrait les faire reculer ; cela prouve, en effet, que le maniement en est simple et ne demande pas de connaissances spéciales.

Différentes applications. — C'est surtout dans les immenses plaines d'Amérique que la transmission prend de plus en plus d'extension, grâce à la vulgarisation de M. Denton, du département de l'agriculture des États-Unis.

M. le comte Asarta emploie, avec un succès facile à comprendre, dans sa ferme de Traforcano, une énergie électrique de 13 chevaux environ, fournie par une force hydraulique.

L'électricité actionne ainsi toutes les machines en usage dans la ferme et dans les champs, de la manière déjà décrite ; en outre, le comte Asarta se sert de l'électricité pour ensiler mécaniquement, en comprimant les fourrages automatiquement à l'aide de la machine Withmann ; suivant la qualité des fourrages, cette machine produit ainsi journellement de 300 à 600 *balles* de 90 kilogr. chacune, sans que la main-d'œuvre dépasse jamais trois hommes et un gamin.

M. Baudoin, dans son exploitation agricole d'Algérie, à Abziza, emploie aussi l'électricité ; MM. Menier possèdent, près de Paris, à côté de leur chocolaterie de Noisiel, un domaine agricole où l'électricité fonctionne aussi d'une façon très remarquable, etc.

Conditions à remplir pour l'emploi de l'électricité à la ferme. — Comme nous l'avons déjà dit, ce procédé n'est véritablement économique et réalisable que dans la grande propriété et dans les pays de plaines.

En France, dans la Beauce par exemple, ce système pourrait très avantageusement être employé.

Mais c'est surtout dans les campagnes dont les situations permettent d'utiliser l'énergie de l'une quelconque des forces naturelles décrites, que la transmission électrique offrira des avantages économiques merveilleux.

C'est probablement dans cette voie que l'électricité aura le plus bel avenir pour l'agriculture, surtout dans certains pays ; peut-être même dans tous, car, quelles que soient leurs positions, le jour où la question de transmission à longue distance sera résolue (ce qui ne peut tarder, étant données les nombreuses recherches faites par nos savants sur cette très intéressante question), une région n'aura plus besoin de posséder une force naturelle pour l'utiliser, car elle pourra employer toutes celles qu'elle voudra.

Mais, dans l'état actuel de la science, quand un agriculteur n'a pas à son service une force naturelle capable de lui fournir de 20 à 30 chevaux, il est forcé de la remplacer par une machine à vapeur d'une égale puissance. Les grands cultivateurs possèdent, il est vrai, déjà cette machine ; mais enfin, s'ils sont obligés d'en faire spécialement l'achat afin de produire l'électricité nécessaire, ou s'ils ne peuvent utiliser, comme M. Félix à Sermaize, une machine déjà établie pour une industrie agricole quelconque, dans ce cas, le système de transmission par l'électricité ne possède plus ce caractère remarquablement économique ; cependant, même dans cette hypothèse spéciale, il y aurait encore plus d'avantages à effectuer les travaux agricoles à l'électricité qu'à la vapeur.

Supériorité du travail agricole à l'électricité sur le travail à la vapeur. — Ces grands cultivateurs ont le plus souvent une industrie agricole attenant à leurs exploitations. A l'aide de leur machine à vapeur et en actionnant des dynamos, ce n'est plus une *partie* des travaux agricoles qu'ils pourront effectuer, mais *tous* les travaux : ceux des champs et ceux de la ferme.

Nous sommes donc déjà en droit de dire : *que les travaux agricoles effectués en utilisant l'électricité sont plus nombreux que ceux qu'on peut obtenir avec la machine à vapeur.*

Il nous reste à montrer maintenant les avantages du premier procédé sur le second, même quand on ne peut, pour produire l'électricité, bénéficier d'une force naturelle qui dispenserait d'une machine à vapeur et par conséquent de combustible.

1° Si on veut faire tous les travaux d'une ferme à la *vapeur*, il faut que la machine employée soit *mobile,* de manière à pouvoir être transportée sur tous les points où l'on en a besoin. Quelle perte de temps, quels embarras, quel travail même n'en résultera-t-il pas pour transporter cette *locomobile* au milieu de champs qui peuvent être plus ou moins détrempés ou éloignés de la ferme !

2° S'il existe, attenant à cette dernière, une usine agricole possédant une machine à vapeur (ce qui arrive généralement pour les grandes exploitations auxquelles nous nous adressons en ce moment), la machine employée est naturellement *fixe,* elle ne peut donc pas servir aux travaux en question ; aussi faut-il faire l'achat d'une *locomobile* et un double emploi de machines à vapeur. Avec l'électricité, nous savons au contraire que la machine *fixe* est tout à fait suffisante.

3° Rien que l'établissement du système de transmission de la force (dans le travail à la vapeur) de la machine, jusqu'à l'instrument à mettre en mouvement, rien que cela donne lieu déjà à un travail relativement assez compliqué.

4° Pour la transmission de l'énergie par l'électricité, il suffit d'un simple petit fil métallique tendu, partant de l'endroit où se produit la force et allant jusqu'au point où on l'utilise.

5° Enfin, quand on possède ces appareils producteurs

d'électricité, on peut jouir de la lumière électrique (nous reviendrons d'ailleurs en temps et lieu sur cette question) ; si donc il existe des travaux, à la ferme ou aux champs, qu'il y a intérêt à terminer le plus tôt possible, l'installation de lampes électriques portatives est d'une extrême facilité et permet de travailler aussi bien la nuit que le jour.

6° Les moteurs électriques ont, en outre, de grands avantages sur les locomobiles. D'abord, ils sont beaucoup plus légers, leur poids par cheval étant à peine de 100 kilogr., tandis qu'une locomobile munie de sa chaudière remplie d'eau pèse au moins 750 kilogr. par cheval de force. De plus, la locomobile exige un renouvellement incessant d'eau et de charbon, ce qui nécessite dans les champs un travail continu et considérable.

La machine électrique reçoit son énergie, par un simple fil ou un rail léger sur lequel elle peut se mouvoir, d'une station centrale où la force est produite plus économiquement que dans les champs, tant pour le charbon que pour le travail manuel.

L'emploi des batteries secondaires peut être aussi recommandé avec avantage pour emmagasiner la force électrique lorsque celle-ci ne trouve pas son emploi. En accomplissant ainsi tous les travaux d'une ferme à l'aide d'un poste central, on réalisera une grande économie de temps et de travail, car la machine à vapeur utilisée pendant le jour pour ces opérations agricoles produira la nuit la lumière pour l'électrohorticulture (qu'on étudiera dans la quatrième partie) sans grands suppléments de dépenses. En outre, on jouira d'un éclairage merveilleux et très complet dans les habitations et les serres et d'un effet admirable dans les jardins.

Résumé. — On peut donc résumer l'emploi en agriculture

de la transmission électrique par ces deux mots : *économie* et *rapidité*.

Que les avantages de ce procédé, relativement peu connu, soient contestés, niés même, nous trouverions cela tout naturel, sachant que c'est le sort réservé en France à toutes choses nouvelles, qu'elles soient artistiques ou scientifiques. Cependant, qu'il nous soit permis de manifester notre étonnement en faisant remarquer que M. Tresca, le savant professeur du cours de *machines agricoles* à l'École centrale et à l'Institut agrononomique, cours qu'il vient de faire paraître, ne fait pas mention de la *transmission électrique de l'énergie ;* il semblerait cependant qu'après le labourage à la vapeur, quelques mots sur la question que nous venons de résumer ne seraient pas superflus.

CHAPITRE V

DIFFÉRENTES APPLICATIONS RURALES
DE LA FORCE ÉLECTRIQUE

Pompes centrifuges. — L'application de l'électricité pour commander des pompes centrifuges est des plus simples et des plus heureuses. Sur l'axe de la pompe, on fixe une poulie, qui est entraînée par la simple friction de galets montés sur la machine Gramme. Un levier qu'on manœuvre sans efforts, à la main, augmente ou diminue l'adhérence, pour accélérer ou ralentir la vitesse de la pompe.

Ces grandes pompes rotatives sont employées aujourd'hui aux usages les plus variés : sur les bords de la mer, par exemple, dans les *watringues* du Nord, on les emploie pour faire les desséchements; dans le Midi, on les utilise pour les irrigations et particulièrement pour la *submersion des vignes*. C'est ainsi que, dans l'arrondissement de Béziers, M. Dumont organise des installations pour appliquer la transmission électrique à la submersion des vignes. L'avantage est rendu manifeste, si l'on considère qu'on n'a plus besoin de monter une machine à vapeur à côté de chaque pompe, si l'on remarque, en outre, qu'avec les machines électriques prenant leur force sur une machine à vapeur centrale fixe, on peut employer les moteurs à condensation et diminuer de beaucoup la quantité de combustible nécessaire.

Pompe à feu électrique. — Avec les pompes à vapeur employées aujourd'hui dans les villes, on est obligé de les tenir toujours prêtes et allumées, ce qui est naturellement très coûteux. Or l'électricité, qui, dans les cas d'incendie, rend déjà beaucoup de services par les signaux d'avertissements entre les postes des pompiers et les lieux des sinistres, peut jouer et jouera certainement, d'ici peu, un grand rôle comme force motrice. Aujourd'hui que les distributeurs d'électricité ont conquis du terrain, rien n'est plus facile que de substituer aux pompes à vapeur, avec leurs chaudières dangereuses et encombrantes, des pompes mues par un moteur électrique placé sur la même voiture et greffé, au lieu du sinistre, sur une prise de courant reliée à une canalisation d'électricité, comme la pompe est elle-même reliée à des conduites. On saisit facilement les nombreux avantages de cette nouvelle application.

Scie électrique, abatage des arbres par l'électricité. — M. Félix, qui a appliqué l'électricité dans les grands travaux agricoles à l'aide d'une machine Gramme montée sur quatre roues et pouvant conduire l'électricité n'importe où, l'emploie aussi pour faire mouvoir des appareils des genres les plus variés : des batteuses, des teilleuses de lin, de chanvre, de ramie, etc. M. Félix adapte encore ce mode de transmission électrique aux scies de M. Arbey. Les unes sont rotatives et servent à diviser en planches des troncs d'arbres entiers; les autres sont verticales et font des travaux plus délicats.

Dans les grandes forêts de la Galicie, on emploie l'électricité pour abattre les arbres. L'outil dont on se sert pour les bois d'essences tendres est une tarière animée d'un mouvement de va-et-vient en plus du mouvement de rotation qui lui est donné par un petit moteur électrique. Ici, la force nécessaire n'exige souvent pas de machine à vapeur pour produire l'électricité; de simples piles peuvent suffire.

Le tout est monté sur un chariot qui peut tourner autour d'un axe vertical et qu'on fixe au tronc de l'arbre. La mèche de l'outil décrit un arc de cercle et fait une saignée dans le tronc, en opérant comme une machine à mortaiser le bois. Lorsqu'une passe est pratiquée, on avance l'outil pour approfondir la saignée, jusqu'à ce que celle-ci soit arrivée à la moitié du diamètre du tronc. On met alors des cales pour empêcher la fente de se refermer et on opère de l'autre côté, jusqu'à ce qu'il devienne dangereux d'opérer plus avant. L'opération est terminée à la hache ou avec une scie à bras. Le travail se fait ainsi avec une extrême rapidité et avec très peu de main-d'œuvre.

Rabot électrique. — Cet appareil est formé d'un châssis monté sur deux rouleaux, muni de deux bras directeurs. Sur la partie supérieure se trouve un moteur électrique tournant à 2,000 tours et transmettant par un engrenage, une vitesse de 3,000 tours à un cylindre portant sur sa surface extérieure une série de lames coupantes, disposées en hélices. Les rouleaux qui permettent de diriger l'appareil, sont montés sur un axe mobile, qui peut être élevé ou abaissé pour augmenter ou diminuer l'épaisseur de la coupe.

Haveuse; marteau-pilon. — M. Chenot a fait une *haveuse* mue par une transmission électrique ; cette machine permet de concasser les pierres dans les carrières. On fait mouvoir de même le *marteau-pilon* et l'on peut remplacer aussi l'air comprimé employé pour faire mouvoir les appareils destinés à *percer les montagnes,* par l'électricité.

Cabestan électrique. — Cet appareil, employé par la Compagnie des chemins de fer du Nord, pourrait rendre des services dans certaines exploitations ou industries agricoles.

Ce cabestan est capable de fournir une force de 400 à

500 kilogr, avec une vitesse linéaire de $0^m,60$ par seconde
à la périphérie de la tête du cabestan, le diamètre de cette
tête étant de $0^m,40$. Cette vitesse linéaire peut être réduite,
en cas de besoin, à 12 révolutions par minute, pour tourner
les plaques de locomotive ; cette réduction de vitesse est
effectuée par une simple modification dans la disposition
des parties électriques et par un abaissement de voltage de
200 à 100 volts. Le pouvoir moteur de la machine, qui doit
supporter 25 ampères sans détérioration, est fourni par des
accumulateurs de plomb de 26 kilogrammètres.

Ascenseur électrique. — Les ascenseurs électriques ont
pour but d'utiliser le courant d'une dynamo, située à distance, pour manœuvrer l'ascenseur, de manière qu'à partir
du moment de la mise en marche, la vitesse croisse insensiblement jusqu'à un certain maximum, qui sera ensuite
maintenu pendant la moyenne partie du trajet, puis cette
vitesse diminuera progressivement, jusqu'à être nulle à la
fin de la course. La variation graduelle de la course est
obtenue par l'introduction et la suppression de résistances,
échelonnées en haut et en bas.

Pour arriver à ce résultat, l'on a disposé verticalement,
dans toute la hauteur du pylône, quatre fils conducteurs :
l'un vient de la machine *génératrice,* le second communique avec les inducteurs des moteurs, les deux autres
sont reliés aux balais de chacune des *réceptrices.* Le fil
amenant le courant de la génératrice est tronçonné à chaque
extrémité, supérieure et inférieure, sur une certaine hauteur ; les fragments sont reliés entre eux par des résistances disposées de telle sorte que la dernière partie du fil
est parfaitement isolée ; le circuit se trouve donc rompu
lorsque les frotteurs reliés à la cabine viennent à toucher
sur cette portion ; c'est le moment d'arrêt.

La cage est équilibrée par deux contrepoids et, dans ces conditions, lorsqu'elle contient un certain poids, il suffit, pour la faire monter ou descendre, de vaincre les résistances de frottement. La charge maxima correspond à celle de huit voyageurs, et la vitesse moyenne est de $1^m,20$ à la seconde.

Appareils électriques de locomotion. — Quoique l'agriculture ne s'intéresse que secondairement à ces appareils, nous en dirons cependant quelques mots, à cause de l'avenir qui leur est réservé. Ces appareils sont, en effet, appelés à remplacer un jour ceux qui sont mus par la vapeur : l'agriculture est une des principales intéressées aux progrès de la locomotion.

On a déjà construit des *locomotives électriques,* susceptibles de recevoir une grande vitesse. Une machine Gramme, de 15 chevaux, est disposée sur la locomotive ; celle-ci reçoit ainsi son mouvement automatiquement, par l'intermédiaire des rails en acier, qui servent de conducteurs à la force motrice.

On a construit des *tramways* sur ce même principe, seulement la force motrice était apportée à la voiture par des fils tendus au-dessus d'elle.

M. Smith a construit, à Newark, un *chemin de fer* basé sur un nouveau principe de traction électrique. Ce système ne comprend ni fils aériens, ni courants continus ; il est à canalisation, laquelle est sans pente et pratiquement imperméable. Elle est en bois, se trouve au milieu des rails, et est couverte, au sommet, d'une série de fortes plaques de laiton ; au fond se trouve une bande de cuivre isolée. Les plaques ou bandes en laiton qui forment la couverture ont 2 mètres de long, et des balais en cuivre amènent le courant par frottement du moteur sur la voiture. Le courant passe au fond, le long de la bande de cuivre, qui communique avec les plaques de laiton au moyen d'aimants permanents montés en avant des balais, sous les voitures. Ces aimants relèvent des leviers successifs dans la canalisation, et produisent ainsi le contact entre la bande de cuivre et la bande de laiton. Dès que la voiture quitte une bande, les leviers retombent sous l'action de la pesanteur, en interrompant le circuit. L'un des rails sert à former la deuxième moitié du circuit métallique.

Un journal de New-York a annoncé dernièrement qu'un *chemin de fer bicycle* de traction électrique, sur un tronçon de voie d'environ un mille et demi de longueur, va être entrepris à 50 milles de Brooklyn. La voiture portant le moteur repose sur deux roues, l'une devant, l'autre derrière, comme dans le bicycle ordinaire. Ces roues ont $1^m,50$ de diamètre, leur circonférence est creusée d'une gorge profonde embrassant le rail de fer unique porté sur des longrines ; elles supportent tout le poids de la voiture qui pèse 3 tonnes 1/2 et a 20 mètres de long sur $1^m,20$ de large.

Il y a six compartiments contenant chacun quatre personnes. Au-dessus du rail support et dans le même plan vertical, se trouve un rail servant à la fois de guide, de maintien et de conducteur du courant ; il est suspendu sur une longrine de bois rainé.

Puisque nous parlons de chemins de fer électriques, nous devons citer l'*aérien* qui a été proposé par M. J. Chrétien, ingénieur civil, pour la circulation des boulevards de Paris; cette voie mérite grandement d'être construite, car elle supprime tout encombrement ainsi que les *inconvénients* qui résultent de la fumée des locomotives, des escarbilles qu'elles répandent partout autour d'elles. Mais, dans la vie rurale, le *chemin de fer électrique aérien* présenterait aussi de sérieux avantages : par exemple, dans l'exploitation des forêts en montagnes, pour traverser les ravins, les torrents, pour supprimer les dangers des pentes abruptes, etc.; en outre, la construction de ces chemins de fer serait plus rapide que toute autre.

Étant donnée la vogue des voitures à vapeur dont le nombre croît de jour en jour, nous pensons qu'il n'est pas tout à fait inutile de décrire en quelques mots une *voiture électrique* construite par M. W. Morrisson et pouvant contenir douze personnes. La force motrice lui est fournie par 24 éléments d'accumulateurs d'un type spécial pesant ensemble 348 kilogr. et donnant 112 ampères à 58 volts. La charge des accumulateurs dure dix heures et s'accomplit sans qu'il soit besoin de les enlever de la voiture.

Le moteur, de 4 chevaux-vapeur (mais pouvant en donner 8), est du type ordinaire avec armature Siemens, mais M. Morrisson aurait imaginé un enroulement qui facilite le remplacement de l'armature. Le moteur est suspendu sous le cadre de la voiture et transmet son mouvement aux essieux par des roues dentées. Une personne suffit à faire marcher et à diriger la voiture. Son principe est d'ailleurs le même que celui des tramways qui sillonnent Paris depuis quelque temps et dont le nombre augmente chaque jour.

Ce que nous disions tout à l'heure pour les chemins de fer est applicable aux omnibus; un jour viendra bientôt où ils seront tous mus par l'électricité ; les compagnies de tous les pays, en effet, reconnaissent l'économie et les divers avantages qu'elles ont à employer ce mode de traction.

La ville de Glasgow a fait, il y a plusieurs années déjà, un travail pour connaître le *rapport qui existe entre le coût de la traction électrique et celui de la traction animale,* pour les tramways. A cette époque, le coût total de la traction animale était dans cette ville de 37 centimes par voiture kilométrique. En tenant compte des offres faites et en ajoutant tous les frais accessoires, la traction par *accumulateurs* ne reviendrait seulement qu'à 31 centimes. Cette différence paraît suffisante pour qu'il y ait économie à opérer la substitution, d'autant qu'on peut en outre gagner en vitesse.

M. Slutlery, de New-York, a construit un *tricycle* dont la force motrice est produite par 13 accumulateurs placés au centre du tricycle pesant chacun 5 kilogr. et produisant un demi-cheval-vapeur. L'intensité du courant est de 10 ampères, et la force électro-motrice de 26 volts. Le moteur arrive d'abord à la vitesse de régime, puis, à l'aide d'un levier, on augmente sa charge.

On a construit aussi une *balayeuse de neige électrique*. Cette machine est actionnée par un moteur de 30 chevaux, et se déplace sur les rails des lignes de tramways. Les deux balais qu'elle emporte sont mus par des moteurs indépendants. Il a été constaté que cette machine pouvait enlever une épaisseur de neige de $0^m,03$ à $0^m,07$, avec une vitesse de 6 à 16 kilomètres à l'heure.

La traction électrique des tramways a pris, depuis quelques années, une importance dont nous ne saurions nous faire une idée en Europe, quoique nous voyions constamment à Paris, en ce moment, de pareilles lignes prendre naissance ; l'on prévoit déjà l'époque où disparaîtra le dernier cheval appliqué à la traction de ces véhicules, essentiellement modernes pourtant. La traction électrique a rapidement donné naissance à une foule d'industries absolument spéciales : telle maison ne fabrique plus que les rails courants, telle autre que les croisements, une troisième les trucs, une quatrième les caisses, une cinquième les lignes, une sixième les trolleys, etc.

Un appareil d'*arrosage* mis en mouvement par l'électricité, ayant la forme d'un tramway, pour ne pas effrayer les chevaux, est constitué par un vaste réservoir en tôle rempli de l'eau d'arrosage ; cette eau est répandue sur la voie et sur les côtés à l'aide d'un tube horizontal percé de trous ; ce tube est articulé à son extrémité voisine de la voiture, de manière à pouvoir être ramené contre la caisse, pour laisser passer les rares véhicules ordinaires, qui circulent aux heures généralement peu fréquentées auxquelles se fait cet arrosage public. Cet appareil rend de grands services dans les grands centres américains.

Enfin, pour terminer la description d'appareils de locomotion, nous dirons quelques mots des *bateaux électriques*. On en a construit, d'ailleurs, déjà un grand nombre variant peu dans le principe. Nous ne décrirons qu'un yacht américain récent, de 12 mètres de long, tout en tôle d'acier de de $0^m,00215$ d'épaisseur. Il emprunte sa force motrice à 200 *accumulateurs* d'une compagnie américaine. La batterie, du poids de 4 tonnes, alimente un moteur par un courant de 200 volts et 70 ampères, et tourne à raison de 1,000 tours à la minute.

L'hélice mesure $0^m,50$ de diamètre, elle est montée sur le prolongement de l'axe moteur. Le pilote a sous la main un tableau distributeur, qui lui permet de modifier à volonté le groupement de la batterie ; pour la tension de 50 à 200 volts, le yacht reçoit des vitesses variant de 5 à 18 kilomètres à l'heure.

L'électricité est appelée à remplacer aussi la vapeur dans la marine. On saisit, en effet, toute l'importance qu'aurait ce mode de locomotion dans la marine marchande, par exemple, car cela permettrait d'occuper par des marchandises la place que prennent ces énormes quantités de charbon que les bateaux sont obligés d'emporter à bord.

Enfin, quand la navigation aérienne sera définitivement praticable, ce sera à l'électricité que nous le devrons certainement.

Tondeuse électrique. — Cet appareil ne réclame qu'une très faible force pour être mis en mouvement ; il peut servir à tondre les moutons et les chevaux. La force motrice est fournie par un petit moteur électrique actionnant la cisaille et la tondeuse, par l'intermédiaire d'un excentrique, qui communique à la lame tranchante un mouvement de va-et-vient. Dans le manche de l'outil est logé le moteur, ou plutôt, les organes du moteur constituent le manche. *L'induit* est placé vers le milieu de sa longueur, les électro-aimants *inducteurs* en occupent les extrémités.

L'axe de l'induit traverse les noyaux des inducteurs. La disposition générale du moteur rappelle la forme des dynamos Manchester.

La pression du doigt sur un bouton introduit les inducteurs dans le circuit et met le moteur en activité. Le retrait du doigt rompt le circuit et ramène l'outil au repos.

Extraction des dents par l'électricité. — L'électricité rend de plus en plus de services dans la médecine et la chirurgie ; nous parlerons rarement de ces applications dans cet ouvrage, d'abord parce que cela nous ferait sortir de notre sujet, et ensuite parce qu'elles sont trop nombreuses ; nous nous contenterons de citer une application toute récente pour extraire les dents, qui donne, paraît-il, d'excellents résultats.

L'appareil se compose d'une bobine de Ruhmkorff, à interrupteur d'acier, pouvant fournir 452 vibrations à la seconde. Le patient prend les deux électrodes, un dans chaque main. L'opérateur fait alors passer un courant d'énergie croissante jusqu'à atteindre la quantité maximum d'électricité que l'opéré peut supporter ; le courant est alors maintenu. L'extracteur est relié à l'électrode positive et est amené sur la dent à extraire ; celle-ci, sous l'action des vibrations, est immédiatement déchaussée. Le patient n'en ressent, paraît-il, aucune douleur.

Conservation du bois. — Un procédé rapide pour imprégner les matières fibreuses, comme le bois, par les alcalis ou les acides, en vue de leur conservation, a été trouvé par M. Onken, de Chicago. L'opération, avec les anciennes méthodes, peut durer de 6 à 36 heures, selon la nature du bois ; or, en présence d'un courant électrique, l'imprégnation est complète au bout d'une heure.

Transformation de la chaleur en électricité. — Nous terminerons ce chapitre par quelques mots d'une découverte qui offre aux électriciens un nouveau champ d'action. Cette question n'est pas complètement résolue pratiquement, mais c'est une voie nouvelle donnée à la science.

M. Kendall, de North-Ornsby, a présenté, il y a quelques années, à l'exposition des inventions de Londres, un générateur électrique, dans lequel la chaleur se transforme directement en énergie électrique. Cette transformation a son principe dans ce fait bien connu, qu'au rouge, le platine absorbe le gaz hydrogène avec développement simultané d'électricité. Un élément de la batterie Kendall se compose de deux tubes en platine, fermés à la partie inférieure et placés l'un dans l'autre. L'espace concentrique intermédiaire est rempli de verre en fusion. Une conduite, qui passe à la partie inférieure et près du fond de l'appareil, envoie d'une façon continue un courant d'hydrogène dans le tube de platine intérieur. Quand les deux tubes sont reliés par des fils métalliques, l'absorption d'hydrogène et la production d'électricité qui en est la conséquence sont très actives. Le tube extérieur étant exposé à l'action de l'oxygène chauffé dans le fourneau, la disposition est, au fond, celle d'une batterie à gaz. Ces éléments se groupent en aussi grand nombre et de la même manière que ceux d'une batterie voltaïque ordinaire. On peut se dispenser d'employer l'hydrogène pur, en envoyant dans le tube intérieur les gaz d'un fourneau, qui contiennent une certaine quantité d'hydrogène. Dans ce cas, cet hydrogène sert à produire l'électricité, tandis qu'on emploie les autres gaz provenant de la combustion, à entretenir la chaleur du fourneau. On peut en dire autant des gaz de charbon de terre.

La force électro-motrice d'un élément de ce genre a été évaluée à environ 0,7 volt. Mais l'inventeur prétend qu'une tonne de coke dont on a extrait le gaz est, si l'on y ajoute un peu d'eau pour obtenir de l'hydrogène, susceptible de fournir, avec une forte batterie, au moins trois fois autant d'énergie électrique que la même quantité de combustible employée pour faire marcher une machine à vapeur et une dynamo.

CHAPITRE VI

APPLICATIONS DE L'ÉLECTRICITÉ AUX ANIMAUX

Effets de l'électricité sur les animaux. — L'électricité a naturellement la même action sur le système nerveux des animaux que sur celui des hommes ; aussi, plus l'animal est nerveux et plus la sensation que l'électricité lui fait éprouver est désagréable et vive. Il est, en effet, des hommes qui non seulement supportent des courants beaucoup plus intenses que d'autres, mais encore trouvent cette sensation très agréable, tandis que pour quelques-uns elle est insupportable ; les premiers sont certainement beaucoup moins nerveux que les seconds.

Des expériences faites sur les animaux d'une ménagerie ont montré cette différence d'action sur diverses espèces. C'est ainsi, par exemple, que les singes et les loups poussent de véritables hurlements au passage du courant, tandis que les hippopotames restent froids et insensibles à son action et que les éléphants paraissent en ressentir un vif plaisir ; ces derniers, en effet, semblent encourager les expérimentateurs à renouveler ou à prolonger leurs expériences. En général, on a reconnu que les petits animaux sont apparemment beaucoup plus impressionnés par l'électricité que les gros. D'ailleurs, chez l'homme aussi, les petits individus maigres sont plus nerveux que les gros et gras. Les animaux éprouvent le même malaise général que l'homme à l'approche d'un orage, quand l'air est chargé d'électricité ; quant aux effets de la foudre sur les animaux, ils sont les mêmes que sur les hommes.

Lorsque le courant qu'on emploie sur les animaux domestiques est faible, il produit généralement chez ceux-ci un moment de stupeur, dont nous verrons tout à l'heure les utilisations, principalement pour le cheval.

L'abbé Nollet, au siècle dernier, avait déjà étudié l'action de l'électricité sur les animaux. Il constatait : 1° qu'un animal soumis pendant quatre à cinq heures à l'action de l'électricité statique, subit des pertes de poids beaucoup plus grandes que les mêmes animaux non électrisés ; 2° que les pertes de poids subies sont d'autant plus grandes que l'animal est d'une espèce plus petite. Les pertes seraient de : 1/57 de son poids pour le pinson ; 1/140 pour le pigeon ; pour le chat, la perte est bien plus petite encore.

On sait qu'en Amérique l'exécution de la peine de mort se fait aujourd'hui électriquement. On a dû pratiquer, au préalable, sur les animaux, des expériences destinées à trouver la meilleure méthode à appliquer aux hommes. On a connu de cette façon la véritable action de l'électricité sur divers animaux domestiques. Ces expériences ont été faites au laboratoire d'Edison, à Orange, sous la direction de M. Harold P. Brown.

Un veau de 75 kilogr. reçut le courant d'une machine dont la force électro-motrice était de 50 volts ; l'animal tomba, puis se releva au bout de 9 minutes, sans paraître avoir souffert le moins du monde.

Une force électro-motrice de 770 volts lui fut alors appliquée pendant 8 secondes, la mort fut presque instantanée ; elle était produite avec les mêmes caractères que ceux occasionnés par la foudre : les vaisseaux sanguins du cerveau avaient subi un épanchement de sang au dehors, mais aucune hémorragie n'était visible.

Un second veau, de 66 kilogr., mourut aussi instantanément sous l'action d'une force électro-motrice périodique moyenne de 750 volts pendant 5 secondes.

Un cheval de 590 kilogr. eut une résistance entre les électrodes, de 11,000 ohms, le potentiel moyen d'environ 50 volts. L'animal ne parut pas très affecté par un courant d'une durée infinitésimale, de même que pour des durées de 5 à 15 secondes. Enfin, sous une force électro-motrice de 700 volts pendant 25 secondes, la mort survint.

MM. Muller et Dofflemyre, de Gunnison (Colorado), ont proposé ce procédé d'électrocution dans les abattoirs. D'après eux, l'animal, étant ainsi tué par l'électricité, serait saigné plus facilement et posséderait une chair meilleure, qui se conserverait mieux que par tout autre procédé d'abatage.

Il paraîtrait même que les porcs trichinés, ainsi foudroyés, ne seraient plus dangereux, les microbes étant tués aussi sous l'action de l'électricité. Ainsi, tous les porcs deviendraient propres à l'alimentation. Un examen sérieux de cette question serait extrêmement important, non seulement au point de vue économique de l'élevage du porc, mais aussi pour la consommation de tous les animaux domestiques supposés atteints de maladies microbiennes.

Si l'électricité donnée à un haut degré peut amener des troubles, la mort même, lorsqu'elle n'est présentée qu'en très faibles doses aux animaux, on peut en tirer d'excellents partis. Ce sont ceux-ci que nous allons énumérer maintenant. Mais nous n'étudierons pas ici l'action de la lumière électrique sur les animaux et ses applications, réservant cette étude pour la IVe partie, comme nous ne parlerons de l'action de l'électricité sur les microbes que dans la IIIe.

Électricité appliquée au ferrage des chevaux. — M. le capitaine Place, professeur des sciences appliquées, à l'école de cavalerie de Saumur, a obtenu un résultat excellent avec l'emploi de l'électricité pour le *ferrage* des chevaux méchants, quinteux et rétifs. On sait qu'il faut parfois avoir recours aux moyens les plus violents pour ferrer les animaux vicieux ; on est quelquefois obligé de les entraver et même parfois de les coucher. Les expériences de M. le capitaine Place ont permis de constater que les chevaux, même les plus rebelles, sont, par ce traitement, immédiatement matés et guéris pour toujours de leur aversion pour les forges.

La secousse est donnée au moyen d'un bidon spécial. L'appareil électrique adjuvant est constitué par une pile sèche et par une bobine d'induction, dont les deux rhéophores terminent le circuit. Une graduation permet d'augmenter ou de diminuer l'intensité des secousses. Avec cet appareil, aussi simple qu'ingénieux, les chevaux les plus méchants ont été calmés en un clin d'œil et n'ont plus cherché à se défendre, alors qu'un instant avant d'être soumis à l'influence du fluide, ils résistaient furieusement. Bien plus, comme nous l'avons dit, ces mêmes animaux, ramenés quelque temps après à la forge, se laissent ferrer sans la moindre opposition et sans qu'il soit besoin de les électriser à nouveau.

Dressage des chevaux par l'électricité. — Le *dressage* des chevaux par l'électricité est basé sur le principe du *ferrage*, que nous venons de décrire. Un courant électrique, si peu intense qu'il soit, produit toujours, au premier abord, un moment d'effroi ou de terreur dont on peut tirer parti.

M. Defoy s'en est servi pour dresser et dompter les chevaux emportés ou vicieux, et pas un n'a jamais résisté à cette action de l'électricité.

Pour dresser un cheval à la voiture, M. Defoy dispose

une petite machine de Clarke près du conducteur, lequel tient à la main des guides munies intérieurement d'un fil métallique ; elles subissent un circuit passant par le mors et la gourmette. Le cheval se cabre-t-il ou s'emporte-t-il ? on tourne simplement deux ou trois fois la manivelle de la machine magnéto-électrique, pour que le courant aille surprendre la bouche du cheval qui, effrayé, impressionné par cette sensation inconnue sous laquelle tous les muscles de sa bouche se contractent, s'arrête presque tremblant.

M. Holson, de Chicago, a un peu modifié cette disposition ; c'est-à-dire qu'au lieu d'être obligé de tourner une manivelle, ce qui peut être très embarrassant dans le cas où l'on a besoin de dompter le cheval, il suffit simplement de presser un bouton pour que l'animal reçoive le choc, d'ailleurs tout à fait inoffensif. En outre, les fils provenant d'une pile sèche vont, d'une part aux nasaux, et de l'autre à un contact placé dans la voiture.

M. Defoy a aussi inventé une *cravache électrique*, permettant à un cavalier de dompter le cheval le plus fougueux de la même manière, en appliquant les deux pointes du stick sur une des côtes de l'animal.

M. Rangod, de Romainville, a modifié, dans ces dernières années, le mors de MM. Moreau et Defoy.

M. Waldmer (Otto) a aussi inventé un appareil destiné à dompter les animaux par l'électricité. Cet appareil consiste essentiellement en un fouet et une plate-forme métalliques. L'un et l'autre sont réunis aux pôles d'une batterie assez puissante. La plate-forme constitue, partiellement ou en totalité, le plancher d'une cage. Pour y dompter ou dresser un animal quelconque, on presse un bouton et, à chaque coup de fouet, la bête reçoit une forte décharge, apprivoisant la plus rétive. On peut alors interrompre le courant et se servir du fouet comme à l'ordinaire. Ce système pourra rendre de grands services aux dompteurs.

Enfin, un inventeur de Chicago a imaginé de supprimer le fouet et de le remplacer par un appareil électrique qui donne des secousses au cheval à la volonté du cocher. On n'accorde pas beaucoup d'avenir à cet appareil, car le fouet n'agit pas seulement par la douleur, mais par le bruit, même quand on n'en frappe pas l'animal.

L'électricité et le cheval de course. — Un grand journal quotidien annonçait tout récemment que, dans certaines écuries de courses, on entraînait les chevaux à l'électricité; c'est ainsi, disait cet organe, que tout à coup certains chevaux gagnent de grandes épreuves, alors qu'ils ne pouvaient pas même figurer dans des *prix à réclamer*. L'appareil employé, sous un très petit volume, de façon à être facilement dissimulable sous le harnachement, se composerait :

D'une petite bobine de Ruhmkorff, d'où partiraient deux fils amenant le courant le long de la culotte du jockey jusqu'à ses éperons. Le contact peut, d'ailleurs, se prendre par les genoux. Au moment où les éperons roulent des deux côtés du ventre du cheval, le circuit électrique se trouve fermé par l'animal lui-même. Ce courant devrait, paraît-il, stimuler sa vitesse.

Nous avons cité cet appareil comme nous avons été forcé d'enregistrer d'autres applications de l'électricité, c'est-à-dire sous toute réserve.

Quant à nous, nous pensons, d'après les expériences réellement scientifiques citées à ce sujet, que, loin d'exciter la vitesse du cheval, l'électricité doit au contraire l'arrêter.

Chasse électrique. — Nous savons que, lorsque le courant électrique est assez violent, il peut foudroyer les animaux. Le courant d'une bobine de Ruhmkorff peut tuer ainsi tous les animaux qui touchent aux fils conducteurs. Les chasseurs pourraient tirer parti de cette propriété dans certains pays où le gibier abonde et où aucune réglementation de la chasse n'existe. En Tunisie, par exemple, où il n'est nul besoin de permis pour chasser, on pourrait établir avec ce procédé une véritable industrie en tuant toute espèce de gibier. Celui-ci, grâce aux perfectionnements frigorifiques, pourrait être envoyé en France ou ailleurs, en rapportant de gros bénéfices.

Nous proposerons aussi ce procédé pour détruire le lapin en Australie, où, comme on sait, c'est le fléau le plus grand qu'on puisse voir. Il suffirait de faire passer des courants électriques violents dans des grillages métalliques qui entoureraient les exploitations et serviraient de clôture.

On peut faire aussi la chasse au gros gibier à l'aide d'une *lance électrique,* analogue à la cravache Defoy que nous avons décrite. A la chasse au sanglier, par exemple, on a déjà obtenu d'excellents résultats avec cette lance. On doit naturellement augmenter le courant selon la force de l'animal ; s'il n'est pas foudroyé par cette décharge inattendue, il est toujours arrêté par elle, en restant assez longtemps privé de tout sentiment, ce qui permet à d'autres armes de terminer l'œuvre de l'électricité.

La chasse aux *oiseaux* est aussi praticable à l'aide de l'électricité. Si nous citons ce procédé, ce n'est pas pour l'encourager, mais pour le faire connaître, car il est plutôt nuisible ; en effet, il détruit trop d'oiseaux utiles à l'agriculture.

Ce moyen, employé sur nos côtes du Midi, consiste à installer des fils de métal, semblables aux fils télégraphiques. Dès que ces lignes sont garnies d'oiseaux, on y fait passer un courant électrique énergique, foudroyant les malheureux volatiles qui s'y trouvent perchés. Ce procédé de destruction a certainement été inspiré par ce qui paraît se passer avec les fils télégraphiques. Cependant, d'après M. Crette de Palluel, les courants qui traversent ces derniers sont incapables de tuer des oiseaux ; l'électricité les fait s'assommer contre les fils, comme ils le font contre les phares. Au moins tous les oiseaux que cet observateur a été à même d'examiner portaient les traces de chocs violents contre les fils. Il faut noter, en outre, que les oiseaux atteints vont souvent mourir à quelque distance et qu'ils ne tombent pas sous les fils mêmes, ce qui devrait arriver s'ils étaient foudroyés par l'électricité.

M. de Palluel estime que le nombre des oiseaux ainsi détruits est considérable, surtout dans les pays giboyeux : les perdrix, les bécasses, les cailles, les grives, assommées contre les fils, constituent une véritable ressource alimentaire pour les employés des chemins de fer, qui connaissent parfaitement le bruit particulier que produit le choc de la tête des oiseaux sur les fils qui passent au-dessus de leurs loges.

Quoique cela ne soit pas à proprement parler l'électricité qui agisse, ces lignes télégraphiques impressionnent d'une autre façon certains animaux. On connaît le son que rendent les vibrations des poteaux télégraphiques. On sait aussi que l'oiseau nommé *pic-vert* se nourrit exclusivement d'insectes qu'il va rechercher, à l'aide de son bec effilé, entre les écorces des arbres. C'est pourquoi on voit assez souvent de ces oiseaux grimpeurs le long des poteaux télégraphiques, parce qu'ils croient reconnaître dans le bruit des vibrations dont nous venons de parler, la présence d'un insecte qu'ils s'acharnent à chercher. L'ours, paraît-il, semble être très ému aussi par ce bruit. Quant aux loups on a reconnu que ces longues lignes de fils et de poteaux télégraphiques leur inspirent une grande terreur, et que, sauf l'hiver, ils les dépassent rarement.

Pêche électrique. — Nous en reparlerons en décrivant les applications de la lumière électrique. Signalons cependant un *harpon électrique* inventé par M. Sonnenberg, capable, paraît-il, de pêcher la baleine. Cette machine aurait pour organe principal un anneau garni de bobines induites et muni d'un commutateur, disposé de façon à donner « 720 chocs galvaniques par minute ». Un harpon serait relié à l'un des pôles de la machine, l'autre pôle étant mis à la mer. Le harpon pénétrant dans le corps de la baleine, le circuit se ferme, et le cétacé est facilement capturé.

Destruction électrique des chenilles. — Ce nouveau procédé américain consiste à enrouler, autour du tronc de l'arbre attaqué, alternativement un fil de cuivre et de zinc, de façon à former une série de couples. Les fils ne doivent pas être distants de plus d'un centimètre. On assure que les chenilles, lorsque leurs corps réunissent deux de ces fils, reçoivent un courant suffisant pour qu'elles soient électrocutées, ou pour les empêcher de monter après l'arbre. Ce simple dispositif pourrait rendre de très grands services.

L'expérience est, dans tous les cas, facile à réaliser.

L'attrappe-mouche électrique. — Un boutiquier de Richemond se débarrasse des mouches gênantes de la façon suivante : des fils métalliques sont tendus sur un cadre en bois et reliés de deux en deux aux bornes d'une bobine de Ruhmkorff, pouvant donner une étincelle de $0^m,006$. Les fils sont suffisamment espacés pour que l'étincelle ne jaillisse pas entre eux, mais si une mouche vient s'y poser, elle reçoit immédiatement une électrocution certaine.

Piège électrique pour animaux nuisibles. — M. Scherer

a fait un piège destiné à se débarrasser des animaux nuisibles. C'est une cage ayant un fond formé d'une grille dont les barreaux sont alternativement reliés à la borne positive et à la borne négative d'une source d'électricité. Sur cette grille on place un appât. Quand l'animal pénètre dans la cage, le circuit se ferme sur son corps et, si le courant est suffisamment intense, il tombe foudroyé.

Ce procédé pourrait être employé aussi pour la chasse des gros animaux dont la capture représente un bénéfice important ou entraîne souvent mort d'homme.

Moustiquaire électrique. — M. Scherer a fait aussi un *moustiquaire électrique,* se composant d'une enceinte grillagée, au centre de laquelle on installe un foyer lumineux pour attirer les insectes, ceux-ci se précipitant sur le grillage formé alternativement de polarisation électrique contraire, reçoivent une décharge qui les tue.

L'électricité et l'art hippique. — L'électricité a été appliquée pour reconnaître l'état du pied d'un cheval. On met le pôle d'une pile en contact avec l'intérieur du sabot, l'autre pôle avec le fer. Si la corne a été percée par un trou, le cheval ressent une irritation; dans le cas contraire, le courant ne peut traverser le pied.

CHAPITRE VII

Définitions. — On a vu déjà que l'électricité accompagne tous les phénomènes chimiques; elle possède, en outre, un pouvoir personnel de décomposition chimique.

C'est ainsi que la foudre fait combiner ensemble le mélange d'oxygène et d'azote de l'air pour produire de l'acide azotique. L'étincelle électrique peut aussi suroxyder, condenser les molécules d'un corps; c'est ainsi qu'elle augmente les propriétés oxydantes de l'oxygène en formant l'ozone. Enfin, l'électricité peut de même décomposer l'eau en ses éléments oxygène et hydrogène et, par le même phénomène, décomposer les corps binaires.

Les applications industrielles de ces deux dernières propriétés de l'électricité sont déjà fort nombreuses et extrêmement importantes; leur nombre comme leur importance croissant de jour en jour, on peut considérer que l'avenir de l'électrochimie réserve des choses merveilleuses à l'industrie.

Cette action de décomposition des corps sous l'action de l'électricité s'appelle *électrolyse* ou *électrolysation*. Les extrémités des fils *rhéophores* de la pile portent les noms : l'une d'*électrode positive,* l'autre d'*électrode négative.* Enfin le corps soumis à l'action de l'électrolyse est l'*électrolyte.*

Lorsque dans l'appareil bien connu qu'on nomme le *voltamètre* on électrolyse de l'eau, celle-ci étant mauvaise conductrice de l'électricité, on y ajoute de l'acide sulfurique bon conducteur afin que cette eau acidulée devienne elle-même bonne conductrice de l'électricité. Les électrodes étant plongées dans l'eau, si on met une éprouvette à l'extrémité de chacune d'elles, on recueille dans l'une de l'hydrogène, dans l'autre de l'oxygène. La première est *l'électrode négative*, la seconde *l'électrode positive*.

Si la substance des électrodes était susceptible de se combiner avec un des éléments provenant de cette décomposition, cette combinaison s'effectuerait. Supposons que l'électrode positive puisse se combiner avec l'oxygène dégagé, celui-ci entrerait en combinaison au fur et à mesure qu'il se formerait, et l'éprouvette n'en contiendrait aucune trace. L'oxyde qui se produirait ainsi, s'il est soluble dans le bain, deviendrait: soit l'acide, soit la base d'un sel en formation. S'il était insoluble, il deviendrait lui-même électrode (pourvu qu'il soit conducteur) et, l'action continuant encore un peu, l'oxygène pourrait reparaître; mais si le conducteur était à la fois insoluble et mauvais conducteur, il se précipiterait et l'électrolyse cesserait.

Enfin, dans la marche régulière de la décomposition des sels, le métal de ceux-ci se dépose au pôle négatif, et l'acide avec l'oxygène de la base vont au pôle positif. C'est, d'ailleurs, le principe de la galvanoplastie. Il peut se faire des décompositions secondaires, mais nous n'en parlerons pas, car nous n'avons voulu rappeler que les phénomènes *généraux électrolytiques* nécessaires à la compréhension de ce chapitre.

M. Lemoine, dont nous avons déjà parlé, ayant compris toute l'importance de l'électro-chimie dans l'avenir industriel, s'est occupé d'une façon très intéressante de quelques-unes des applications de cette science, qu'on peut presque considérer comme spéciale.

Désinfection des alcools. — Nous entrerons dans quelques détails sur cette question, parce qu'elle a une application très intéressante à notre point de vue, celle de l'*électrisation du vin*. On sait que la totalité de l'alcool commercial provient d'une seule et unique source, la fermentation alcoolique des sucres. Or, toute matière première contenant de l'amidon saccharifiable ou un sucre fermentescible est apte à servir à la fabrication de l'alcool, et le choix du produit initial le plus avantageux dépend surtout des conditions économiques et locales. Mais l'alcool se prépare toujours en dernière analyse par la distillation d'un liquide sucré préalablement fermenté. Dans nos contrées, les alcools industriels sont presque toujours des alcools de grains, mais alors la fermentation est précédée d'opérations destinées à former la matière sucrée fermentescible aux dépens de la substance amylacée, c'est-à-dire qu'on ramène toujours cette dernière à avoir la composition générale des glucoses : $C^5 H^{12} O^6$, dont la formule montre qu'ils peuvent se scinder en alcool et en acide carbonique d'après l'équation bien connue :

$$C^6 H^{12} O^6 = 2Co^2 + 2C^2 H^6 O.$$

Quelle que soit la matière employée, lorsqu'un jus sucré ou une matière amylacée est prête à subir la fermentation, elle porte dans l'industrie le nom de *moût*, et, après la fermentation, celui de *vin*. Elle présente alors une richesse alcoolique qui peut varier entre 5 et 15 degrés, suivant le genre de moût dont on fait usage. Les vins subissent d'abord une première distillation destinée à augmenter leur richesse alcoolique ; le résultat de cette première distillation est un liquide marquant de 45 à 80 degrés à l'alcoomètre de Gay-Lussac et prend alors le nom de *flegme*.

Pour obtenir l'alcool commercial, il faut faire subir à ces flegmes une nouvelle rectification dont le résultat est un liquide de qualité variable, suivant qu'il distille à un point d'ébullition plus ou moins élevé.

Au commencement de l'opération on a des alcools dits : *mauvais goût de tête*, puis des alcools *moyen goût de tête*. Au milieu, distillent des alcools *bon goût*. Et vers la fin les alcools *moyen goût de queue*, puis les alcools *mauvais goût de queue*, et finalement les *huiles essentielles* qui ne sont en réalité autre chose que des homologues supérieurs de l'*alcool éthylique*.

Il est, somme toute, assez facile de se rendre compte de ces subdivisions, si l'on considère qu'en outre de l'*alcool vinique*, il se produit, pendant la fermentation alcoolique, des quantités plus ou moins considérables d'alcool *propylique, butylique, amylique,* qui prennent naissance dans des conditions encore mal déterminées et qui communiquent à l'alcool des propriétés désagréables au point de vue du *bouquet*. Il est évident que la composition de ces huiles essentielles varie avec la nature des moûts, mais il est remarquable qu'elles ne prennent naissance que lorsque la fermentation s'effectue à une température élevée, dans une solution de sucre concentré et en l'absence de l'*acide tartrique*.

Ainsi, un liquide fermentant à une basse température ne fournit pas d'huile odorante, du moins d'*alcool amylique* ; ce dernier, d'ailleurs, ne se produit jamais dans le vin qui a fermenté en présence de l'*acide tartrique*.

Il y a donc une partie des huiles odorantes qui passe avec l'alcool et ne peut en être séparée qu'avec une très grande difficulté, c'est précisément la présence de ces homologues supérieurs de l'alcool éthylique qui donne à une partie du jet de la distillation de cette dernière, le mauvais goût que l'on constate dans les alcools de tête et de queue.

Les moyens proposés ou employés dans ces derniers temps pour obtenir des alcools *bon goût* peuvent se classer en deux grandes catégories, suivant la façon dont ils agissent :

1° Les *moyens physiques*, qui sont les plus anciens et qui comprennent les charbons absorbants, les huiles et les appareils rectificateurs ;

2° Les *moyens chimiques*, qui sont excessivement nombreux et qui, pour la plupart, ne font que déplacer les huiles odorantes pour y substituer des dérivés aromatiques, dont quelques-uns sont certainement aussi nuisibles que le produit qu'on a cherché à éliminer. Ainsi, l'on a surtout fait usage de corps oxydants, tels que les hypochlorites, l'acide nitrique, les permanganates, les chromates, les oxydes, les chlorures, les bromures ou iodures métalliques ; il faut reconnaître que la plupart détruisaient bien les mauvais goûts des *fleymes,* mais presque tous dépassaient le but, et, au lieu de s'arrêter à l'oxydation des corps étrangers, ils poussaient leur action jusque sur l'alcool même et donnaient ainsi naissance à des éthers dont les odeurs aromatiques étaient trop facilement reconnaissables.

Ainsi, l'acide azotique donnait naissance à de l'éther nitrique, dont l'odeur caractéristique décelait la présence ; les hypochlorites donnaient du chloroforme et les permanganates formaient des aldéhydes et des acides de la forme $C^n H^{2n} O^2$, tels que l'*acide valérique,* par suite de l'oxydation de l'alcool amylique.

Il est facile de voir, par ce qui précède, qu'il existait très peu de procédés véritablement efficaces pour la désinfection des alcools et il ne faut pas s'étonner si, depuis longtemps déjà, l'on avait cherché à faire intervenir l'électricité dans le traitement des flegmes.

Dès 1873, Glastone et Tribe avaient appelé l'attention des industriels sur les actions produites par un couple voltaïque zinc-cuivre disposé au sein du liquide à hydrogéner; ce dernier était parfaitement neutre. Dans ces conditions, l'eau est décomposée, il se forme un oxyde de zinc et l'hydrogène est mis en liberté. Il est remarquable que, si l'on fait agir un couple de ce genre sur des flegmes marquant 40 à 65 degrés alcoométriques, on constate que l'hydrogène à l'état naissant est absorbé et que l'odeur et le goût particuliers des flegmes disparaissent assez facilement.

Ce procédé fut le point de départ des recherches entreprises par M. Naudin pour l'emploi d'un procédé électrolytique industriel devant désinfecter les flegmes.

Primitivement, le procédé Naudin avait pour base l'application du couple zinc-cuivre; ce n'est que plus tard et pour arriver à un résultat économique plus parfait, que l'on fut amené à faire usage des machines électriques, surtout pour le traitement des eaux-de-vie de betteraves, pour lesquelles l'hydrogénation obtenue avec le couple zinc-cuivre atténue bien le goût caractéristique des flegmes, mais ne peut cependant le faire disparaître complètement.

Voici comment on opère avec des machines électriques:

Après avoir séjourné avec un couple zinc-cuivre pendant le temps nécessaire pour en assurer l'hydrogénation, les flegmes sont acidulés d'un millième d'acide sulfurique, pour les rendre meilleurs conducteurs, et envoyés dans un *voltamètre*. Cet appareil se compose d'un vase cylindrique muni de deux tubulures situées à la partie inférieure servant, l'une à l'entrée du liquide, l'autre à sa sortie. A la partie supérieure, l'appareil est hermétiquement clos et ne laisse le passage qu'aux deux fils conducteurs du courant. Dans l'intérieur se trouvent deux tubes dont le premier, percé de trous dans toute sa longueur, sert à l'arrivée des flegmes ; il est maintenu à une très petite distance des deux *électrodes* par lesquelles le courant est distribué dans le liquide. L'autre tube, recourbé à sa partie supérieure en forme de siphon, sert à la fois à l'échappement des gaz produits et à la sortie du liquide qui se rend dans un appareil suivant et semblable, ainsi de suite. Les flegmes subissent donc, dans ce voltamètre, l'action du courant électrique et, par suite de la décomposition des éléments de l'eau, il y a *oxydation* des produits donnant mauvais goût, qui avaient échappé à l'action primitive du couple zinc-cuivre ; chose curieuse, cette réaction doit être suivie d'une *hydrogénation*, car il n'est pas possible d'isoler l'aldéhyde parmi les produits résultant de cette opération.

En sortant des voltamètres, les flegmes sont alors acidulés par le zinc-cuivre, puis dirigées dans un rectificateur à colonnes.

M. Eisenmann, de Berlin, recherche le moyen pratique de rectifier, avec de l'ozone produit par l'action de l'électricité sur l'oxygène, l'alcool qui aura préalablement été purifié sur du charbon de bois.

Électrisation du vin. — La découverte de M. Laurent Naudin a permis de désinfecter les alcools gâtés, par l'électrolyse. Depuis le commencement de l'année 1881 on cherche à appliquer ce procédé aux vins, pour les faire vieillir.

Les résultats obtenus par M. Flavio Mengarini parurent en 1887 et en 1888, à Rome. Les premières expériences de ce savant portèrent d'abord : 1° sur 10 litres de vin ; 2° sur 50 litres de cette boisson. Après dégustation, examen microscopique, comparaison avec le vin original, M. Flavio Mengarini conclut que tous les vins électrisés possèdent un goût particulier plus ou moins désagréable, mais qui n'est pas celui du vin vieux. Cependant, si l'électrisation cesse avant que ce goût devienne sensible, il est possible que les vins gagnent à être électrisés. Quoi qu'il en soit, le vin rouge, d'après cet auteur, supporterait mal l'électrolyse, car après quinze heures de son action, il s'acidifierait.

M. de la Monnerie ne croit pas non plus que le vieillissement du vin et le développement de son bouquet puissent s'obtenir par électrolyse. Il prétend que son action est, au début, de troubler le vin, puis de précipiter une plus ou moins grande quantité de sels et de matières colorantes et organiques. Cependant, ce savant reconnaît qu'il se fait une diminution d'alcool et d'acide, par la production d'éthers, caractère du vin vieux ; mais il prétend que ces éthers ne peuvent produire le vrai bouquet, attendu que la précipitation de ces matières diverses, qui sont la base essentielle du vin, a lieu en présence d'une électrolyse qui décompose les sels constitutifs de ce vin.

Par suite, la question est encore en suspens et mérite d'être étudiée plus attentivement et plus scientifiquement qu'on ne l'a fait jusqu'ici.

M. Grandeau, le célèbre agronome, dont le nom reviendra souvent dans cet ouvrage, publiait le 27 janvier 1891, dans une de ses intéressantes chroniques du *Temps,* un mode de traitement du vin par les courants alternatifs pour empêcher leur altérabilité. Cette méthode, destinée à obtenir la destruction des germes, est employée par M. Méritens, son inventeur, à l'entrepôt des vins de Bercy.

Une dynamo, donnant 12,000 à 15,000 alternances par minute et consommant 7 chevaux-vapeur, suffirait pour traiter

100 hectolitres de vin en 10 heures. Cette application a une grande importance, parce qu'elle est appelée à supprimer l'usage des agents chimiques de conservation, qui introduisent souvent dans le vin des principes nuisibles à la santé.

MM. Martinotti et Mengarini se sont occupés de l'action des courants sur les vins malades. Deux vases à précipités communiquaient l'un avec l'autre par un tube en U, rempli d'alcool. Les deux branches du tube en U plongeant dans les vases étaient fermées par une membrane de parchemin, les électrodes de platine plongeaient dans le liquide de chacun des vases.

Dans ces conditions, si on met du vin dans les vases *anode* et *cathode,* on observe une oxydation et la production d'éther acétique, au pôle positif ; au pôle négatif, une hydrogénation qui se traduit par une diminution de l'acidité du vin.

On remplace alors le vin du vase positif par de l'eau pure, et on a soin de recouvrir le vase du pôle négatif qui contient le vin, afin d'éviter, autant que possible, l'action de l'air.

Une première expérience de réduction de l'acide acétique a été faite sur une solution titrée de cet acide, contenant 20.19 p. 100 d'acide. Après quatre heures d'hydrogénation électrolytique, le titre acide s'est abaissé à 19.75 p. 100 ; après 28 heures, à 16.72 p. 100, soit une perte de 3.47 p. 100.

Du vin rouge abandonné à l'air s'était acétifié partiellement et titrait 30 p. 100 d'acidité ; après 38 heures d'hydrogénation, l'acidité fut réduite à 17 p. 100. En général, les vins aigres ne contiennent que peu d'acide. Un vin rouge sain, titrant 7,208 p. 100 en acidité, a été abandonné à l'air pendant 24 heures ; il s'est piqué et titrait alors 8,328 d'acidité ; après 8 heures d'électrolyse, l'acidité a été réduite à 6.53 p. 100, c'est-à-dire à un degré moindre que celui du vin rouge et de bon goût.

Le même vin, laissé à l'air pour s'aigrir de façon à ce qu'il titrât 9.25 d'acidité, a été traité 8 heures par le courant : son acidité est devenue 8.67 p. 100. Après ces quelques résultats de laboratoire, M. Mengarini a disposé un appareil permettant d'opérer sur une grande masse de vin et à l'abri du contact de l'air.

L'appareil se compose d'un vase cylindrique en terre émaillée, d'une capacité d'un hectolitre, au fond duquel est placé un disque de charbon comprimé de 30 centimètres de diamètre. Ce disque communique avec l'extérieur, au moyen d'un charbon cylindrique de 1 centimètre de diamètre, isolé du liquide par un tube de verre soudé intérieurement avec de la paraffine.

L'orifice du vase, rétréci à la partie supérieure, porte un col parfaitement cylindrique, dans lequel peut entrer à frottement un cylindre de terre, dont la partie inférieure est fermée par une feuille de papier parchemin, serrée sur le bord extérieur du cylindre. On dispose un disque de charbon semblable à celui du grand vase. C'est dans ce dernier qu'on met le vin aigri à traiter ; le cylindre supérieur est rempli d'eau alcoolisée. On fait communiquer le vin avec le pôle négatif d'une dynamo, l'hydrogène traverse toute la masse, s'élève dans l'appareil et produit l'action réductrice sur l'acide acétique.

Un vin blanc a été abandonné à l'acétification ; à l'état sain, il contenait 6.1 d'acidité p. 100 ; aigri, il titrait 11.5 p. 100. Après 3 heures de traitement dans l'appareil, avec un courant de 0,12 ampère-heure, l'acidité est devenue 7.15 p. 100, dont 6 p. 100 d'acide fixe et 1.05 d'acides volatils comptés en acide acétique.

Les courants mis à la disposition de M. Mengarini étaient ceux de la station centrale d'éclairage de la ville de Rome. Les intensités des courants qui traversaient le vin étaient comprises entre 0,12 et 0,16 ampère.

D'autres expériences ont été faites avec les courants plus faibles, de 0,040 à 0,035 ampère, produits par des piles, elles ont donné aussi des résultats sensibles d'amélioration des vins aigris.

M. le Dr Fraser, de San-Francisco, aurait, paraît-il, trouvé un procédé électro-magnétique qui devrait révolutionner l'art de faire du vin. De pareilles révolutions, surtout quand elles prennent naissance en Amérique, ne doivent jamais être rapportées que sous d'extrêmes réserves.

Ce procédé ne consisterait pas à faire passer un courant électrique dans le vin, mais à agir sur lui, par influence. Le tonneau contenant le vin serait entouré d'un solénoïde, dans lequel on ferait passer un courant électrique pendant trois semaines, jour et nuit.

Dans ces conditions, les matières albuminoïdes du vin se précipitent et il devient clair, limpide et vieux, avec un développement de bouquet.

Le procédé de M. Fraser aurait en outre, paraît-il, la propriété de stériliser les vins, en remplaçant la *pasteurisation*.

Ce savant a peut-être trouvé la solution du problème ; cependant, il serait à désirer que l'expérience fût renouvelée en France.

M. Spilker vient de faire breveter un procédé de stérilisation des liqueurs alcooliques. Le liquide circule dans des tubes isolants entourés d'une spirale parcourue par un courant ayant une intensité convenable.

Enfin, puisque nous parlons de l'action de l'électricité sur le vin, nous en profiterons pour essayer de faire disparaître une antique croyance, consistant à regarder la foudre comme une ennemie mortelle du vin. Déjà, en 1770, on trouve dans un manuscrit champenois que : « *Pour arrêter l'effet de la foudre, il faut mettre, sur chaque tonneau, du fer, qui empêche l'effet du feu électrique du tonnerre ; ce secret est plus ancien que la découverte de l'électricité.* »

M. de la Monnerie a fait remarquer que si ce fer, ainsi ajouté, a une action quelconque, ce n'est point comme conducteur de l'électricité, mais par son poids ; il n'aurait qu'une action purement mécanique, en s'opposant aux vibrations du tonneau ; et par conséquent, plus ce poids serait lourd, et plus grand serait son effet. Le tonnerre peut amener, en effet, des vibrations capables de faire dégager des parois une multitude de petites bulles qui troublent le vin en faisant remonter la lie jusqu'à la surface.

La foudre peut produire d'autres effets, par la quantité d'ozone plus ou moins considérable qu'elle dégage, car l'action oxydante de l'ozone est beaucoup plus énergique que celle de l'oxygène ordinaire.

C'est bien, en effet, à l'ozone qu'il faut attribuer la propension qu'ont le bouillon et le vin de *tourner* pendant les temps orageux. La meilleure façon de se défendre contre cette action passagère est la fermeture exacte des tonneaux pendant l'orage et quelque temps après.

Le Dr Frestier étudia l'influence de l'électricité atmosphérique sur les vins ; il en prit plusieurs bouteilles, des meilleurs crus. Il amena le fil d'un paratonnerre sur ces bouteilles ; un fil d'argent traversait la cire et le bouchon de chacune de ces bouteilles. Au bout de peu de jours, le résultat fut concluant, mais peu agréable : le vin se trouvait être saturé de sels d'argent et de goudron.

En 1869, un propriétaire de Digne avait eu sa maison frappée par la foudre, ses futailles avaient été touchées par la décharge, le vin s'était écoulé dans une petite fosse voisine ; on fut tout surpris de la transformation qui s'y était opérée, le vin avait pris un bon goût de *rancio*. Le Dr Scoutetten et M. Bouchette, attribuant ce phénomène à l'électricité, soumirent du vin à l'action du courant de la pile, dans des voltamètres à lames de platine, et constatèrent la formation du bouquet de vin vieux. Enfin Angelier, avec un appareil semblable produisant un courant de 3 ou 4 ampères dans des conditions qu'il a précisées, est arrivé au même résultat, en traitant des vins âpres et verts.

Néanmoins, l'action de l'*électricité atmosphérique* sur les vins a besoin d'être encore étudiée.

Défécation, par l'électrolyse, des jus sucrés. — Dans le procédé de défécation ordinaire par la chaux, les sels de potasse et de soude sont changés en sels de chaux avec mise en liberté d'alcali caustique et précipitation des matières gommeuses et albuminoïdes. Le courant électrique produit cette même précipitation des matières gommeuses si on a le soin de placer au pôle positif la quantité de chaux nécessaire à la neutralisation des acides mis en liberté par l'électrolyse ; les jus ainsi traités donneraient un meilleur résultat en sucre cristallisé.

Toujours sur le même principe électrolytique, M. Kellner a fait un filtre-presse électrolyseur, qui est appelé à rendre de très grands services.

Une application industrielle de l'électrolyse a été réalisée à la Havane, pour l'*épuration des jus sucrés*. La méthode combine à la fois l'osmose et l'électrolyse, pour débarrasser les jus sucrés des sels qu'ils renferment et que l'eau employée entraîne, grâce au courant électrique qui traverse les jus, les membranes interposées, l'eau dissolvante.

L'appareil consiste en une suite de cuves plates et allongées; chacune est partagée, par deux membranes poreuses, en trois compartiments. Dans celui du milieu, entre les deux membranes, on met le jus sucré. Les deux autres sont pleins d'eau. C'est, en somme, une disposition analogue à l'*osmogène* de Dubrunfaut.

Dans chaque compartiment se trouve une rangée *d'électrodes* en charbon. Celles qui plongent dans l'eau constituent le pôle négatif; la rangée intérieure, immergée dans le jus sucré, forme le pôle positif. La série des cuves est disposée en forme de canal en serpentin. Le jus sucré, en traversant les cuves, se purifie des sels, tandis que l'eau s'en charge de plus en plus. Il est évident que le transport mécanique des éléments de l'électrolyte d'un pôle à l'autre doit activer la vitesse de diffusion à travers les membranes poreuses.

Enfin, l'*Electrical World*, de New-York, a signalé un procédé de purification du sucre, dans lequel un courant est lancé durant quelques minutes à travers la liqueur chaude, entre des électrodes de zinc. Un précipité boueux se dépose sur l'électro de position, le courant produisant la coagulation des albuminoïdes qui tiennent les autres matières en suspension. L'oxyde de zinc se combine avec les diverses substances organiques. Le précipité contient un tiers d'oxyde de zinc, mais on ne trouve aucune trace de zinc dans la solution sucrée.

Tannage électrique. — Cette industrie n'ayant pas un grand intérêt agricole, nous n'en dirons que quelques mots. D'ailleurs l'on ne connaît que très peu l'effet produit par le courant sur les peaux; ce qui est certain, cependant, c'est qu'il donne des résultats capables de modifier beaucoup cette industrie. En moins de quatre jours on peut, par ce procédé, tanner une peau qui eût exigé auparavant une macération d'environ 12 mois dans la fosse. L'économie de temps est voisine ainsi de 99 p. 100, et l'économie du prix de revient est d'environ 20 centimes par kilogramme de cuir. La seule tannerie de Boa-Vista (Brésil), complètement installée pour cet usage, peut traiter annuellement 70 millions de kilogrammes de cuir.

Un nouveau procédé vient d'être trouvé ; le courant n'agit pas d'une manière continue sur le liquide tannant, il passe au contraire à des intervalles réguliers. Le liquide tannant se compose d'écorce de chêne, d'essence de térébenthine et de gélatine. La rotation permet le fonctionnement d'un interrupteur formé de lames successives de cuivre et d'ivoire, fixées le long d'un axe cylindrique. Il y a donc dans la cuve employée des alternances dans les passages et les interruptions du courant.

Blanchiment électrique des matières textiles ; composés du chlore. Désinfection des eaux vannes. — Pour préparer les dérivés du chlore, M. Hermitte décompose, par l'électrolyse, une solution de chlorure de magnésium au vingtième. Sous l'action d'un courant électrique qu'on y fait passer, une double décomposition a lieu, en portant à la fois sur les éléments constitutifs du sel en suspension et du liquide dissolvant. Le chlore du sel et l'oxygène de l'eau se portent au *pôle positif* et se combinent pour donner naissance à un composé oxygéné qui paraît être de l'acide hypochloreux, tandis que l'hydrogène et le magnésium, se rendent au *pôle négatif* où le gaz est mis en liberté, pendant que le métal décompose l'eau pour donner naissance à de la magnésie, et que l'hydrogène provenant de cette dernière réaction se dégage.

Ce procédé qui, dans l'idée de son auteur, devait s'appliquer surtout au blanchiment, n'a jusqu'à présent été employé que pour un nombre restreint de matières. C'est sur les pâtes à papier que les meilleurs résultats ont été acquis par la papeterie d'Essonnes qui a mis le plus sérieusement en pratique l'invention de M. Hermitte.

Les *électrodes* sont constituées par un certain nombre de disques en zinc, entre lesquels sont disposées les électrodes positives formées d'une toile de platine encastrée dans des cadres. Toutes les électrodes positives sont reliées à une même tige de cuivre, par l'intermédiaire de petites lames de plomb, et la tige est en communication avec le pôle positif de la machine électrique.

Toutes les électrodes négatives sont reliées avec la cuve à électrolyse qui est en fonte, et le courant, en arrivant par les toiles de platine, traverse le liquide pour se rendre sur le zinc, et de là retourner à une dynamo par l'intermédiaire de la cuve.

Dans ces conditions, la réaction signalée plus haut se produit sous une différence de potentiel de 6 à 7 volts et il est remarquable que le blanchiment de la pâte survient beaucoup plus rapidement qu'avec l'ancienne méthode au chlorure calcique. Probablement qu'en dehors de l'acide hypochloreux, il se produit dans cette réaction des composés beaucoup plus nombreux et surtout plus actifs qui accélèrent la décoloration. D'un autre côté, le chlore à l'état naissant, tel qu'il se rencontre ici, jouit de propriétés beaucoup plus énergiques comme décolorant ; il faut bien admettre qu'on obtient par l'électrolyse des réactions plus complexes qu'on ne pourrait le croire tout d'abord, car certaines *matières textiles* comme le *jute*, qui jusqu'ici était demeuré réfractaire à l'action du chlorure de calcium, se blanchissent parfaitement par le procédé électro-chimique.

Il est évident que, dans ces conditions, l'on a dû chercher à appliquer le procédé Hermitte au blanchiment des fibres textiles, mais ici, certaines difficultés se sont présentées, qui ont retardé un peu la mise en pratique de cette idée. Toutefois, aujourd'hui l'on paraît presque certain de sa parfaite réussite.

La troisième application du procédé Hermitte est la *désinfection des eaux vannes*. Le principe est le même que celui qui a servi de base au blanchiment ; quant au mode opératoire, il n'est qu'une variante du précédent. Seulement, ici, l'électrolyte employé n'est plus le sel magnésien dont le prix d'achat est trop élevé, il a été remplacé par le chlorure de sodium ou sel marin. On craint cependant que ce sel ne se prête pas si bien à l'électrolyse que le précédent.

Procédé Webster pour la désinfection des eaux vannes. — Ici, l'électrolyse du liquide à désinfecter se produit entre des électrodes de fer. Ce métal est dissous et, en se combinant sous forme d'hypochlorite avec les matières en suspension, il les coagule sous forme de flocons. Le liquide est alors écoulé dans un réservoir où les matières ainsi coagulées tombent au fond et, après un certain temps de repos, il peut être décanté. L'infériorité de ce procédé sur celui de M. Hermitte réside précisément dans la nécessité où l'on se trouve de laisser la masse reposer pour la décanter ensuite. Si l'on opère sur une petite échelle, l'inconvénient n'est pas capital, mais si l'on était obligé de traiter de la sorte quelques centaines de mille mètres cubes, il en serait tout autrement.

Quoi qu'il en soit, ces deux procédés sont des points de départ. Les idées qui leur ont servi de bases sont rigoureusement exactes au point de vue théorique, et, avec de l'opiniâtreté et de la persévérance, il n'est pas douteux que leurs auteurs n'arrivent à les modifier et à leur donner une simplicité qui en fera des agents de désinfection très actifs et par conséquent très employés.

Blanchiment et désinfection des fécules. — « Tout à l'Électrolyse ». — Les deux procédés Hermitte et Webster ne sont pas seulement importants par eux-mêmes, mais ils le sont surtout par les applications auxquelles leurs principes donneront lieu. C'est ainsi que déjà on blanchit et on désinfecte les fécules en une seule opération.

Bientôt la stérilisation des eaux d'égout, par l'électricité, deviendra une opération des plus simples et des plus productives pour ceux qui vendront à l'agriculture les résidus de cette électrolysation. Cette opération est appelée à se substituer au fameux *Tout à l'égout,* qui transforme nos rivières en véritables véhicules d'épidémies, empoisonne nos poissons, etc. ; ce système sera remplacé par le *Tout à l'électrolyse.*

A Chelsea déjà, les eaux d'égout s'échappent au travers d'un filtre électrique qui donne les meilleurs résultats ; espérons qu'il en sera bientôt ainsi en amont de Gennevilliers.

Des expériences ont été faites dernièrement au Hâvre, où on électrolyse de l'eau de mer. Ces tentatives, qui ont donné d'assez bons résultats, avaient pour but de produire une eau saine, destinée à être envoyée dans les maisons pour les désinfecter, les assainir, car cette eau, ainsi obtenue, aurait alors la propriété de tuer les germes des maladies contagieuses.

M. Wolf a déjà repris et amélioré le procédé de M. Hermitte, et l'a appliqué aux eaux d'égout de Brewters, ville située à 30 kilomètres de New-York.

L'installation comprend une chaudière, une machine à vapeur de quinze chevaux, actionnant une dynamo de 700 ampères. Près de la dynamo, se trouve un récipient de 4,500 litres, alimenté par un réservoir supérieur de 13 mètres cubes, contenant de l'eau de mer. Trois plaques de cuivre recouvertes de platine constituent les électrodes positives; les électrodes négatives sont formées par quatre autres plaques de charbon, alternées avec les précédentes, de 30 centimètres carrés sur 25 centimètres d'épaisseur.

Quand le courant passe, chlorures, bromures, etc., de l'eau de mer, sont convertis en hypochlorites, hypobromites, etc., devenant alors capables de décomposer et rendre inoffensive toute matière organique avec laquelle ils entrent en contact. L'eau de mer ainsi préparée est dirigée dans les égouts et sert de désinfectant.

Espérons qu'on continuera encore à chercher dans cette voie et qu'on arrivera à perfectionner complètement cette nouvelle application électrolytique, d'un si grand intérêt hygiénique et général.

Purification électrique de l'huile. — On a trouvé, en Amérique, un procédé pour purifier l'huile qui a déjà servi à lubrifier les pièces métalliques. Il consiste à placer dans l'huile deux électrodes, le fond du vase constituant l'électrode négative. Toutes les particules métalliques qui, à cause de leur ténuité, nagent dans le liquide, se déposent au fond du récipient.

Retaillage électrique des outils. — M. A. Personne, de Sennevoy, a trouvé un procédé électrique capable de rendre aux outils le tranchant que ceux-ci perdent nécessairement par le travail, au bout d'un certain temps. On comprend qu'à notre point de vue, cette question a une certaine im-

portance, car elle permettra d'augmenter la durée des instruments agricoles.

On forme une pile à charbon et à eau acidulée, dans laquelle l'outil à retailler constitue l'anode ; le circuit étant
fermé directement entre le charbon et l'outil. Sous l'influence du courant, l'eau se décompose rapidement en ses
éléments qui jouent chacun un rôle tout différent : tandis
que l'oxygène se porte énergiquement au fond de la taille
de l'outil qu'il entame peu à peu, l'hydrogène, à l'état naissant, vient former une buée composée de petites bulles, sur
toutes les parties saillantes qui se trouvent ainsi protégées
contre l'attaque du liquide. Il en résulte, pour chaque dent,
un affûtage parfois supérieur à celui de la main de l'homme ;
on comprend qu'il est préférable à ce dernier, en ce qu'il n'enlève à l'outil que le stricte nécessaire de métal. Ce retaillage,
d'une grande simplicité, peut être installé partout à très
peu de frais. Une seule condition s'impose pour le succès
de cette opération : le retaillage électrique ne doit être
appliqué qu'à des outils de bonne qualité et profondément
trempés.

D'après M. Marelle, on obtiendrait encore un meilleur
résultat en employant un courant extérieur. Des limes bien
décapées sont suspendues aux deux pôles d'une pile sur
deux rangées parallèles, dans un bain d'eau acidulée. Un
commutateur permet de changer le sens du courant. Quand
les limes du pôle positif sont suffisamment attaquées, elles
deviennent blanches et on intervertit le courant ; au bout
de quelques minutes, les limes sont retirées et séchées,
leur retaillage est terminé.

Fabrication de l'acide sulfurique de Nordhausen. —
Cet acide est formé, conme on sait, d'une dissolution de
l'acide anhydre dans l'acide ordinaire. Pour le préparer

électrolytiquement, on soumet l'acide à 66 degrés Baumé, à l'action d'un courant de 0,1 d'ampère ; il se forme, sous son influence : de l'hydrogène, de l'oxygène, de l'acide anhydre, lequel se condense dans des condensateurs placés à la suite.

Préparation de la céruse. — Si l'on met 300 centimètres cubes d'acide azotique dans deux litres d'eau, on forme l'*électrolyte*. Les *anodes* sont formés par des plaques de plomb de 3 millimètres. Si ce métal est argentifère, l'argent se dépose à la *cathode* et peut être séparé ; faisant alors passer un courant d'acide carbonique, il se forme de la *céruse*.

Analyse du lait. — Nous ne ferons que mentionner le procédé électrolytique nouveau qui a été trouvé en Allemagne pour analyser le lait. Il repose sur les différences de résistance que le lait présente, suivant qu'il est additionné de matières graisseuses ou d'eau. Quoiqu'on puisse corriger cette variation de résistance en ajoutant des sels inorganiques, il y a toujours là une difficulté de plus que rencontreraient les falsificateurs.

L'électricité et les conserves de légumes. — Signalons le procédé électrolytique que certains industriels malhonnêtes mettent en pratique dans la fabrication des conserves de légumes ; naturellement, cela n'est pas pour engager à ce qu'on les imite, mais pour qu'au contraire on puisse se mettre en garde contre cette opération, qui a souvent eu lieu, quand on se trouve devant des conserves présentant une belle couleur verte. Voici en quoi cela consiste : pendant l'ébullition du produit dans un vase de cuivre, on fait passer un courant au travers du contenu du vase ; ce dernier, agissant comme *anode*, cède une grande quantité du cuivre dont il est composé. S'il donne au contenu du vase une belle coloration verte, grâce à l'oxyde de cuivre (*vert-de-gris*) qui se forme, on sait qu'il donne en même temps à ce produit alimentaire des propriétés vénéneuses qui ont souvent amené de nombreux empoisonnements.

Stérilisation du lait. — MM. Harlemm et Henry ont trouvé un nouveau procédé pour stériliser le lait, soit en mettant les deux électrodes d'une dynamo dans le lait, soit en faisant passer ce dernier dans un tube contenant des plaques entre lesquelles on fait jaillir des étincelles électriques. Ce procédé serait employé, paraît-il, dans une des grandes sociétés de laiterie qui centralisent à Mantes le lait des pays environnants.

M. Maisonhaute, ayant remarqué que le passage d'un courant électrique dans le lait retarde la fermentation de la crème, a pensé qu'un semblable traitement en favoriserait la conservation. Ses prévisions ont été justifiées, paraît-il, par une nombreuse série d'expériences.

Rouissage du lin par l'électricité. — M. Linot a trouvé un procédé de rouissage électrique reposant sur l'action oxydante de l'oxygène électrolytique, plus ou moins ozoné, sur les principes résineux et albumineux qui existent dans les fibres textiles.

Dans une cuve en bois remplie d'eau chauffée à 30 degrés, on place les textiles de façon à ce que toute la masse constitue l'électrode positive d'une dynamo, ce qui suppose une disposition particulière que nous ne connaissons pas. L'électrode négative est une plaque de cuivre d'une surface proportionnée à celle des textiles à traiter.

Après quelques heures d'électrolyse, la lame de cuivre se recouvre d'un enduit jaune sale, d'une composition voisine des gommes-résines des fibres, sauf, toutefois, que la proportion d'oxygène est un peu plus grande que dans celles-ci.

Le rouissage complet n'exigerait, par ce procédé, que quarante-huit heures.

Analyse chimique par l'électricité. — Grâce à l'emploi de l'électricité, un grand nombre de composés sont analysés par cette voie. L'électrolyse devient, entre les mains des chimistes, un moyen d'analyse fréquemment usité et d'un emploi commode.

A notre point de vue agricole, le *dosage des nitrates par électrolyse* est celui qui nous intéresse le plus. On s'était servi du couple zinc-cuivre de Gladstone et Tribe pour analyser les nitrates. L'acide nitrique est transformé, en présence de ce couple, en ammoniaque qu'on sait très facilement doser.

MM. W. Williams et Blunt avaient même institué une méthode fondée sur l'emploi du couple zinc-cuivre, permettant le dosage de traces de nitrates contenues dans les eaux courantes. (*Journal of Chemical society, 1881 ; Annalyst, 1881.*)

L'*Electro-Techniker* a décrit une nouvelle méthode d'analyse des nitrates, dans laquelle on utilise le matériel ordinaire des dosages électrolytiques. Cette méthode repose, comme la précédente, sur la transformation de l'acide azotique en ammoniaque, en présence d'un sel de cuivre. La solution de nitrate est placée dans le creuset de platine de l'appareil électrolytique avec une quantité suffisante de sulfate de cuivre pur. On acidule par l'acide sulfurique dilué. On électrolyse avec un courant de 1 à 2 centimètres cubes de gaz tonnant par minute ; le cuivre se précipite ; quand le cuivre est entièrement précipité, l'acide nitrique est converti en ammoniaque et il suffit de doser celle-ci dans la liqueur, par les procédés ordinaires.

La quantité de cuivre à ajouter est environ la moitié de ce qu'on présume que la liqueur contient de nitrate.

Acidimètre électrique. — MM. Colette et Demichelle ont imaginé un appareil qui permet de déterminer avec précision le degré d'acidité du jus mis en fermentation. Il se compose d'un couple zinc (non amalgamé) et cuivre, et d'un cadran d'indication. Les deux plaques du couple, maintenues et assemblées par des isolateurs, sont disposées sur des points d'appui dans le fond des cuves ou conduits, où l'on fait circuler le liquide à traiter et dont le renouvellement constant garantit contre les erreurs de polarisation. Le cadran indicateur relié à cette pile est constitué par un galvanomètre horizontal, dont la résistance est proportionnelle aux courants variables qui réagissent sur son index.

Toutes les industries qui reposent sur la fermentation, ayant le plus grand intérêt à connaître le degré d'acidité des moûts et des liqueurs fermentescibles en traitement, et comme, en outre, cet appareil peut fournir des indications à distance, il est appelé à rendre des services signalés. En effet, pour le brasseur, le distillateur et tous les industriels de ces professions, la connaissance du degré d'acidité des jus mis en fermentation a une grosse importance ; particulièrement l'influence du milieu dans lequel la levure est appelée à réagir sur la bonne marche de la fermentation, conséquemment sur le rendement en alcool de bon goût, cette influence étant théoriquement et pratiquement prouvée. Les praticiens constatent que leur fermentation est d'autant meilleure qu'ils s'approchent davantage du degré d'acidité qui, en laissant toute sa vigueur au ferment alcoolique, stérilise ou tue des ferments nuisibles : lactiques, butyriques, etc., etc.

Électrométallurgie. — Nous ne ferons que signaler cette branche de l'électrochimie, à cause de l'avenir certain qui lui est réservé dans l'industrie.

L'électrométallurgie a pour but l'extraction des métaux de leurs minerais, par l'électricité. On traite le minerai de façon à obtenir un sel soluble, puis on l'électrolyse de façon à en précipiter tout le métal, d'après le principe que nous avons donné au début de ce chapitre.

Les lois suivantes expliquent la façon d'après laquelle l'opération doit être conduite, suivant le résultat qu'on veut obtenir.

1° Si l'hydrogène se dégage librement au pôle négatif, le précipité obtenu sera pulvérulent ;

2° Quand le pôle négatif ne produit pas un dégagement d'hydrogène, le dépôt est cristallin ;

3° Le dépôt est métallique, possède toutes les qualités voulues de ductibilité et de malléabilité, si le rapport entre l'intensité du courant et la force de dissolution est tel qu'il n'y ait pas dégagement d'hydrogène, mais que l'on soit aussi près que possible du moment où ce dégagement commencerait à prendre naissance.

Galvanoplastie. — La galvanoplastie, dont nous avons succinctement donné le principe au commencement de ce chapitre, semble n'avoir aucun intérêt agricole ; terminons-le en faisant connaître la façon dont M. Barral s'exprimait dans la conférence qu'il fit, lors de la célèbre exposition d'électricité qui eut lieu à Paris en 1881, pour prouver que l'agriculture ne devait pas rester insensible aux progrès de l'électricité :

« Quelle application agricole trouvez-vous, me dira-t-on, dans la dorure et l'argenture des métaux ? La réponse est facile, c'est que la galvanoplastie, en donnant à bas prix des couverts et des ustensiles propres, faciles à entretenir, chasse devant elle les anciens ustensiles en étain ou en fer d'un entretien difficile, et contribue à inculquer peu à peu aux populations rurales, les notions de propreté et d'hygiène jadis trop méconnues ; le niveau moral s'élève en même temps. En outre, ces coupes d'honneur, ces objets d'art si recherchés aujourd'hui dans les concours agricoles, qui, bien mieux que les médailles, restent dans les familles comme un témoignage d'honneur acquis par le travail, sont dus à la galvanoplastie. Et pourquoi n'ajouterons-nous pas que la galvanoplastie a droit à la reconnaissance de tous les amis du progrès ? Elle a été, en effet, la première application industrielle de l'électricité. Nous avons été témoin des luttes, des difficultés que M. Charles Christofle, fondateur de l'industrie nouvelle, a rencontrées pour féconder l'invention de MM. Elkington et Ruolz, en ce qui concerne l'argenture et la dorure ; puis celle de Jacobi relativement à la galvanoplastie. Depuis le jour où elle a été inventée, en 1842, cette magnifique industrie a pris un tel essor qu'elle consomme aujourd'hui plus de 125,000 kilogrammes d'argent par an, dépassant 25 millions de francs, quantité susceptible de couvrir chaque année plus de 40 hectares en objets argentés. »

CHAPITRE VIII

Condensation électrique des fumées d'usines. — Jusqu'ici, les applications de l'électricité statique sont très peu nombreuses, aussi bien au point de vue agricole qu'au point de vue industriel. Cependant, il existe deux applications de cette électricité spéciale, qui, à elles seules, sont capables de rendre les plus grands services. La première que nous étudierons, sera la condensation des fumées sous l'influence de l'étincelle électrique.

Tout le monde connaît les inconvénients de tous genres que possèdent les fumées d'usines en général, et de certaines industries en particulier. Non seulement ces fumées sont capables parfois d'empêcher toute végétation quelconque à plusieurs kilomètres à la ronde, mais encore elles répandent le plus souvent des odeurs nauséabondes, qu'à Paris et dans les grandes villes tout le monde connaît trop malheureusement ; or, chacun sait que ces odeurs, particulièrement ignobles à certaines époques de l'année, proviennent des gaz et des fumées dégagés par les usines (principalement de produits chimiques) urbaines et même suburbaines. On comprend quels services rendra le procédé qui permettra de faire disparaître, facilement et à très peu de frais, ces inconvénients. C'est encore à l'électricité que nous devrons ce bienfait.

A la suite de recherches faites par Tyndall sur les poussières de l'air, MM. Clark et Lodge ont reconnu qu'un corps dont la température est supérieure à celle du milieu ambiant est enveloppé d'une mince couche d'air, absolument exempte de poussière.

M. Lodge, professeur à Liverpool, eut l'idée d'étudier le phénomène, en employant l'électricité, et il remarqua que les décharges électriques produites, à haute tension, par les machines électriques, avaient la propriété de condenser les poussières ou les fumées de toutes natures, au milieu desquelles on en déterminait la production.

En Angleterre, les résultats obtenus dans la pratique par le procédé indiqué sont, paraît-il, remarquables. On fait arriver, dans des chambres spéciales, les fumées au fur et à mesure qu'elles se produisent, et des étincelles, prenant naissance à des machines électriques assez puissantes, éclatent continuellement. Comme on le voit, le procédé est d'une grande simplicité et fort peu coûteux, d'autant que l'industrie peut souvent tirer encore parti des produits de la condensation.

Il importerait que les usines, dont les fumées présentent des inconvénients quelconques, fussent soumises à une réglementation spéciale par les villes ou les communes avoisinantes.

Purification électrique de l'air. — On vient d'appliquer le principe précédent (précipitation mécanique des poussières) à la purification de l'air d'hôpitaux. De nombreuses expériences ont démontré que les pôles d'une machine d'influence produisent l'agglomération des bactéries flottant dans l'air ambiant, de sorte qu'un appareil Carré, ou tout autre analogue, donnerait un excellent moyen de purifier l'air.

Bluteurs et sasseurs électriques. — Ces applications véritablement agricoles de l'électricité statique sont des plus ingénieuses et des plus intéressantes ; on les doit aux Américains Thomas B. Osborne et Kingsland Smith.

Ces messieurs ont trouvé la première application industrielle de la propriété, que possède l'électricité produite par le frottement de tout corps isolant, d'attirer les corps légers et secs (propriété dont nous avons déjà parlé). Voici le principe de ces appareils, destinés à séparer la farine de toutes ses impuretés.

Des rouleaux en *ébonite* ou en caoutchouc durci tournent avec une vitesse modérée de trente-deux tours à la minute, en frottant, sur une partie de leur surface, contre des morceaux de laine qui jouent le rôle d'excitateurs. Par ce frottement, les rouleaux en caoutchouc qui se trouvent placés au-dessus d'un tamis rempli de farine, s'électrisent et acquièrent la propriété d'attirer les corps les plus légers, (le son en particulier), au fur et à mesure qu'ils se rapprochent de leur surface, en roulant sur un tamis incliné placé en dessous, doué d'un mouvement de va-et-vient assez rapide. Le son entraîné par les rouleaux est rejeté dans des canaux latéraux, d'où il s'écoule au dehors, pendant que les particules farineuses traversent le tamis et tombent en dessous, dans des caisses disposées pour les recevoir.

Le phénomène est dû à ce que le son prend l'électricité positive, tandis que la farine se charge d'électricité négative ; elle ne peut adhérer aux rouleaux, chargés eux-mêmes d'électricité de même nature. On obtient ainsi une purification du son beaucoup plus complète qu'avec les anciens sasseurs mécaniques.

Les petits gruaux sortent purs et séparés des gros gruaux, qui ne passent pas au travers du tamis, mais sont recueillis à son extrémité, après avoir été complètement débarrassés du son avec lequel ils étaient mélangés.

L'opération est donc double : isolement du son et séparation des gros et des petits gruaux. Il en résulte une opération complète et une diminution dans les déchets, c'est-à-dire double profit pour le meunier, le tout avec une très faible dépense de force. L'énergie fournie par les moulins hydrauliques et à vent sera toujours suffisante pour produire l'électricité nécessaire.

En outre, le travail avec ces appareils se fait avec une extrême rapidité; un sasseur de douze rouleaux donne un rendement de 200 à 300 kilogrammes de farine à l'heure. On peut d'ailleurs en établir de plus grands, ayant, par conséquent, un rendement plus considérable. Les prix de ces sasseurs étaient, il y a plusieurs années, de 1,750 fr. pour ceux de douze rouleaux, et de 2,500 fr. pour ceux à vingt-quatre rouleaux. On voit qu'étant donnés les avantages indéniables de ces appareils, leurs prix sont extrêmement faibles, d'autant qu'ils doivent être encore diminués aujourd'hui.

Ces instruments furent construits pour la première fois en 1878. Quelques mois à peine après leur découverte, les meuniers des États-Unis d'Amérique en avaient déjà pris quatre cents. On juge par là du nombre d'appareils qui doivent être employés aujourd'hui. Malheureusement ils ne sont pas très connus en France, et les rares meuniers qui s'en servent ne tiennent pas à ébruiter le secret de leurs blutages économiques.

Dans le siècle de grande production où nous vivons, où tous les peuples cherchent à perfectionner leurs moyens d'action, une invention de ce genre devait être rapidement accueillie par les industriels hardis et intelligents d'Amérique, qui recherchent le progrès avant tout. Quelle supériorité à ce point de vue sur nos concitoyens !

Espérons cependant que cette belle découverte ne restera pas perdue pour la France, car, permettant d'augmenter le rendement dans une notable proportion sans demander une grande dépense, elle accroît le profit du même coup et résout, par conséquent, le problème économique de cette question.

Raffinage du sucre. — Un Américain, M. F. B. Bander, proposa, il y a quelques années, un procédé de raffinage du sucre qui ne donna pas de bons résultats. Le sucre brut était placé dans une machine à action centrifuge, hermétiquement fermée au moyen d'un couvercle que traversaient deux fils conducteurs du courant, dont les extrémités étaient dans l'intérieur de la machine, à une faible distance l'une de l'autre. On introduisait la vapeur dans la machine ; puis, lorsque le sucre était suffisamment humidifié, on fermait le circuit électrique et l'on déterminait la production d'une série d'étincelles ; celles-ci devaient donner naissance à de l'ozone, qui aurait dû amener le raffinage. Le sirop qui résultait de l'action de la vapeur sur le sucre, et qui se trouvait séparé par la force centrifuge, pouvait être mélangé avec du sucre brut frais qu'on soumettait ensuite au même traitement.

Explosion d'une mine par l'étincelle électrique. — Il est des cas en agriculture et dans certaines industries extractives où l'on est obligé de faire sauter des mines, on emploie alors l'étincelle électrique pour allumer l'explosion sans danger. Cette application de l'électricité a été trouvée par M. Trèves, alors lieutenant de vaisseau, qui, en 1860, fit une terrible expérience de la bobine de Ruhmkorff, pendant l'expédition de Chine ; il détruisit le fort de Peï-ho à l'aide d'une étincelle jaillissante entre les deux points de fils conducteurs, en enflammant des tonneaux de dynamite. C'est le même procédé qui est employé aujourd'hui pour l'explosion des mines.

CHAPITRE IX

Définitions. — L'électricité a permis de remplacer la présence constante de l'homme pour la garde de certains objets ou de certains endroits qu'il faut garantir contre les accidents. Grâce à l'électricité, tout en vaquant à d'autres travaux, on peut, maintenant, être prévenu automatiquement de l'approche d'un danger quelconque, même à une très grande distance. Ces appareils de sûreté sont très nombreux, nous ne parlerons que de quelques-uns de ceux qui sont appelés à diminuer ou empêcher certains accidents ruraux.

Avertisseur électrique des fuites de gaz. — On comprend toute l'importance d'un tel appareil, capable de dénoncer automatiquement la naissance d'une fuite de gaz.

Cet appareil, imaginé par M. Exupère, est formé par un réservoir dont le fond se visse sur un raccord à robinet branché sur la canalisation et portant un tube central pour l'arrivée du gaz. Ce tube est coiffé d'une cloche mince à sa partie inférieure ; d'un flotteur servant à maintenir l'équilibre dans la masse liquide contenue dans le réservoir, de manière à ce qu'elle soit soulevée par la pression minima à laquelle sont obligées les compagnies du gaz. Cette cloche est également disposée pour supporter 100 millimètres. Le liquide dans lequel elle plonge est d'une nature quelconque appropriée à l'appareil. Ce liquide (eau, glycérine, mercure, etc.) est introduit dans le réservoir par une ouverture ménagée sur le couvercle, et on règle le niveau au moyen d'un bouchon de trop-plein. La cloche est surmontée d'une tige guidée par un point fixé au couvercle et qui, en s'abaissant, établit le contact entre ce point et une lame flexible qui suit son mouvement. Ce point et cette lame sont les extrémités d'un circuit électrique sur lequel on intercale une sonnerie. Les choses étant ainsi disposées, dès que la pression devient inférieure au minimum ordinaire, la sonnerie annonce la diminution anormale.

Avertisseur de refoulement dans les poêles. — Le nombre des asphyxies, dues à l'oxyde de carbone qui s'échappe des poêles à combustion lente, est aussi grand à la campagne que dans les villes ; en effet, ces instruments, d'une économie reconnue, se répandent de plus en plus à la campagne. C'est pourquoi nous allons décrire un appareil destiné à empêcher tous les accidents de ce genre. Inventé par M. Perrin, il est destiné à avertir quand le poêle *refoule,* c'est-à-dire quand les gaz, provenant de la combustion du charbon, entrent dans la pièce au lieu de s'échapper au dehors par le tuyau. Quand ce phénomène se produit, cela tient à ce que la pression dans ce tuyau et dans le poêle lui-même est au moins égale ou supérieure à la pression atmosphérique dans la pièce chauffée. C'est sur ce principe qu'est basé l'*avertisseur*.

Il est disposé sur une plaque en bois et partagé, dans le sens de son épaisseur, en deux récipients, par un diaphragme en taffetas ou en caoutchouc (parallèle à ses faces plates) bien tendu et bien élastique. Le récipient qui est d'un côté du diaphragme, soit par derrière, est en communication par un tuyau métallique avec l'intérieur du poêle ; par conséquent, sur sa face postérieure, le diaphragme est sous l'influence de la pression ou de la dépression atmosphérique qui se fait sentir à l'intérieur de ce poêle et du conduit de la cheminée. L'autre récipient a sa paroi antérieure percée de petits trous ; par conséquent, la pression atmosphérique s'y exerce librement sur la face antérieure du diaphragme.

Du côté antérieur, ce diaphragme porte en son centre une paillette de platine réunie par une lame métallique au pôle d'une pile ; vis-à-vis de la paillette et au centre de la paroi intérieure du récipient antérieur, se trouve une pointe métallique soudée sur une lame élastique qu'on peut soulever plus ou moins ; ce contact est, par cette lame, mis en communication avec l'autre pôle de la pile, une sonnerie électrique étant d'ailleurs disposée sur le circuit. Si le diaphragme est convexe vers le récipient postérieur, il est évident qu'il n'y a pas contact et, par suite, pas de sonnerie ; si, au contraire, il prend la position inverse, le contact s'établit entre la paillette et la pointe métallique, la sonnerie résonne.

Il faut procéder, lors de son application, à un réglage. On y parvient, en soulevant la lame qui porte la pointe de contact, jusqu'à toucher la paillette de platine, le tuyau de communication étant enlevé du poêle, c'est-à-dire que les deux récipients communiquent avec l'air atmosphérique et la pièce à chauffer.

Avec cet appareil, du moment où la pression du gaz est au moins égale à celle de la chambre, il se produit une sonnerie au moment où il n'y a plus de tirage, *a fortiori,* quand il y a refoulement. Un simple coup de vent peut donner un petit coup de timbre, mais si la sonnerie se prolonge, c'est qu'il y a danger.

Cette invention précieuse ne nécessite qu'une disposition rudimentaire qui peut facilement être masquée ; la pile nécessaire n'est pas une complication, puisqu'il existe maintenant partout des sonneries électriques déjà installées.

Avertisseurs d'incendie. Tubes révélateurs de température et différents avertisseurs. — Ces appareils, construits par M. Charpentier, sont fort ingénieux. L'appareil *avertisseur d'incendie* consiste en deux fils conducteurs ordinaires en cuivre séparés l'un de l'autre par une substance isolante et, en outre, d'un troisième fil d'étain, le tout renfermé dans la même enveloppe de manière à former une sorte de petit câble unique. Ces fils peuvent être disposés partout, dans les fermes, les greniers, les granges, les meules, etc. Si le feu prend à l'un d'entre eux, dès qu'il atteint le câble avertisseur, l'étain fond et établit le contact entre les deux fils conducteurs. Dès lors, le courant est formé et une sonnerie reliée aux fils se fait entendre jusqu'à ce que le feu ait été éteint. Quant au *révélateur de température,* sa construction est basée sur la différence de dilatation linéaire des métaux, par exemple du fer et du cuivre. Une colonne de fer sert d'enveloppe, dans laquelle entre un tube de cuivre ; la partie supérieure de celui-ci sert de talon pour le levier d'un mouvement d'horlogerie, faisant mouvoir une aiguille autour d'un cadran. Si la colonne en fer est placée au milieu d'une masse susceptible de s'échauffer lorsque la température s'élève, le cuivre se dilate plus que le fer et il agit sur l'aiguille du cadran, dont les mouvements indiquent les variations de chaleur. Si l'on veut être prévenu du moment où un certain degré de chaleur est atteint, on place un arrêt sur le cadran, et l'aiguille, en y arrivant, établit le contact et fait marcher la sonnerie. M. Charpentier a construit, d'après le même principe, des *boules indicatrices* ainsi que des *sondes* pour constater la *température intérieure des meules et des fu-*

miers. Ses appareils peuvent rendre des services très sérieux dans les fermes. Son système peut être employé pour tous les *signaux* ordinaires ; d'ailleurs, on ne saurait trop insister sur l'intérêt qu'ont les agriculteurs à communiquer par des fils électriques ou téléphoniques avec les diverses parties de leurs exploitations.

On pourrait faire des thermomètres *avertisseurs de fièvre* pour les hôpitaux, qui annonceraient automatiquement l'état dangereux d'un malade, quand sa température atteindrait un certain degré.

Les *avertisseurs de chasse* pour faisanderies et trébuchets, reposent sur le même principe.

Avertisseur d'inondation. — L'avertisseur d'inondation est un appareil dû à M. Chapuis. Il consiste en un petit flotteur en liège, mobile dans une bague, et dont l'axe est traversé par une tige de cuivre, de telle sorte qu'en baissant ou en montant, il rompt ou fait naître le courant passant dans deux fils qui se terminent à une sonnerie placée à la ferme. Si l'on fixe cette bague sur un pieu enfoncé en terre au bord d'une rivière, en l'ajustant à la hauteur où l'eau peut devenir dangereuse, on sera prévenu par la sonnerie de la ferme, quand l'eau aura atteint ce niveau. En effet, en arrivant au flotteur, l'eau le soulève et le courant est fermé, de telle sorte que la sonnerie se fait entendre sans intermittence.

Ce flotteur électrique trouvera son emploi dans les *canaux d'irrigation* pour avertir les usagers que leur tour est venu d'avoir l'eau ou bien qu'elle leur est retirée.

Cet appareil peut d'ailleurs servir pour le *transvasement des liquides ;* on place le flotteur dans la cuve ou dans la barrique à la hauteur que le liquide ne doit pas dépasser, et la sonnerie prévient dès que le niveau est atteint. De même il peut servir à faire connaître quand la cuve se vide.

L'avertisseur électrique de l'*approche des trains*, qui rend tant de services, est basé sur un principe semblable.

Avertisseur de température dans les laboratoires. — M. Barille a proposé dernièrement à l'Académie des sciences un appareil pratique et exact modifiant avantageusement pour la surveillance de la température dans les étuves de laboratoire, les différents systèmes d'avertisseurs déjà connus. L'échelle varie de 0 à 200 degrés.

Cet appareil, doué d'une grande sensibilité, peut être employé aussi avantageusement pour les températures peu élevées nécessaires en bactériologie, que pour les températures plus hautes requises dans les opérations courantes du laboratoire ou de l'industrie. Si l'on veut s'en servir pour une enceinte fermée, de petite capacité, ou le placer comme contrôle dans une autoclave, on peut faire un modèle moins long dont les points extrêmes soient compris entre 100 et 180 degrés par exemple.

En le graduant en dixièmes de degré de 30 à 45 degrés, il pourrait servir de thermomètre médical.

Dans les laboratoires, cet appareil peut rendre de grands services en avertissant automatiquement l'opérateur du degré de température atteint, ou en obligeant ses aides à une surveillance constante.

Armoire à poisons. — M. Kübler a présenté dernièrement, à la Société électrotechnique de Francfort, une armoire à poisons dont le but est d'empêcher les erreurs dans les manipulations de substances vénéneuses. Les flacons sont disposés dans des compartiments, chacun derrière un voyant qui ne peut tomber que si l'on manœuvre un contact placé sous lui. La disposition électrique est telle qu'il ne peut jamais y avoir qu'un seul compartiment ouvert; d'autre part, une sonnerie tinte jusqu'à ce que le flacon soit remis à sa place. L'inventeur espère rendre ainsi impossible toute négligence ou imprudence de la part des élèves qui manipulent des poisons.

Indicateur automatique de température. — Une maison de Stettin construit des appareils destinés à indiquer automatiquement la température et à prévenir les incendies. Le fonctionnement de ces appareils repose sur le principe de la dilatation de l'air dans une capacité fermée. L'air se trouve renfermé d'une façon automatique dans une petite boîte cylindrique en nickel. Le fond, ainsi que les parois de la boîte, sont en métal plus épais que le couvercle, formé d'une membrane très mince en métal. Lorsque la température s'élève, l'air se dilate, et le couvercle prend la forme d'une calotte sphérique. Au centre du couvercle se trouve une plaquette en platine qui, lorsque l'air se dilate, vient buter contre une vis et établit un contact électrique relié avec une sonnerie. La dilatation de l'air est exactement proportionnelle à la flèche du couvercle de la boîte.

Avertisseur d'oxyde de carbone dans l'air. — M. Rasme a perfectionné un nouveau procédé pour indiquer la présence de l'oxyde de carbone dans l'air.

Deux plaques métalliques fixées aux deux pôles d'une pile sont disposées pour mettre en action une sonnette d'alarme lorsqu'elles arrivent à se toucher. L'une de ces plaques est suspendue verticalement au-dessus de l'autre à laquelle on a donné la position horizontale. Elle est tenue en l'air par un fil de coton qui se brûle aussitôt que l'atmosphère contient des traces d'oxyde de carbone.

Pour obtenir cet effet, on enferme le fil dans une enveloppe de mousseline saupoudrée de noir de platine.

Chaîne de sûreté électrique. — C'est une chaîne identique à celle employée ordinairement pour augmenter la fermeture des portes d'entrée, mais son avantage consiste à pouvoir être défaite à distance au moyen de l'électricité en pressant simplement sur un bouton placé où l'on veut. Cet appareil est porté par une platine métallique qui sert à le fixer à l'endroit où il doit fonctionner. Dans une sorte de boîte se trouve un petit chariot sollicité par un ressort à boudin. Quand la chaîne est mise, l'extrémité pénètre dans ce chariot; ce dernier, quand le circuit est fermé, se met en mouvement par un déclanchement du ressort en imprimant en même temps à la chaîne le mouvement qui lui est nécessaire pour se détacher.

Frein électrique. — Les freins électriques sont assez nombreux. La compagnie du chemin de fer de *London and North-Western* vient d'en expérimenter un, dont l'action est différente de celle des autres, car l'effort, au lieu d'être appliqué à la périphérie des roues, s'exerce sur un disque en fer monté sur leur surface intérieure. Les expériences faites sur des voitures marchant avec des vitesses de 50 à 65 kilomètres par heure sont satisfaisantes, car l'arrêt s'est produit presque sans oscillations ni secousses. Le frein Achard, employé à la compagnie du Nord, est un frein électrique.

Préservateur contre la putréfaction des viandes. — C'est à M. Menuisier qu'on doit cet appareil, dont le principe repose sur la faculté que l'ozone a de préserver ou de retarder toutes les décompositions en temps d'orage. Dans cet appareil, l'*électricité* sert donc à fabriquer l'ozone nécessaire, par le procédé dont nous avons déjà parlé, et à relier l'enceinte qui renferme les viandes à un thermomètre avertisseur, dont le rôle est d'ouvrir une porte ou soupape lorsque la température est arrivée à un certain degré ; c'est par cette ouverture que l'ozone pénètre dans l'appareil.

Distillation à avertisseur électrique. — MM. Claudon, Morin et Wiesnegg ont fait un avertisseur électrique très ingénieux, pour les appareils à distillation fractionnée, capable d'annoncer lui-même la fin de l'opération distillatoire.

Protection électrique d'une ferme. — On a terminé dernièrement, dans le Texas occidental, une installation agricole, véritable modèle du genre. On y a appliqué l'électricité à la protection d'une ferme placée au centre d'un pâturage de 50,000 hectares complètement enclos de palissades. Cette immense enceinte a deux cents portes. Aucune de ces issues ne peut être ouverte, sans qu'un signal d'alarme soit immédiatement donné à la ferme. Il y a en outre à chaque station un téléphone, placé sous clef, dont les bergers peuvent se servir pour communiquer instantanément avec la station centrale.

Paragelée. — La *gelée* est un fléau redoutable surtout pour les viticulteurs. On sait la cause des gelées printanières : quand le soleil a disparu sous l'horizon dans un ciel pur, les corps à la surface de la terre perdent (par *rayonnement* vers les espaces célestes) la chaleur solaire absorbée le jour, plus vite que le sol lui-même. La température des corps s'abaissant, ceux-ci refroidissent en même temps l'air en contact avec eux, et la vapeur d'eau contenue dans cet air s'y condense et forme la *rosée*. Quand il ne survient pas de nuage capable d'arrêter ce *rayonnement*, la température des objets peut tomber au dessous de 0° et la *rosée* se prend en *gelée blanche*. Le *paragelée*[1] est donc destiné

---

1. Dans une ou plusieurs directions, sont disposés des fils de fer soutenus par des piquets. A chaque piquet placé à distance voulue, on dispose un foyer formé de matières combustibles pouvant produire des fu-

à faire naître un nuage de fumée quand la température des corps approche de 0°.

L'électricité et la pêche à la ligne. — Nous terminerons ce chapitre en décrivant un *avertisseur* ingénieux, qui va mettre en liesse cette catégorie si intéressante d'individus, dont la patience est devenue proverbiale. Nous voulons parler des pêcheurs à la ligne.

Le fil de soie de la ligne renferme deux petits fils de cuivre isolés, qui aboutissent d'une part au bouchon et de l'autre au manche de la gaule; près de celle-ci se trouve disposée, avec une bobine d'induction, une pile excessivement petite et peu embarrassante, qui peut être mise au besoin dans la poche. Le bouchon porte deux pièces métalliques en relation avec les fils; aussitôt que le poisson exerce une traction sur le bouchon, les deux pièces métalliques viennent en contact et le courant passe; le pêcheur reçoit alors dans la main une petite titillation. C'est le signal attendu. Le poisson *mord*. On peut même disposer une sonnerie qui résonne chaque fois que le poisson tire l'hameçon.

Suivant le joli mot de M. de Parville : « Obliger un poisson qui vient mordre à l'hameçon d'annoncer lui-même qu'il est pris, c'est le comble de la pêche à la ligne ! »

---

mées épaisses. Ces foyers sont protégés des intempéries par un cône en tôle. Au premier piquet est une boîte renfermant une pile sèche. Les deux pôles de cette pile sont mis en communication, quand un thermomètre, placé dans la boîte, descend à 0°. Lorsque le contact a lieu, il fait déclancher un petit poids qui, en tombant, actionne un ressort. Ce ressort vient frapper sur une amorce qui met le feu à la mèche d'une première fusée, qui file rapidement le long du fil de fer jusqu'au second poteau; là, elle enflamme deux autres fusées : l'une qui se dirige vers la terre et met le feu au foyer, l'autre qui se meut rapidement jusqu'au troisième piquet où les dispositions sont les mêmes. Le second poste s'allume et une fusée va produire au troisième piquet les mêmes effets qu'aux deux premiers, et ainsi de suite. L'allumage se fait ainsi automatiquement et beaucoup plus économiquement, sous tous les rapports, qu'à la main.

CHAPITRE X

Scie électrique. — Nous avons déjà parlé du phénomène calorifique qui se manifeste, lorsqu'un *circuit* est fermé par un fil de platine ; celui-ci s'échauffe jusqu'au rouge cerise.

L'appareil en question se compose de deux fortes tringles en cuivre ou en laiton, montées verticalement sur support en matière isolante.

Entre leurs extrémités supérieures, on tend un fil de platine, qui ne doit pas être trop mince.

L'appareil étant relié aux deux pôles d'une batterie de quatre éléments Bunsen et le circuit fermé, le fil de platine est porté au rouge cerise et fend alors très facilement les bois les plus durs ; il peut, d'ailleurs, porter en outre des dents de scie.

Malheureusement pour ce procédé, le fil de platine est exposé à se rompre ; aussi a-t-on proposé de le remplacer par un fil d'acier platinisé. Ce fil de platine serait préparé alors, en soumettant le fil d'acier à l'action d'un faible courant électrique, tandis qu'il serait plongé dans une solution de chlorure de platine dans l'éther.

Forges et cautères électriques. — Le forgeage électrique est basé sur le même principe thermo-électrique. En mettant les barres de fer à forger à la place du fil de platine dans le circuit précédent, et en y faisant passer de forts courants alternatifs, ces barres peuvent être échauffées au rouge blanc. On comprend tous les avantages d'un pareil mode de forgeage. C'est certainement le principe de la forge de l'avenir.

Le nombre des applications chirurgicales et médicales de l'électricité est immense; là, comme dans tout, l'électricité nous ménage des choses surprenantes. Nous ne pouvons parler de toutes ces applications spéciales, quoique cependant quelques-unes d'entre elles soient très simples et puissent rendre de grands services dans la vie rurale. C'est ainsi que le cautère électrique, instrument d'une rare simplicité, peut être très utile dans une exploitation agricole, soit pour soigner une plaie, cautériser une morsure, appliquer les pointes de feu à des hommes ou des animaux, etc.

Le principe est le même que celui des applications précédentes. On fait rougir une aiguille de platine par l'action d'un courant; on promène alors cette aiguille sur les lèvres de la plaie et celle-ci se trouve ainsi parfaitement cautérisée en une demi-seconde; en outre, on évite aussi une longue douleur au patient.

Calorifère électrique. — Un calorifère de forme portative est constitué, en principe, par un fil de cuivre en zigzag noyé dans un émail, appliqué contre une plaque de tôle garnie de petites saillies en forme de têtes de clous arrondis. Le fil noyé dans l'émail se trouve ainsi efficacement protégé de tout choc mécanique et de tout contact; il peut être porté, sans détérioration, à une température assez élevée. Le but des bosses réparties sur la plaque de tôle est de faciliter la circulation de l'air et surtout d'éviter qu'on puisse toucher à la plaque (chauffée à un assez haut degré) autrement que par des points en saillie mieux soumis au refroidissement, et d'épargner ainsi des brûlures aux imprudents ou aux maladroits qui saisiraient la plaque avec les doigts.

Chauffage électrique des serres. — M. Gustave Olivet, de Genève, vient de mettre au jour un nouveau système de chauffage électrique, appliqué aux serres. Ce procédé peut rendre de très grands services toutes les fois qu'on a à sa disposition une force motrice quelconque. Voici comment la chaleur est produite : une machine dynamo, pouvant être actionnée par un moteur quelconque, envoie le courant dans des sortes de récepteurs d'une composition métallique spéciale, s'échauffant rapidement sans cependant dépasser une certaine température ; il s'établit bientôt un courant d'air qui vient se chauffer au contact de l'appareil, comme dans le système du chauffage à la vapeur. Les avantages du système sont : 1° absence de tout dégagement de gaz anti-hygiénique ou de toute vapeur pouvant avoir une mauvaise influence sur les plantes ; 2° facilités d'installation des conduites, qui sont de simples fils transmettant l'énergie électrique ; 3° sécurité complète à tout point de vue : chaleur toujours égale pouvant être réglée à volonté ; 4° commodité et rapidité d'allumage, celui-ci s'effectuant à la simple manœuvre d'un commutateur, ainsi que l'extinction ; 5° propreté absolue ne nécessitant pas de soin ; 6° enfin, cet appareil est transportable et peut se disposer d'une façon quelconque dans toutes les positions, sans aucun risque, même au milieu de meubles et tentures, aussi pourrait-il servir pour chauffer les maisons et les appartements.

Poêles thermo-électriques. — M. Giraud vient d'imaginer un poêle destiné à la fois à la production simultanée du chauffage et de l'éclairage.

Les gaz résultant de la combustion du coke s'échappent verticalement dans une enveloppe cylindrique et redescendent dans une seconde enveloppe concentrique à la première, avant de se rendre à la cheminée. Cette deuxième disposition a pour but d'éviter les coups de feu et d'égaliser la température à laquelle sont portées les soudures chaudes. Les gaz chauds arrivent au contact d'une série de boîtes rectangulaires en tôle de fer emboutie, constituant une sorte de ruche dans laquelle viennent se loger les éléments thermo-électriques. Ceux-ci, au nombre d'environ sept cents, sont constitués par des couples de nickel, ou de fer-blanc et d'alliage à base de zinc et antimoine, additionné de certains métaux en petite quantité, dans le but d'augmenter la résistance mécanique des éléments et de retarder leur fusion. Emboîtés dans des alvéoles en tôle emboutie, ces éléments en sont isolés électriquement par une enveloppe en amiante. Le refroidissement est produit : d'une part, par des ailettes ; de l'autre, par la circulation d'air entre les diverses parties. Les sept cents éléments sont tous montés en tension et donnent sensiblement la même puissance utile maxima, quand on emploie le nickel ou le fer-blanc. La force électro-motrice est d'environ 40 volts à pleine marche et l'intensité en court circuit, de 4 ampères. Dans les conditions de puissance utile maxima, les seules dans lesquelles on puisse se placer avec les piles thermo-électriques, puisque la consommation du combustible est indépendante de la production de la pile, le débit utile est de 40 watts, correspondant environ à un kilowatt-heure par jour, pour la marche continue.

La consommation du combustible correspondant à cette allure est d'environ 28 kilogr. de coke par jour. Le combustible pesant 37 kilogr. par hectolitre, valant 2 fr., le kilowatt-heure ainsi produit revient à 1 fr. 50 c., prix exactement égal au maximum de celui que demandent les stations centrales d'électricité à Paris.

Il existe un appareil de chauffage consistant en une série

de bobines d'induction dans la forme de quatre montants en fer. Ces quatre montants, constitués par des feuilles de tôle minces superposées, forment les noyaux d'autant de transformateurs secondaires. Le fil primaire est gros, pour diminuer la résistance ; le fil secondaire est fermé sur lui-même. Toute l'énergie absorbée par ce fil secondaire est transformée en chaleur. Cet appareil absorbe un courant de 5 à 6 ampères, avec une force électromotrice de 100 volts ; ce courant est transformé dans un courant de 0,0017 volt et 2,300 à 3,000 ampères.

Enfin, un mode ingénieux de chauffage de pièces par l'électricité vient d'être trouvé. Une espèce de papier, spécialement préparé, serait appliqué sur les murs. Dans ce papier, des courants d'une faible force électro-motrice suffiraient pour élever la température et répandre dans toute la chambre un degré de chaleur agréable, sans qu'il soit cependant trop chaud à la main.

Incubation artificielle. — **Mirage des œufs.** — **Gaveuse.** — L'incubation artificielle a pour but, comme chacun sait, de soumettre dans des boîtes spéciales les œufs à une chaleur analogue à celle de la poule couveuse et à les faire éclore sans l'intervention de celle-ci ; pour obtenir cette chaleur, on a généralement recours à l'eau chaude. MM. Roulier et Arnoult ont imaginé d'entretenir la température de l'eau par l'électricité, au moyen de plusieurs fils de platine réunis dans une chambre isolée dans l'intérieur même du réservoir à eau, et communiquant à deux piles qui font rougir ces fils ; la chaleur est régularisée par des commutateurs. En outre, un thermomètre avertisseur électrique prévient dès que la température intérieure des tiroirs dépasse le degré voulu.

L'électricité joue son rôle aussi dans le *mirage des œufs*.

Derrière chacune des cuvettes en cuivre sur lesquélles les œufs sont placés, un fil de platine à torsion est rougi par l'action d'une pile ; l'œuf devient alors aussi transparent que lorsqu'il est placé devant des lampes généralement employées à cet usage.

Dans les *appareils d'incubation,* M. Fremond a disposé son thermomètre-avertisseur de façon à ce que, lorsque celui-ci est arrivé à la température de 40 degrés, qu'il s'agit de ne pas dépasser, le contact entre le mercure du thermomètre et un fil métallique a lieu ; ce contact permet à une soupape de s'ouvrir pour laisser passer de l'air froid par le bas ; dès que la température est redescendue, le contact cesse et la soupape retombe.

Enfin, M. Fremond a construit en même temps des *gaveuses* à volailles, dont la manœuvre est accélérée par des appareils électriques.

Fer à repasser électrique. — Ce fer est appelé, dans un avenir plus ou moins éloigné, à sauver notre linge des maladresses et imprudences des blanchisseuses, en donnant au fer une température réglée une fois pour toutes et qu'il ne pourra jamais dépasser. De pareilles blanchisseries sont installées en Amérique ; le travail est plus rapide , plus continu, plus régulier et utilise pendant le jour le matériel et la canalisation d'usines centrales de distribution installées pour le service de l'éclairage électrique pendant la nuit.

Différentes applications des courants thermo-électriques. Cuisine à l'électricité. — Ces courants servent encore à *chauffer des tramways électriques* en Amérique, lesquels utilisent directement pour ce chauffage une partie de l'électricité destinée à les mettre en mouvement. Cette chaleur électrique est employée aussi pour échauffer des *fers à friser,* des *réchauds,* des *bouillottes,* etc.

Dans quelques années, nous trouverons des prises de courant, installées dans toutes les pièces d'une maison, en vue des mille et un petits services que l'énergie électrique pourra rendre : pour *bassiner* les lits en hiver au moment voulu, pour *ventiler* les chambres en été, pour *chauffer l'eau de la toilette,* de la barbe. A l'office, elle actionnera la *machine à coudre,* la machine à *faire les couteaux,* à *cirer* les chaussures, à *moudre* le café, à *battre* les œufs, à actionner l'*ascenseur,* le *monte-charge ;* à faire la cuisine, à cuire des œufs, faire du bouillon chaud, du café, du thé, etc. En Amérique, il existe une *marmite* destinée à chauffer de l'eau, déjà fort en usage ; elle est à double paroi et le courant électrique circule dans des fils enroulés dans l'enveloppe ; une substance mauvaise conductrice empêche que la chaleur ne se perde au dehors.

Il paraît que ces appareils vont être installés dans de grandes maisons en construction dans le West-End, où l'on avait l'intention d'employer le gaz, comme on le fait jusqu'à présent. On ajoute même que les compagnies d'électricité vont imiter leurs rivales et abaisser le prix du courant destiné à être employé sous forme de chaleur.

Enfin, l'électricité sert aussi à chauffer, en Angleterre, des *cuillers* destinées à agiter les grogs et, par conséquent, à maintenir ceux-ci à la température désirée ; elle sert à élever la température de chaufferettes, etc., etc.

A l'exposition d'électricité du Cristal-Palace, M. Crompton avait installé, l'année dernière, une série d'appareils de cuisine, et chaque jour M. Dowsing faisait, avec le concours d'un cordon bleu, une série de conférences sur l'art de *cuisiner à l'électricité,* où l'on dégustait des mets ainsi préparés avec le plus grand succès.

Dans l'état actuel et dans un grand nombre de cas, il ne

serait naturellement pas encore économique de vouloir utiliser l'électricité comme agent général de chauffage, car en évaluant l'énergie électrique entre 0 fr. 70 c. et 1 fr. 50 c. le *kilowatt-heure,* on obtiendrait ce chauffage à un prix beaucoup plus élevé qu'avec les autres combustibles ; cependant, ce prix élevé n'est pas *prohibitif* dans tous les cas, eu égard aux qualités de cette chaleur. En effet, on sait qu'elle peut se régler en quantité et qualité avec grande facilité ; elle peut se produire instantanément au sein même de l'enceinte ou du milieu à chauffer, par la simple manœuvre d'un interrupteur ; elle ne dégage ni fumée, ni odeur, ni vapeur, ni poussière ; en outre, dans les autres modes de chauffage, on ne peut jamais utiliser toute la chaleur produite ; rien que cette meilleure utilisation vient presque compenser le prix le plus élevé. Enfin, aucun accident ne peut être à craindre.

Quant aux cas où l'on peut utiliser une force naturelle quelconque, on comprend que ce mode de chauffage est le plus économique de tous (pour les raisons que nous avons données pour la production du travail et que nous donnerons pour la production de la lumière), puisque la source même en est gratuite.

On voit donc qu'il ne faut plus rejeter systématiquement le chauffage électrique dans tous les cas, et qu'il convient, au contraire, d'en envisager, dès à présent, les applications possibles et immédiates.

IIIᵉ PARTIE

ÉLECTRO CULTURE

CHAPITRE Iᵉʳ

INTRODUCTION

Définition. — Certains savants donnent à tort, à notre avis, le nom d'*électro culture* à l'action générale de l'électricité appliquée à l'agriculture. S'il en était ainsi, le titre de notre livre devrait être *électro culture*.

Bien que nous l'eussions préféré au nôtre à cause de sa brièveté, nous ne l'avons pas pris cependant, jugeant qu'il n'est pas exact. Littéralement, en effet, il doit signifier : *électricité appliquée à la culture ;* or, cette dernière n'est qu'une partie, peut-être la plus intéressante il est vrai, mais n'est qu'une partie de cette science naturelle si vaste, si étendue, qu'on nomme l'agriculture.

En outre, dans une étude comme celle que nous avons entreprise, il est impossible de passer sous silence la *lumière électrique ;* or, celle-ci ne peut être considérée, à proprement parler, comme de l'électricité, puisqu'elle n'en est elle-même qu'une manifestation particulière.

Telles sont donc les raisons qui ont déterminé le choix de

notre titre général et qui nous ont fait intituler *électro culture* cette partie spéciale de notre ouvrage, où nous n'étudierons que l'action de l'électricité sur les végétaux.

Enfin, comme nous l'avons déjà dit, si nous n'avons pas procédé immédiatement à cette étude, après celle de l'électricité atmosphérique, c'est que nous avons pensé que les quelques définitions et expositions données dans la seconde partie pouvaient être utiles à la compréhension de celle-ci.

Historique. — Bien que l'*électro culture* soit une science relativement encore à l'état embryonnaire, elle n'est cependant pas nouvelle.

Depuis fort longtemps, l'action bienfaisante de l'électricité en agriculture fut observée. Les anciens remarquaient qu'après des manifestations d'électricité atmosphérique, comme les orages, non seulement la végétation recevait une vive poussée, mais encore l'éclosion des œufs d'oiseaux paraissait beaucoup plus grande.

Déjà, au siècle dernier, plusieurs savants entreprirent, dans différents pays, des expériences relatives à la recherche de l'action bienfaisance de l'électricité sur les plantes. Si cette science est restée dans un état longtemps stationnaire, c'est qu'on ne possédait pas les moyens d'action actuels, et que l'électricité elle-même était encore mal connue, *a fortiori* ses applications.

Les premiers expérimentateurs dignes d'être cités furent, au siècle dernier : l'abbé Nollet, Le Mosnier, Achard, l'abbé Minon, l'abbé Bertholon, Duhamel du Monceau, d'Ornoy, Rouland, en France ; Jolabert, à Genève ; Boze, à Wittemberg ; Nuneberg et l'abbé Menou, à Stuttgard ; Pardini, à Turin ; von Carnoy et van Marum, en Hollande ; Maimbray et Ingenhousz, en Angleterre, etc.

Nous rappellerons en peu de mots les travaux de quelques-uns d'entre eux. Ce fut probablement Maimbray, en 1746, qui fit à Édimbourg la première tentative.

L'abbé Nollet faisait paraître, en 1749, un ouvrage intitulé : *Recherches sur les causes particulières des phénomènes électriques et sur les effets nuisibles ou avantageux qu'on peut en attendre;* il est partagé en cinq parties, mais les deux dernières seulement peuvent avoir un intérêt à notre point de vue agricole. Il reconnut que l'électricité concourt à faire évaporer tous les liquides ; l'électricité contribuerait donc à l'évaporation de l'humidité du sol. Dans la première partie, nous avons déjà dit que ses expériences le conduisirent à constater que l'électricité diminue le poids des animaux soumis à son action. Tous les corps subiraient d'ailleurs cette diminution de poids. Il montra le premier, d'une façon vraiment expérimentale et scientifique, l'action heureuse de l'électricité sur la germination des graines et la végétation des plantes. Nous reviendrons d'ailleurs sur ses expériences en temps et lieu. Il reconnut, en outre, la conductibilité de l'électricité dans les végétaux ; c'est lui, enfin, qui eut avant tout autre l'intuition de la cause bienfaisante de l'électricité sur les plantes : montrant expérimentalement que, dans les conditions ordinaires, l'écoulement des liquides se fait lentement et d'une façon discontinue dans les tubes capillaires, et que cet écoulement devient continu et par conséquent plus rapide, quand on électrise ces tubes. La sève aurait donc dans les végétaux, sous cette action électrique, une plus grande vitesse ascensionnelle, car les plantes peuvent être regardées comme des paquets de tubes capillaires.

Duhamel de Monceau entrevoit, le premier, l'influence de *l'électricité naturelle,* c'est-à-dire de l'électricité atmosphérique sur la végétation. Voici d'ailleurs ce qu'il écrivait à ce sujet dans son livre intitulé *Physique des arbres :*

« Les circonstances qui me paraissent les plus favorables à la végétation sont quand, après une pluie assez abondante, il survient un temps couvert, accompagné d'un air chaud et disposé à l'orage ; en un mot, de cette disposition de l'air qu'on appelle communément *lourd,* pesant, parce qu'alors on a peine à supporter le travail.

« Dans une pareille circonstance où les vapeurs s'élevaient en si grande abondance que la terre paraissait fumer, je m'avisai de mesurer un brin de froment épié et je trouvai qu'en trois fois vingt-quatre heures il s'était allongé de plus de trois pouces ; dans le même temps, un brin de seigle s'allongea de six pouces et un sarment de vigne de près de deux pieds.

« Toutes les observations que je viens de rapporter prouvent, ce me semble, très bien, que la chaleur, jointe à l'humidité, est très favorable à la végétation ; néanmoins, la réunion de ces deux principes ne suffit pas encore, car, lorsque, dans les étés chauds et secs, on arrose les plantes des potagers, on empêche à la vérité qu'elles ne meurent, on les met en état de faire quelques progrès ; mais elles ne végètent jamais avec autant de force que quand elles reçoivent l'humidité des pluies ; bien plus, j'ai aperçu très sensiblement que les arrosements étaient bien plus avantageux aux plantes quand on les faisait lorsque le temps était disposé à l'orage que quand il était beau et serein. »

En 1783, l'abbé Bertholon faisait paraître, chez Didot jeune, un ouvrage intitulé : *De l'électricité sur les végétaux*[1].

------

[1]. Dans cet ouvrage, l'auteur traite : de l'électricité de l'atmosphère sur les plantes, de ses effets sur l'économie des végétaux, de leurs vertus

Ce livre, des plus intéressants, contient presque tous les principes de l'*électro culture* proprement dite, c'est-à-dire l'action de l'électricité sur la culture.

Si l'histoire scientifique fut injuste envers un savant, jamais elle ne le fut autant que pour Bertholon. Combien rares sont ceux qui entendirent seulement prononcer son nom ! Et cependant, il y a à peine un siècle, Bertholon de Saint-Lazare avait une notoriété scientifique à peu près universelle. Pour le prouver, il suffit d'énumérer ses titres. Il était professeur de *physique expérimentale* des états généraux de la province de Languedoc, des académies royales des sciences de : Montpellier, Béziers, Lyon, Marseille, Nîmes, Dijon, Rouen, Toulouse, Bordeaux, Villefranche, Rome, Madrid, Hesse-Hambourg, etc., etc.

Pour Bertholon, l'électricité de l'atmosphère répandue dans l'air est aussi nécessaire à la vie des plantes que l'air lui-même.

C'est lui qui inventa l'*électro végétomètre*, appareil destiné à remédier au manque d'électricité nécessaire à la végétation, en allant chercher ce fluide électrique dans l'atmosphère même. Cet appareil a réapparu dans ces dernières années avec des noms nouveaux et des auteurs différents, mais le véritable inventeur de l'idée est Bertholon. Nous donnerons plus tard la description de son *électro végétomètre*. Nous reviendrons de même sur ses procédés d'arrosages électriques.

Le Mosnier étudia aussi particulièrement l'action de l'électricité sur la végétation. En 1748, Jolabert, de Genève, fit paraître un livre intitulé : *Expériences sur l'élec-*

---

médico et nutritivo-électriques et principalement des moyens pratiques d'appliquer utilement l'électricité à l'agriculture, grâce à l'invention d'un végétomètre.

tricité, avec quelques conjectures sur les causes de ses effets.

Maimbray, en 1746, fit comme ce dernier des expériences propres à trouver l'influence de l'électricité statique sur l'accroissement des végétaux ; il électrisa, à Édimbourg, deux myrtes ; il en laissa deux semblables dans les conditions ordinaires, comme témoins. Il reconnut que les deux premiers électrisés donnèrent des petites branches et des boutons bien avant les deux autres.

A pareille époque, Nuneberg trouva, de la même manière, que des oignons soumis à l'action de l'électricité prenaient un accroissement énorme ; Boze reconnut que l'électricité facilite l'épanouissement des fleurs en général et des roses en particulier.

Pardini démontrait l'action de l'électricité sur la végétation, en tendant, dans le jardin d'un couvent de Turin, des fils métalliques au-dessus de végétaux : les plantes qui se trouvaient sous ces fils languissaient ; tandis qu'au contraire, elles reprenaient de la vigueur lorsque ces fils étaient retirés ; il concluait de ces résultats que les fils métalliques posés au-dessus des végétaux, s'emparant de l'électricité de l'air qui les environne, faisaient en même temps disparaître les causes de l'accélération de la végétation. Comme on le verra, M. Grandeau démontra plus tard que les arbres ont le même effet sur la végétation qu'ils couvrent.

Enfin, en 1787, une polémique s'engagea sur l'électro culture : von Cornoy et d'Ornoy soutenaient l'action bienfaisante de l'électricité sur les végétaux, Ingenhousz et Rouland la niaient.

A la suite de ces discussions, les recherches furent un peu interrompues, mais au commencement de ce siècle elles furent reprises par de nombreux savants et principalement par Humboldt et Sennebrer.

Au milieu du siècle : Sheppard, Reuter, Bischoff, Solly, Forster, Hubeck, Humphry, Davy, Wollaston, Williamson s'occupèrent à nouveau de la question sans cependant la faire avancer beaucoup. Pise, en Angleterre, et Otto von Ende, en Allemagne, se déclaraient même les ennemis de l'électro culture.

Enfin, de nos jours, les principaux savants qui se sont intéressés à cette science sont : MM. Grandeau, Berthelot, Becquerel, Boussingault, Schlœsing, Garolla, Tallavignes, Naudin, C. Crepeau, frère Paulin, Beckensteiner, Frestier, A. Leclerc, Barrat, Macagno, E. Celi, Wartmann, Zantedeschi, Deletrez d'Oulnez, Chodot, Le Royer, Germain, Sylvestre, Armand Gauthier, Selim Lemström, Wollny, Mallet, Spechnew, E. Lagrange, R. G. Onven, Errera, Goiran, Trootswyck, Fichtner, etc., etc.

CHAPITRE II

PHÉNOMÈNES ÉLECTRO PHYSIOLOGIQUES
DANS LES VÉGÉTAUX

Production de courants électriques dans les végétaux. — Ce fut Becquerel qui, en 1853, étudia le premier, d'une façon véritablement scientifique, les causes physiques et chimiques qui interviennent dans la production des phénomènes électro physiologiques dans les végétaux. Il fit remarquer que les corps organisés du règne animal et du règne végétal sont composés les uns et les autres d'organes contenant des liquides ; par ce fait même, ils se trouvent être bons conducteurs de l'électricité.

Mais, en outre, ces liquides peuvent être considérés deux à deux ; on comprend alors qu'ils doivent donner lieu, par leur contact mutuel, à des réactions chimiques, lesquelles, comme nous le savons déjà, dégagent toujours une certaine quantité d'électricité.

M. Becquerel a pu démontrer la formation de courants dérivés dans les tiges des végétaux, au moyen d'aiguilles de platine en communication avec un appareil à condensation, placées, l'une dans l'écorce, l'autre dans le bois. Ces courants se trouvent être dirigés du *parenchyme* à la *moelle.* Par la même méthode, il reconnut de semblables courants dans l'écorce, allant du *cambium* au *parenchyme* et dirigés en sens inverse des précédents.

La *sève ascendante,* étant plus oxygénée que la sève parenchymateuse descendante, dégage dans sa réaction sur cette dernière de l'électricité positive. La *sève,* ou liquide du *parenchyme cortical,* tenue pendant quelque temps au contact de l'air, éprouve une modification telle, qu'en la mettant de nouveau en contact avec la sève qui se trouve dans les parties vertes du parenchyme de l'écorce, son électricité devient négative relativement à l'électricité de cette dernière.

Communication électrique entre la terre et les végétaux. — La terre étant en communication directe et permanente avec les végétaux, par l'intermédiaire des racines, doit participer à leur état électrique, résultant des élaborations diverses qui ont lieu dans les tissus. L'expérience confirme cette déduction des faits observés. Si l'on introduit l'une des aiguilles dans le parenchyme d'une tige ou d'une branche de végétal quelconque, et l'autre dans le sol, à une distance plus ou moins considérable des racines, plusieurs mètres par exemple, pourvu qu'il soit légèrement humide, il se manifeste un courant dont l'action sur l'aiguille aimantée indique toujours que la terre possède un excès d'électricité positive ; le parenchyme, un excès d'électricité contraire.

Quant à l'intensité du courant produit, elle dépend de l'humidité du sol et de l'état séreux du végétal.

Au lieu d'introduire l'une des aiguilles dans le parenchyme, on peut la placer dans un certain nombre de feuilles superposées, tenant encore aux branches ; on reconnaît le même effet dans ce cas. Cela tient à ce que la sève qui se trouve dans le parenchyme des feuilles a sensiblement la même composition que celle qui se trouve dans la partieparenchymateuse de l'écorce.

Les végétaux quels qu'ils soient, surtout ceux qui ont une tige, tels que la balsamine, le dahlia, etc., donnent les mêmes effets. On peut dès lors poser en principe que dans l'acte de la végétation, lorsque la germination est accomplie, la sève ascendante, qui communique avec le sol par l'intermédiaire des racines, apporte continuellement au végétal l'excès d'électricité dont elle s'empare dans sa réaction sur le liquide du parenchyme cortical, tandis que ce liquide fournit à l'air, par l'évaporation aqueuse, un excès d'électricité positive.

La distribution de la sève ascendante et de la sève du parenchyme cortical a porté Becquerel à croire qu'il circule continuellement dans les végétaux des courants électriques, dirigés de l'écorce vers la moelle en passant par les racines et la terre, peut-être même sans passer par ces deux intermédiaires.

Lorsqu'on place dans le circuit du rhéomètre, le sol et une partie quelconque de la plante, visible ou souterraine, on trouve un courant dirigé de la plante au sol, qui est ainsi positif par rapport à elle. Les couches superficielles du sol sont fréquemment positives, par rapport à celles qui entourent les *spongioles*.

Des courants se manifestent ainsi, lorsqu'on place dans le circuit du rhéomètre deux plantes distinctes, soit en plongeant une aiguille inoxydable dans chacune d'elles et en réunissant par un fil de platine la terre des vases différents où elles végètent, soit en faisant communiquer les plantes par le fil et en enfonçant dans le terreau les aiguilles terminales de l'appareil. Les déviations galvanométriques, obtenues en plongeant des aiguilles de platine dans les organes des végétaux, sont souvent très considérables, mais elles diminuent avec rapidité et finissent ordinairement par devenir nulles.

Elles résultent d'abord d'une action électro chimique entre

les substances liquides que le déchirement des tissus a mises en contact. Le faible courant résidu (qui est le courant normal) doit son origine à l'interposition des parois végétales poreuses entre des sucs de concentration différente, et se dirige à travers elles du liquide le plus dense au moins dense. Personne ne doute maintenant que la production d'électricité que l'on reconnaît dans les végétaux ne provienne des actions chimiques qui s'y passent. Les effets de cette électricité sont très variés et n'ont pu être observés que dans un petit nombre de cas. En résumé, et comme nous l'avons dit dans la première partie, les états électriques opposés de la terre et des végétaux autorisent à penser qu'en raison de la puissance de la végétation sur les continents et les îles, les végétaux doivent entrer pour une certaine part dans l'état électrique de la terre et de l'atmosphère, par suite de l'exhalaison qui s'opère par les organes pourvus de stomates.

Électricité particulière aux différentes parties de certains végétaux. — MM. Élie Wartmann et Zantedeschi publièrent un peu après M. Becquerel des travaux sur le même sujet. Le professeur Wartmann avait reconnu, en même temps que ce dernier, que le galvanomètre décelait l'existence de courants électriques dans toutes les parties des végétaux, sauf celles qui sont pénétrées de substances isolantes, comme certaines écailles et divers fruits de conifères, ou qui ne contiennent presque aucune humidité intérieure, telles que de vieilles écorces, des poils scarieux, etc.

Ces courants qui existent de nuit comme de jour, au soleil comme à l'ombre, ne sont pas détruits par une éthérisation prolongée pendant vingt-quatre heures, ni par la séparation partielle ou totale de la portion étudiée d'avec le reste de la plante, tant que cette partie n'est pas desséchée.

En outre, il reconnut aussi que dans les racines, les tiges, les rameaux, les pétioles, les pédoncules, il existe un courant central descendant et un courant périphérique ascendant, qu'il a nommés *courants axiaux*. En réunissant par le galvanomètre les couches de la tige où le liber et l'aubier se touchent (où des botanistes admettent encore le passage de sucs descendants), soit avec les parties les plus centrales (moelle et bois parfait), soit avec les parties les plus extérieures (jeunes écorces), il trouvait un courant latéral tendant de ces couches aux organes voisins.

Le courant qui existe du cambium à la moelle serait une dérivation des courants axiaux. Dans quelques racines, le corps central et le corps cortical sont pareillement positifs par rapport aux couches suivant lesquelles ils se touchent et s'unissent ; du reste, la jeune écorce est, comme le cambium, négative relativement à la moelle.

Dans la plupart des *feuilles,* le courant va du limbe aux nervures, ainsi qu'aux parties centrales du pétiole et de la tige. Dans certaines *plantes grasses,* il est dirigé des portions médullaires ou corticales de la tige vers le mésophylle. Ces courants sont faibles dans les *fleurs* et chez les bourgeons durant l'hiver, tandis qu'ils sont très marqués dans les *fruits* succulents et dans plusieurs *graines.*

Dans les fruits, le sens des courants axiaux varie avec les espèces. Les courants latéraux vont, dans le plus grand nombre des cas, des parties superficielles aux organes plus profonds qu'elles revêtent.

Les *champignons* offrent en général deux faibles courants, l'un dirigé du chapeau à la base des stipes, l'autre latéralement du centre à la périphérie.

MM. Becquerel et Wartmann reconnurent tous les deux la présence d'un courant latéral dans les *tubercules.*

L'énergie de ces divers courants est en rapport avec celle de la végétation et avec l'abondance des sucs qui baignent les parties de la plante qu'on examine. Elle est, en général, plus grande au printemps qu'à toute autre époque.

Lorsqu'on place dans le circuit du rhéomètre, le sol et une partie quelconque de la plante, visible ou souterraine, on trouve en résumé : un courant dirigé de la plante au sol qui est positif par rapport à elle.

Les courants végétaux forment, très probablement pour M. Wartmann, des circuits fermés. Les extrémités radiculaires d'un côté et les terminaisons foliacées de l'autre établissent la continuité du courant ascendant périphérique avec le descendant central.

La similitude d'état électrique latéral du bois et de la partie extérieure de l'écorce résulte peut-être d'une action des *rayons médullaires,* qui amènent à la surface une partie de la sève montante et diluent ainsi les sucs extérieurs descendants.

M. Zantedeschi étudia particulièrement l'état électrique que présentent les *étamines* et les *pistils* d'un *azalea* et d'un *amaryllis du Brésil.*

Avec l'une des deux aiguilles en platine fixées aux extrémités d'un galvanomètre, il traverse la membrane de l'anthère pour mettre la pointe en contact avec les *globules polléniques ;* avec la pointe de l'autre aiguille, il pénétra dans le *stigmate* du pistil qui s'épanouit en forme de cône ou d'entonnoir. Les aiguilles, à l'exception de leurs extrémités, étaient entourées d'un cylindre de verre, ce qui permettait de les introduire dans les anthères et les stigmates, sans toucher en rien la partie extérieure de ces organes reproducteurs.

En prenant cet excès de précautions, M. Zantedeschi reconnut que l'aiguille du rhéomètre, à l'instant où l'on fermait le circuit, se déviait de 15 degrés à 2 degrés pleins, et accusait un courant électrique dirigé de l'étamine au pistil. Le courant dans l'amaryllis était plus fort ; moindre dans l'azalea, mais toujours constant en direction, en expérimentant aux diverses heures de la journée. Le lis blanc a produit les mêmes effets ; seulement la déviation de l'aiguille aimantée était un peu plus forte. Ce savant expérimenta encore sur diverses espèces d'*opuntia* et il obtint toujours des résultats constants eu égard à la *direction* et assez différents quant à l'*intensité*.

Influence de l'électricité sur la reproduction. — De ses différentes études sur le sujet que nous venons de traiter, M. Zantedeschi a tiré une théorie qui n'a peut-être pas une très grande valeur scientifique, mais qui, en tous les cas, n'est pas banale et mérite d'être signalée.

Pour ce savant, *l'organisme vivant serait une espèce de pile* à diaphragmes formés de liquides différents ; ce serait un argument très délicat et très important, d'après lui, pour mettre à même de concevoir les mystères les plus secrets et les plus sublimes de la reproduction.

L'électricité serait cette vertu qui à l'époque de la fécondation, avec sa puissance répulsive, ouvre et épanouit à l'extérieur les sutures des loges des anthères, par lesquelles peut sortir le pollen qui s'y trouve enfermé. Cette vertu imprimerait aux globules et à la matière vivificatrice une espèce d'*éjaculation*.

Effets électriques obtenus dans les tubercules. —Admirateur fervent et reconnaissant de la pomme de terre, à cause des bienfaits qu'elle répand, chaque fois que, dans notre vie, nous pourrons l'isoler du reste des végétaux, nous ne manquerons jamais de lui rendre cet hommage.

M. Becquerel, d'ailleurs, qui a le plus étudié les phénomènes électro physiologiques des végétaux, a fait aussi
une étude particulière à ce sujet, sur les tubercules. Ce
savant reconnut que les effets électriques observés dans
les tubercules et les racines, à l'aide d'aiguilles de platine,
mettent en évidence l'hétérogénéité qui paraît être en rapport avec la constitution organique. Ces effets montrent encore que la pomme de terre, ainsi que la plupart des tubercules, dans le mode d'expérimentation adopté, se comporte
comme le système cortical d'une tige ligneuse, c'est-à-dire
que la partie sous-épidermique est positive relativement à
toutes les autres, et les parties contiguës par rapport aux
parties centrales, et ainsi de suite jusqu'au centre qui est
négatif.

Quelques tubercules, au contraire, se comportent comme
le système ligneux d'une tige dicotylédonée, c'est-à-dire
que la partie centrale est positive par rapport aux parties
environnantes, jusqu'à l'épiderme.

Ces effets ont une durée assez courte, non pas peut-être
à cause de la polarisation, mais en raison des réactions chimiques qui cessent peu de temps après l'introduction des
aiguilles. Les effets électriques contraires, obtenus en dé-
rangeant légèrement de place les aiguilles, sans les retirer
du tubercule ni produire de nouvelles perforations, ne
peuvent s'expliquer qu'en admettant que le platine soit attaqué pendant son contact avec les sucs, ou bien que ceux-ci
éprouvent des modifications de la part de l'air transporté
par les aiguilles.

Les différents sucs dans leur contact avec l'eau, rendant
celle-ci positive, et le suc épidermique moins que les autres,
il s'ensuit qu'en plongeant les deux bouts d'une pomme de
terre, dont l'un est privé de son épiderme et dont l'autre

ne conserve plus que la partie centrale du tubercule, la partie périphérique ayant été enlevée, on constitue un véritable couple voltaïque, qui rend positive l'eau en contact avec le bout privé de son épiderme.

L'effet produit au contact de l'eau et des sucs explique pourquoi les végétaux de tous genres possèdent un excès d'électricité négative, la terre un excès d'électricité positive. L'altération inégale des différents sucs est rendue sensible non seulement au moyen des effets électriques, mais encore en exposant à l'air les pulpes remplies de ces sucs.

On a tenté d'utiliser l'action physiologique de l'électricité sur les végétaux; c'est ainsi que M. Germain a cherché à se servir de cette action sur la vigne pour mettre cette dernière à l'abri des gelées printanières.

Plantes électriques. — Quoi qu'il en soit, on a vu que les plantes possèdent en elles une pile. La quantité d'électricité ainsi dégagée par les végétaux est variable pour chaque espèce. Il existe des plantes ne dégageant qu'une quantité d'électricité à peine appréciable; il en est d'autres, au contraire, qui peuvent produire des quantités d'électricité capables de donner lieu, paraît-il, à de véritables décharges. C'est ainsi qu'en 1889, un journal anglais, le *Madras Mail,* publiait qu'une plante électrique avait été découverte dans l'Inde. Cette plante impressionne, paraît-il, l'aiguille aimantée à une distance de 6 mètres; et si cette aiguille en est approchée davantage, elle devient complètement *affolée.* L'énergie de cette singulière influence varierait avec l'heure de la journée. Sa toute-puissance est à deux heures de l'après-midi et son électricité est absolument nulle durant la nuit. Pendant les temps d'orage, son intensité augmente dans une notable proportion. Quand il pleut, la plante se courbe et incline la tête; elle demeure sans force et sans vertu, même si elle est garantie de la pluie. A ce moment, on ne ressent aucun choc en brisant ses feuilles et l'aiguille aimantée demeure invariable. Personne n'aurait jamais vu, assure-t-on, d'oiseaux ni d'insectes se poser sur la *plante électrique*.

Il y a certainement des exagérations dans ces observations : ainsi, il est incompréhensible qu'il suffise de mettre cette plante sous un parapluie pour qu'en récompense elle ne vous envoie plus de décharges électriques ! Cependant, nous sommes absolument certain qu'il existe des plantes capables de dégager de l'électricité en assez forte proportion pour donner naissance à des phénomènes bizarres, tout comme il existe des animaux et surtout des poissons possédant de pareilles propriétés.

Les poissons électriques les plus connus sont les *torpilles* et les *gymnotes malaptérures*. L'ensemble de l'organe électrique peut être considéré comme formé de trois parties : 1° centres électriques du cerveau ; 2° nerfs électriques conduisant à l'organe électrique ; 3° l'organe électrique proprement dit. C'est dans l'organe électrique même que l'électricité est engendrée, mais cet organe ne fonctionne que sous l'influence des impulsions nerveuses à lui transmises par les nerfs électriques.

CHAPITRE III

DIFFÉRENTES THÉORIES POUR EXPLIQUER L'EFFET BIEN-FAISANT DE L'ÉLECTRICITÉ SUR LES VÉGÉTAUX

Théories et expériences. — M. Berthelot prétend que, lorsqu'il existe une différence de potentiel électrique de sens quelconque sur un sol nu ou recouvert d'une végétation, les microbes du sol apportent une plus grande activité dans l'assimilation de l'azote. Nous reviendrons d'ailleurs sur les travaux de ce savant à cause de leur importance. Il ne s'est pas contenté de montrer que le courant alternatif favorise la combinaison de l'azote avec les composés ternaires semblables à la *cellulose*, mais encore il a établi la différence d'action chimique entre la décharge lumineuse ou *étincelle électrique* et la décharge obscure ou *effluve*. C'est cette différence qui, par exemple, fait donner naissance à de l'ozone, en soumettant de l'azote et de l'oxygène à l'action de l'effluve et des composés nitreux, lorsque c'est l'étincelle électrique qui est agissante ; d'ailleurs, en général, l'effluve tend à séparer les composés simples en deux portions, dans l'une desquelles il y a formation d'un produit plus condensé.

Quant à M. Spechnew, il admet que la décharge lente de l'électricité statique permet une assimilation plus facile et plus rapide de l'azote de l'air par les plantes.

M. Crépeaux a émis l'avis, dans la *Revue Scientifique*, qu'en l'état actuel, l'électro culture ne peut expliquer encore comment l'électricité agit sur les éléments du sol et de l'atmosphère, et, par suite, quels engrais complémentaires elle réclame sous peine d'appauvrir la terre.

Diverses hypothèses peuvent être proposées et à chacune correspond une restitution différente :

Si l'électricité met seulement à la disposition de la plante de l'azote atmosphérique, la restitution devra porter sur les seuls éléments minéraux (phosphate, potasse, chaux).

Si l'électricité rend assimilables des sels minéraux qui, sans son intervention, resteraient inertes, il n'y a, pendant un certain temps au moins, qu'à se préoccuper de fournir l'azote et les sels minéraux sur lesquels le fluide est inactif.

Si l'électricité active seulement l'assimilation des éléments minéraux, il y a nécessité d'opérer la restitution intégrale.

Quant à nous, nous ne pensons pas que l'électricité ait une plus grande action sur tel ou tel élément particulier de la terre ou de l'atmosphère. Nous croyons que l'électricité produit sur les végétaux l'énervement, si je puis m'exprimer ainsi, qu'elle amène chez les animaux. Nous avons montré déjà que, dans ce dernier cas, cette action est d'autant plus vive que le sujet est lui-même plus nerveux.

Le résultat de cet énervement de la plante serait d'activer l'assimilation générale de tous les éléments dont elle se nourrit, et non pas l'assimilation spéciale d'un élément particulier. En outre, cela permettrait d'expliquer pourquoi certains végétaux comme certains animaux sont plus sensibles que d'autres à cette action.

D'ailleurs cette théorie est vérifiée par les expériences de MM. Chodot et Le Royer : ils pensent que, si la croissance est plus rapide chez les plantes qui sont soumises à l'action de l'électricité que chez celles qui y sont soustraites, c'est qu'il se produit une ascension plus rapide de la sève chez les premières que chez les secondes.

Voici comment ils ont procédé.

Ils opèrent séparément sur une série de plantes : *Sylphium perfoliatum, Amaranthus, Polygonum, Aster, Helianthus tuberosus,* etc.

Après que ces plantes ont été arrachées avec leurs racines, elles sont séparées de leurs tiges sous l'eau. Les tiges ainsi préparées, on choisit celles qui sont intactes et aussi semblables que possible ; on en fait deux lots, placés chacun dans un cylindre ; chaque cylindre est rempli en même temps d'une même quantité de matière colorante ; on a employé une solution d'*éosine* aqueuse. L'un des cylindres est placé dans un champ électrique, lequel est formé par l'espace compris entre deux feuilles d'étain mises en communication par une machine de Holtz. L'autre cylindre sert de témoin ; mais ils sont tous les deux placés dans des conditions identiques d'éclairage. La machine électrique mise en marche, l'expérience ne dure pas plus d'un quart d'heure.

Voici les résultats de MM. Chodot et Le Royer, après trois expériences de douze minutes chacune et opérant sur dix plants d'*Helianthus :* les tiges étant lavées et sectionnées pour pouvoir mesurer jusqu'à quelle hauteur l'éosine s'était manifestée, ces savants ont trouvé une hauteur moyenne de la sève de 93 centimètres pour le *lot électrisé* et de 87 seulement pour le *témoin.*

On voit donc que l'effet de l'électricité sur la sève des végétaux est aussi *intense* qu'il est *rapide,* puisqu'en douze minutes la sève est montée de 8 centimètres plus haut dans les tiges électrisées que dans celles qui ne l'étaient pas.

Ces expériences ont montré, en outre, que l'électricité n'a

pas la même action sur toutes les plantes, il en est même pour lesquelles cet effet est presque nul.

Dans tous les cas, il n'en est pas moins réel et convaincant pour le plus grand nombre d'entre elles.

Maintenant, on ne connaît pas au juste l'action physiologique de l'électricité sur la plante : cette accélération de la sève est-elle produite sous l'empire d'une respiration plus rapide du végétal ? Est-ce parce que le pouvoir de capillarité de la sève est plus grand dans le système vasculaire ? Enfin, comme le croit Berthelot, la différence de potentiel n'aurait-elle pas son action aussi sur la rapidité d'ascension de la sève ? Ce sont autant de questions auxquelles MM. Chodot et Le Royer ont entrepris de donner des réponses.

Il serait intéressant aussi de poursuivre des expériences destinées à faire connaître quelles sont les plantes industrielles sur lesquelles l'électricité a le plus d'action. C'est ce qu'avec M. Dumont, nous recherchons en ce moment dans un laboratoire installé à Boulogne.

CHAPITRE IV

Différentes expériences. — Nous avons dit, au chapitre précédent, que la théorie de M. Berthelot, relative à l'action de l'électricité sur les végétaux, repose sur ce que les microbes du sol apporteraient une plus grande activité dans l'assimilation de l'azote, sous cette action électrique. On sait aussi quelle est la théorie, appuyée par l'expérience, qui nous semble le mieux répondre aux phénomènes observés ; cependant, étant données la vraisemblance de la théorie de M. Berthelot, l'autorité scientifique considérable de ce savant en général et ses connaissances sur les questions de microbiologie agricole en particulier, nous devons étudier un peu l'action de l'électricité sur les microbes, d'autant que tout le monde connaît maintenant l'énorme importance que ces êtres ont sur la végétation et dans presque toutes les industries agricoles.

Les premières recherches qui furent faites à ce sujet sont dues à M. Schiel et eurent lieu en 1875. Voyant que, sous l'influence de courants électriques, certaines bactéries mobiles cessaient de se mouvoir, l'auteur en avait conclu que l'électricité les avait tuées.

Mais on sait maintenant que des microbes immobiles ne sont pas des microbes morts.

C'est pourquoi MM. Cohn et Benno Mendelssohn reprirent ces recherches en 1879, en apportant comme correctif, que les microbes ne seraient considérés comme morts, qu'autant que leur ensemencement resterait stérile. Le procédé expérimental employé par ces savants a surtout consisté à faire passer au travers d'un tube en U, contenant la solution nutritive, le courant de quelques éléments de la pile Marié-Davy. On avait ensemencé au préalable la solution nutritive, et, lorsqu'elle se troublait, on concluait que le courant était resté sans action.

MM. Cohn et Benno Mendelssohn, en opérant ainsi, virent que l'effet d'un courant court et faible est toujours nul. Avec une action plus longue et plus intense, par exemple avec le courant de deux puissants éléments pendant vingt-quatre heures, le liquide voisin du pôle positif reste intact, mais les bactéries n'y sont pas tuées. Il sembla même aux expérimentateurs que ce fut le liquide qui devint stérile, car il ne laissa pas se multiplier une nouvelle semence qu'on y introduisit ; en réalité, la liqueur était devenue fortement acide.

Avec un courant de trois éléments par vingt-quatre heures, on observa, à la fois aux deux pôles, la mort des bactéries et la stérilité du liquide traversé par le courant. L'électricité pourrait donc bien être un moyen de stérilisation des vins, capable de remplacer la pasteurisation.

Mais dans cette dernière expérience, comme il se produisait une altération chimique du bouillon de culture, il n'était possible de tirer aucune conclusion relative à l'action directe de l'électricité sur les microbes. Les expérimentateurs, pour éviter ces décompositions produites par le courant, essayèrent alors des courants d'*induction,* mais sans obtenir d'effets appréciables. Avec les cultures sur pomme de terre, les altérations chimiques s'observèrent très facilement.

Les récentes expériences de MM. Apostoli et Laguerrière, dont le dispositif expérimental n'a pas été suffisamment décrit (cependant il semble qu'ils ont également employé un tube en U), sont passibles des mêmes remarques et n'ont donc pas fait avancer la question.

Pour échapper à ces causes d'erreur, MM. Prochownick et Spœth ont opéré dans un vase ordinaire en rapprochant les électrodes : les courants, produits dans le liquide par les dégagements gazeux, en mélangeaient ainsi facilement les couches et, recombinant constamment les éléments dissociés par le courant, ils produisaient alors un état moyen et persistant, dont la durée n'a qu'une importance secondaire. Mais les auteurs, en agissant par ce procédé sur le *bacille du foin*, les *microcoques du pus* et la *bactéridie charbonneuse* n'ont alors obtenu que des renseignements insignifiants.

En collaboration avec M. Dumont, nous avons cherché l'action d'un électro-aimant assez puissant sur diverses cultures microbiennes ; nous devons avouer que les résultats obtenus ne nous ont fourni aucun renseignement intéressant, les tubes soumis à l'expérience et les tubes *témoins* ne présentant aucune différence.

On sait que l'ozone est pour ainsi dire une oxydation de l'oxygène produite par l'électricité ; divers auteurs ont étudié l'action de l'ozone sur les microbes ; les principaux sont : MM. Buchholtz, Siemens, D^r Frœlich, etc. Ce dernier savant a fait paraître récemment sur ce sujet une étude dont les conclusions sont les suivantes : L'ozone sec n'altère pas la croissance des bactéries. Un courant d'air ozonisé et humide agit mieux; des bacilles du typhus adhérant à des fils de soie furent tués au bout d'une heure d'exposition à l'ozone. Les bactéries humides ne résistent pas à l'ozone, mais il faut un temps relativement long pour les détruire ; l'ozone ne peut pas servir à désinfecter les objets d'habillement et de maisons.

MM. d'Arsonval et Charrin appliquèrent un autre procédé d'électrisation, consistant à faire passer dans un solénoïde un courant de haute fréquence (800,000 oscillations à la seconde) et à plonger dans l'intérieur de ce solénoïde les êtres vivants sur lesquels on veut opérer. Grâce à l'énorme induction que développe un pareil système, les corps plongés dans ce solénoïde deviennent le siège de nouveaux courants induits qui se forment dans l'intimité des tissus et circulent autour de chaque molécule avec la fréquence qui vient d'être indiquée.

Les animaux supérieurs supportent très bien ce mode d'électrisation. Sans entrer dans le détail des expériences que MM. Arsonval et Charrin ont entreprises, nous nous contenterons de rapporter les conclusions qu'ils ont tirées, à savoir que : l'électricité peut agir sur le monde des bactéries et les cellules vivantes. Cela expliquerait alors pourquoi l'état électrique de l'air semble avoir une action sur les virus, au besoin sur le génie épidermique qui dépend en partie des conditions cosmiques.

Ces savants croient en outre que cette même électricité doit également agir sur la vitalité de nos tissus, autrement dit, sur le terrain et, comme conséquence, sur la gravité ou la bénignité de certaines maladies.

On connaissait la grande influence des orages, d'observation banale, sur l'activité de certains ferments, le ferment lactique par exemple. Cette action sur la fonction chromogène, qui peut être, à certains égards, comme la virulence elle-même, considérée comme une *fonction de luxe* de quelques microorganismes, est un nouvel argument pour l'existence d'une action électrique.

Conclusions. — En résumé, les avis sont encore extrêmement partagés sur cette question. Si un assez grand nombre d'auteurs croient à l'excitabilité des microbes par l'électricité, quelques-uns au contraire semblent nier cette action. Parmi ces derniers se trouve M. Duclaux, dont la compétence en la matière est indiscutable. Il pense que si, dans certaines expériences, on constate une action sensible de l'électricité, il faut la rapporter à une action chimique ; il croit en outre que personne n'a encore pu mettre réellement en évidence l'action physique directe de l'électricité sur les microbes.

Quant à nous, nous ne nierons pas que l'électricité puisse avoir une action sur les microbes du sol fixateurs d'azote, car l'expérience prouve le contraire. En effet, chaque fois qu'on a soumis des plantes à l'influence de l'électricité, celles-ci ont toujours présenté les caractères propres aux végétaux richement pourvus de nourriture azotée : développement abondant, exaltation de la coloration des feuilles, maturité retardée. Cependant, l'expérience nous fait croire aussi que l'action bienfaisante de l'électricité sur la végétation est surtout due à la plus grande vitesse ascensionnelle qu'elle procure à la sève végétale, c'est-à-dire que les plantes auraient, sous cette action, une assimilation plus rapide de tous les éléments nourriciers en général et non de l'azote en particulier..

CHAPITRE V

EXPÉRIENCES DE M. BERTHELOT SUR LA FIXATION DE L'AZOTE ATMOSPHÉRIQUE PAR LES VÉGÉTAUX, SOUS L'INFLUENCE DE L'ÉLECTRICITÉ.

Introduction. — Malgré l'action, incontestée aujourd'hui, de l'influence microbienne dans la fixation de l'azote, les belles expériences de MM. Berthelot et Grandeau relatives à l'action de l'électricité sur ce phénomène n'en persistent pas moins et doivent être rappelées dans l'*Électricité agricole*.

1° M. Berthelot se servit pour ses expériences de l'effluve électrique à haute tension, dont il rechercha l'influence ; 2° il étudia ensuite l'effet que produisaient de très faibles tensions avec potentiel.

Il se servit de papier blanc à filtre, dont la composition cellulosique ou principe ligneux est la même que celle des végétaux. Ce papier, légèrement humecté, fut mis en présence de l'azote pur.

Influence de l'effluve à haute tension. — Ce papier, soumis dans ces conditions à l'influence d'une effluve à haute tension, absorbe une dose très notable d'azote, dans l'espace de huit à dix heures. Il suffit de chauffer ensuite fortement le papier avec de la chaux sodée, pour en dégager de l'ammoniaque, tandis que le papier primitif n'en fournissait pas d'une manière sensible dans les mêmes conditions.

La présence d'oxygène dans l'atmosphère gazeuse initiale n'empêche pas cette absorption d'azote. Pour le montrer, M. Berthelot a pris des tubes de verre au travers desquels s'exerçait l'influence électrique ; ces tubes étaient recouverts par une couche mince d'une solution sirupeuse de dextrine sensiblement exempte d'azote. Il introduisit sur le mercure un certain volume d'air atmosphérique.

L'effluve ayant agi pendant huit heures environ, il constata une absorption de 2,9 centièmes d'azote et de 7 d'oxygène sur 100 volumes d'air primitif. L'absorption de l'azote n'était donc pas totale dans ces conditions. Comme contrôle, il reprenait la matière organique demeurée à la surface des tubes et la réchauffait avec de la chaux sodée ; elle dégageait alors en grande abondance de l'ammoniaque, seulement au rouge sombre.

Il ne trouva d'ailleurs pas qu'il se fût formé ni ammoniaque libre ou sel ammoniacal proprement dit, ni acide azotique ou azoteux, ni acide cyanhydrique en proportion appréciable au sens des produits influencés par l'électricité dans les conditions précédentes, ni dans les suivantes. Le phénomène principal était donc la production d'un composé azoté complexe, engendré par l'union directe de l'azote libre avec l'hydrate de carbone mis en expérience : réaction tout à fait assimilable à celles qui doivent se produire au contact des matières végétales et de l'air électrisé.

M. Berthelot poursuivant cette étude, en comparant l'*influence des deux électricités* prises sur diverses tensions, mais toujours en opérant avec l'appareil de Ruhmkorff, ou la machine de Holtz, reconnut que l'absorption de l'azote par les composés organiques s'opère également sous l'influence des deux électricités ; cette absorption a lieu tout aussi nettement avec les tensions faibles qu'avec les fortes, mais dans un temps d'autant plus long que la tension électrique est moindre. Elle est très marquée même avec des potentiels relativement faibles. En opérant dans des conditions comparatives, on a surtout trouvé une fixation d'azote abondante avec le papier, moindre avec l'éther et bien moindre avec la benzine. Avec le papier il se produit à la fois des composés azotés insolubles, peu colorés, restant fixés sur la fibre ligneuse, et des corps azotés solubles dans l'eau, presque incolores, se condensant sur la lame de platine : ces derniers renfermaient de telles doses d'azote, qu'ils fournissaient de l'ammoniaque libre, bleuissant le tournesol par la seule action de la chaleur.

Action de faibles tensions avec potentiel fixe. — M. Berthelot a observé une fixation d'azote sur les mêmes composés organiques, sous l'influence de cinq éléments Leclanché, formant une pile dont le circuit n'était pas fermé. Ces expériences ont une grande importance au point de vue physiologique de la plante. Ce savant chimiste posait sur la moitié de la surface extérieure d'un grand cylindre de verre mince, terminé par une calotte sphérique, une feuille de papier Berzelius pesée à l'avance et mouillée avec de l'eau pure. L'autre moitié de la même surface extérieure était enduite avec une solution sirupeuse titrée et pesée de dextrine, et on opérait dans des conditions permettant de connaître exactement le poids de la dextrine sèche employée.

La surface intérieure du cylindre avait été recouverte à l'avance avec une feuille d'étain (formant ainsi l'armature intérieure de la bouteille de Leyde). Ce cylindre, posé sur une plaque de verre enduite de gomme laque, était recouvert avec un cylindre de verre mince, concentrique, aussi rapproché que possible, dont la surface intérieure était libre et la surface extérieure revêtue avec une feuille d'étain (armature externe de la bouteille de Leyde). Le sys-

tème des deux cylindres fut recouvert ensuite d'une cloche,
pour éviter la poussière.

Ces dispositions préliminaires étant prises, l'armature
interne fut mise en communication avec le pôle positif
d'une pile, formée d'abord d'un seul élément, puis de cinq
éléments Leclanché disposés en tension. L'armature externe
fut mise également en communication avec le pôle négatif
de la même pile. De cette façon, il existait une différence
de potentiel constante entre les deux armatures d'étain séparées par les deux épaisseurs de verre, par la lame d'air
interposée, et enfin par le papier ou la dextrine appliquée
sur l'un des cylindres.

L'azote ayant été bien dosé dans le papier avant l'expérience et dans la dextrine (en opérant sur deux grammes de
matière sèche), on a trouvé sur 1,000 parties :

Papier . . . . Azote = 0,10
Dextrine . . . . Azote = 0,12

Au bout d'un mois de réaction (novembre), l'expérience
n'ayant été faite qu'avec un seul élément Leclanché, on
trouvait dans les matières influencées :

Papier . . . . Azote = 0,10
Dextrine . . . . Azote = 0,17

Il s'était développé des moisissures.

Les variations étant nulles pour le papier, très faibles
pour la dextrine, M. Berthelot se servit d'une tension plus
forte (cinq éléments Leclanché) pendant sept mois ; la température extérieure s'étant un peu élevée, jusqu'à atteindre

trente degrés parfois. Il y avait encore des moisissures. Au bout de ce temps, pour 1,000 parties :

Papier . . . . Azote = 0,45
Dextrine . . . . Azote = 1,92

L'intervalle des deux cylindres était d'environ $0^m,003$ à $0^m,004$. Un autre essai poursuivi simultanément avec un intervalle à peu près triple entre deux autres cylindres pareils, fournissait pour 1,000 parties :

Papier . . . . Azote = 0,30
Dextrine . . . . Azote = 1,14

On voit donc bien, d'après ces expériences, qu'il se fait une fixation d'azote sur le papier et la dextrine, et par conséquent, sur les principes immédiats non azotés des végétaux, sous l'influence de tensions électriques excessivement faibles.

La lumière n'a joué aucun rôle dans cette fixation d'azote, car ces expériences ont toutes été faites dans une obscurité absolue. D'ailleurs on reconnut plus tard que la lumière n'est pas utile à cette fixation d'azote.

Ces dernières expériences ont été faites sous des tensions électriques très faibles, dont l'ordre de grandeur est tout à fait comparable à celui de l'électricité atmosphérique, ainsi qu'il résulte des mesures publiées par MM. Thomson, Mascart et d'autres expérimentateurs.

En comparant encore les données quantitatives des expériences de M. Berthelot avec la richesse en azote des tissus et organes végétaux qui se renouvellent chaque année, on voit que les *feuilles* des arbres renferment environ 8 millièmes d'azote ; la *paille* de froment 3 millièmes à peu près.

Or l'azote fixé sur la dextrine au bout de huit mois s'élevait à 2 millièmes environ ; c'est-à-dire qu'il s'était formé une matière azotée d'une richesse à peu près comparable à celle des tissus herbacés que la végétation produit dans le même espace de temps, avec le concours des influences exercées par les tensions électriques naturelles.

Action de l'électricité atmosphérique. — Pour montrer que l'électricité atmosphérique a réellement la faculté de déterminer la fixation de l'azote sur les principes immédiats des végétaux, M. Berthelot prit des tubes concentriques scellés à la lampe, renfermant de l'azote, lequel était mis en présence tantôt avec du papier humide, tantôt avec de la dextrine sirupeuse. Il établit entre les parois concentriques des tubes qui contenaient le gaz et la matière organique, une tension électrique déterminée précisément par la différence de potentiel existant entre le sol d'une surface gazonnée et une couche d'air située à deux mètres au-dessus. Pour mettre l'armature intérieure des instruments en équilibre électrique avec un point déterminé de l'atmosphère, on employait l'appareil à écoulement d'eau de M. Thomson. Voici les résultats obtenus dans des expériences qui ont duré du 29 juillet au 5 octobre 1876, c'est-à-dire un peu plus de deux mois ; la tension électrique moyenne ayant été celle de trois éléments et demi Daniell jusqu'à — 180 Daniell environ.

Dans tous les tubes sans exception, qu'ils continssent de l'azote pur ou de l'air ordinaire, qu'ils fussent clos hermétiquement ou en libre communication avec l'atmosphère, l'azote s'est fixé sur la matière organique (papier ou dextrine). La dose d'azote ainsi fixée sous l'influence de l'électricité atmosphérique était très faible dans chaque tube, ce qui s'explique à la fois : 1° par la petitesse du poids de la matière organique (quelques centigrammes) ; 2° par la lenteur des réactions ; 3° enfin, par le peu d'étendue des surfaces influencées. Cependant, comme le nombre des tubes susceptibles d'être disposés dans le même circuit pourrait assurément être très multiplié, sans restreindre ni les effets électriques, ni les effets chimiques qui en dérivent, on voit qu'il serait possible d'augmenter, dans des proportions extrêmement considérables, la quantité d'azote de nature à être fixée sur une surface recouverte de matières organiques.

Différents travaux sur ce sujet. — *MM. Berthelot et Boussingault.* — Pendant cette lutte courtoise et fameuse dans les annales de la science, qui eut lieu entre MM. Berthelot et Boussingault, ce dernier niait avec M. Schlœsing l'absorption de l'azote sous l'influence de l'électricité atmosphérique. Ils n'avaient pu, en effet, réussir à constater cette fixation pendant la végétation dans un espace clos et sans l'intervention de l'électricité. M. Berthelot pensa que l'intervention de l'électricité atmosphérique n'agissait pas *in vito* dans les expériences de M. Boussingault, car le potentiel était le même dans toutes les portions des appareils employés, c'est à ces raisons qu'il attribua la divergence de leurs opinions à ce sujet.

M. Grandeau, sur les travaux duquel nous reviendrons d'ailleurs, reconnut que deux plantes semblables, l'une exposée à l'air libre, l'autre entourée d'un grillage métallique qui laisse passer l'air et la pluie, mais annule le potentiel électrique, se comportent d'une façon toute différente. La végétation de la première est devenue plus active et la formation des matières azotées et autres a été doublée dans le même temps. Résultats absolument concordants avec ceux de M. Berthelot.

Quelque limités que soient les effets dus à la fixation de l'azote à chaque instant et sur chaque point de la superficie terrestre, ils peuvent cependant devenir considérables, en raison de la continuité et de l'étendue d'une réaction universellement et perpétuellement agissante.

Des premières expériences de M. Berthelot que nous venons de décrire, M. J. Dehérain[1] crut pouvoir conclure que l'électricité devait avoir une influence sur la nitrification des matières hydro-carbonées analogues à la cellulose sur laquelle M. Berthelot avait expérimenté. Or, MM. Schlœsing et Müntz, Boussingault, Grandeau ont montré que c'est une erreur.

M. Grandeau a prouvé que l'électricité exerce seulement une notable influence sur la nitrification des matières azotées du sol, par l'intermédiaire de la plante, faisant office de conducteur de l'électricité atmosphérique. D'ailleurs nous reviendrons sur cette question en parlant spécialement des beaux travaux faits sur ce sujet par M. Grandeau.

Enfin, terminons cette première partie des recherches faites par M. Berthelot, en rappelant qu'il déclarait nécessaire, au point de vue agricole, l'étude de l'état électrique de l'air d'une façon plus méthodique qu'on ne le fait aujourd'hui, et surtout avec une plus grande extension.

Non seulement le sage conseil de ce grand savant n'a pas été suivi, mais encore l'enseignement supérieur de l'agriculture semble se désintéresser complètement de tout ce qui se rapporte à l'électricité.

---

1. Neveu du savant professeur à Grignon, membre de l'Institut.

CHAPITRE VI

DERNIERS TRAVAUX FAITS PAR M. BERTHELOT SUR LES
RAPPORTS QUI EXISTENT ENTRE LA FIXATION DE
L'AZOTE ET L'ÉLECTRICITÉ ATMOSPHÉRIQUE.

Fixation de l'azote par les végétaux et la terre végétale, sous l'influence de l'électricité atmosphérique. — Si M. Berthelot a montré que l'électricité joue un rôle dans la fixation de l'azote de l'air, c'est à lui aussi qu'on doit la première idée d'une pareille fixation sous l'influence de certains microbes.

Après les remarquables travaux de MM. Hellriegel et Willfart sur ce sujet, les savants semblaient vouloir abandonner l'idée de la participation de l'électricité dans le phénomène. C'est alors que M. Berthelot publia, en 1890, dans les *Annales de chimie et de physique*, une nouvelle étude intitulée : *Recherches nouvelles sur la fixation de l'azote par la terre végétale et les plantes, sous l'influence de l'électricité.*

Les conditions auxquelles M. Berthelot s'est arrêté dans ces nouveaux essais ont consisté à placer la terre seule et la terre avec plante, dans un champ électrique, en maintenant, au moyen d'une pile ouverte, une différence de potentiel constante entre la terre, d'une part, et d'autre part la surface extérieure du champ électrique, limitée par des feuilles métalliques, étain et toile de fils de cuivre. Ces conditions ont paru se rapprocher autant que possible de celles où s'exerce l'influence normale de l'électricité atmosphérique ;

en effet, on opère au sein d'un champ électrique dont les limites offrent une différence de potentiel déterminée et au milieu duquel on effectue le développement de la plante.

Dans ces conditions l'auteur a reconnu que la plante et la terre fixent une dose d'azote supérieure à celle qu'elles peuvent fixer dans des conditions similaires sans électricité, phénomène d'une mesure exacte et d'une définition précise.

M. Berthelot s'est d'abord demandé si l'électricité agit directement en fixant l'azote sur les principes organiques du sol, indépendamment de la vie des êtres qu'il renferme, comme elle le fait sur les hydrates de carbone? Cette idée lui parut sans valeur, car, du moment où les principes immédiats de certains êtres organisés servent de support à l'azote, la fixation de cet élément devient corrélative de la formation des principes azotés par les êtres vivants eux-mêmes.

Première série d'expériences de M. Berthelot. — M. Berthelot s'est demandé alors : 1° si l'électricité agit uniquement en activant la vitalité des microbes du sol ; 2° ou bien si elle active la vitalité des végétaux supérieurs; 3° enfin, si ces diverses actions ne s'exerceraient pas simultanément.

Pour expérimenter, ce savant prit des dispositions relatives :

1° Aux terres employées;

2° Aux vases qui les renfermaient ;

3° Aux plantes qui s'y sont développées;

4° Aux appareils électriques;

5° A la circulation de l'air, à l'arrosage, à l'introduction d'acide carbonique.

L'expérience portait sur deux terres différentes, l'une presque saturée d'azote (1^{gr},702 par kilogr.) et l'autre plus pauvre (1^{gr},218 par kilogr.).

Ces terres furent mises : 1° dans des pots de porcelaine de 282 centimètres cubes de section, en couche épaisse, sous un poids de 2 kilogr. à 3 kilogr.; 2° dans des assiettes, en couche mince ; cette dernière condition étant peu favorable à la fixation de l'azote.

1° *Électrisation de la terre sans végétation.* — Ces récipients furent placés tantôt à l'air libre, tantôt sous de grandes cloches de 50 litres environ, hermétiquement closes, bien éclairées, mais protégées contre l'action directe du soleil.

Tantôt la terre sur laquelle on opérait était libre ; tantôt elle était ensemencée avec diverses *légumineuses* capables de s'enrichir en azote sous les influences simultanées de la terre et de l'atmosphère. Dans certains cas, M. Berthelot employait une solution nutritive formée avec un mélange fait à volumes égaux de solution de dextrine, sulfate de fer, phosphate de potasse, sulfate de magnésie; chaque corps étant dissous dans la proportion de 1 équivalent par litre.

Les appareils électriques mis en usage avaient pour objet de placer la terre nue ou chargée dans un champ électrique, en maintenant, au moyen d'une pile ouverte, une différence de potentiel constante entre la terre et la surface extérieure du champ, limitée par des surfaces métalliques.

La pile était constituée par des éléments Leclanché. Ces éléments étaient disposés en tension, dans des boîtes de bois à compartiments dont le fond était garni de paraffine. Chaque compartiment renfermait un élément. Les éléments étaient fermés par un couvercle, des ouvertures étaient ménagées sur le côté pour le passage des fils attachés aux deux pôles extrêmes.

Chaque boîte contenait 25 éléments fournissant un *po-*

tentiel de 32 à 33 volts ; avec 4 boîtes ou 100 éléments, il était de 132 volts.

Le potentiel resta constant durant toute la durée de l'expérience.

M. Berthelot employa la disposition suivante pour joindre un pôle de la pile avec la terre expérimentée.

Le pot décrit étant placé sur un gâteau de résine isolant, on fixa sur son rebord supérieur trois lames équidistantes, plongeant simultanément dans la terre et la maintenant au potentiel donné par l'un des pôles de la pile.

Ces trois lames étaient reliées entre elles par une couronne de fils de cuivre rouge appliquée à l'extérieur du pot, contre son rebord supérieur, et à laquelle était fixé un autre fil, mis en communication directe avec le pôle de la pile.

Lorsque le pot était sous cloche, on prenait comme dernier fil un petit câble fin, entouré de gutta-percha, qui sortait de la cloche par un tube de verre rempli de cire rouge, pour maintenir la clôture hermétique de la cloche.

L'autre pôle était formé par un disque de toile métallique en fils de cuivre ; il était suspendu par le fil conducteur venant du même pôle de la pile ; ce disque correspondait à la surface de la terre, mais il était un peu plus petit afin de ne pas toucher les bords du pot. La distance du cercle métallique à la terre était d'environ $0^m,03$ à $0^m,04$.

Voici la disposition adoptée pour les assiettes décrites.

L'assiette étant placée sur un gâteau de résine, on introduit dans la terre, à des distances angulaires de 120 degrés, trois lames de platine minces de $0^m,01$ sur $0^m,07$ à $0^m,08$, immergées par un bout dans la terre, l'autre bout se repliant sur le bord de l'assiette. Là, il rencontre une feuille annulaire d'étain collée sur la face inférieure du rebord de l'assiette. La lame de platine est fixée sur l'étain. Sur ce dernier est fixée aussi une lame de cuivre mince attachée par un fil de cuivre rouge en communication avec l'un des pôles. La terre de l'assiette se trouve ainsi au potentiel de ce pôle.

Au-dessus de l'assiette et à la distance la plus petite possible de la terre, on suspend une feuille métallique circulaire mise en communication avec l'autre pôle de la pile.

M. Berthelot a fait des piles d'assiettes à l'air libre ou sous cloche en mettant entre chaque assiette de la pile un support isolant et un disque semblable au premier, communiquant avec le même pôle. Une petite colonne latérale supporte tous les fils mis en rapport, d'une part avec les disques placés au-dessus de la terre, de l'autre avec le pôle négatif de la pile.

2° *Électrisation de la terre possédant une végétation.* — Dans les expériences à l'air libre : trois lames de platine équidistantes et fixées sur le pourtour du pot furent immergées dans la terre et reliées entre elles par un fil circulaire, communiquant lui-même par un fil avec l'un des pôles de la pile.

Pour empêcher la plante de s'écarter du pot tant que sa hauteur ne dépasse pas $0^m,2$, M. Berthelot disposait un cylindre de verre mince de cette hauteur, ouvert aux deux bouts et posé à sa partie inférieure sur le rebord en forme de bague, limitant le haut du pot.

Sur le pourtour du pot et sur un plan horizontal situé à $0^m,01$ ou $0^m,02$ plus bas, on fixa trois morceaux de bois enduits de gomme laque et traversés par un fil de cuivre circulaire dont on se servait pour serrer fortement le système contre la paroi du pot. Ces trois morceaux servaient à supporter un deuxième cylindre de verre enveloppant le premier annulairement à $0^m,010$ ou $0^m,015$, lequel cylindre était préalablement garni d'une feuille d'étain collée sur toute la surface intérieure. En deux ou trois points de cette feuille étaient maintenues par encollage, de larges lames de cuivre rouge, lesquelles étaient reliées par un fil à l'autre pôle de la pile. Elles le sont en même temps qu'un disque horizontal formé par une toile de fils de cuivre rouge, suspendu par d'autres fils de cuivre au-dessus du cylindre intérieur.

Lorsque la plante, en grandissant, menaçait de toucher ce disque, on le soulevait de jour en jour.

Dans les expériences sous cloche, M. Berthelot a garni de feuilles d'étain toute la partie supérieure du dôme de la cloche, et il a collé deux longues feuilles étroites de ce métal, verticalement, du haut en bas, l'une vis-à-vis de l'autre. Chacune des lames de cuivre mince jointes à l'armature de verre extérieure au pot était en outre repliée à plusieurs reprises sur elle-même, de manière à former un ressort capable de s'appuyer par sa propre tension sur l'une des feuilles verticales d'étain.

Sur ces dernières était appliqué, par l'intermédiaire du bouchon de la cloche, un fil de cuivre qui les mettait en communication avec un pôle de la pile.

Les seuls défauts de ce champ électrique suffisamment défini, ce sont : le peu d'étendue offert, ne permettant pas d'avoir une tension bien élevée, et le peu de lumière qui parvient aux plantes à cause des cylindres garnis d'étain et de la toile métallique.

Pour renouveler l'air des cloches, ce qui est absolument nécessaire pour la végétation, M. Berthelot a construit une trompe au voisinage, capable de faire passer en une heure 150 litres d'air dans chaque cloche, qui n'en contenait que 50. Cet air, pris au-dessus d'une grande prairie, passait dans des flacons laveurs contenant de l'acide sulfurique, pour être débarrassé de son ammoniaque.

Après le passage de l'air, M. Berthelot introduisait chaque jour dans la cloche environ un litre d'acide carbonique ; ce qui donnait une atmosphère contenant environ $0^m,02$ de ce gaz en volume, proportion favorable à la végétation.

Pour arroser à l'air libre, on versait chaque jour 100 centimètres cubes d'eau distillée (sauf les jours de pluie). En été on répétait deux fois cet arrosage. Dans les assiettes, on en versait 50 centimètres cubes.

L'eau qui s'évaporait de la terre et qui se condensait aux parois des cloches était recueillie à l'aide d'un robinet placé à la partie inférieure. Cette eau fut analysée.

Pour arroser sous cloche, on introduisait par l'une des tubulures supérieures de la cloche la pointe d'un pulvérisateur avec lequel on projetait 10 ou 20 grammes d'eau. En été on versait quelquefois 50 ou 100 centimètres cubes.

Voici les différentes expériences entreprises dans ces conditions par M. Berthelot sur la *terre nue* :

1° Air libre ; non électrisée ; assiette.

2°   —   électrisée ; assiette.

3° Sous cloche ; non électrisée ; assiette.

4°   —   électrisée ; potentiel 33 volts ; pot.

5°   —   électrisée ; potentiel 132 volts ; pot.

6° Air libre ; non électrisée ; pot et assiettes.

7°   —   électrisée ; 33 volts ; pot et assiettes.

8° Sous cloche ; non électrisée ; pot et assiettes.

9°   —   électrisée ; 33 volts ; pot et assiettes.

1re *Expérience.* — Le gain d'azote a été sensiblement nul.

2e *Expérience.* — On a obtenu un gain ou une perte sensiblement nuls, précisément comme dans l'expérience précédente, probablement pour les mêmes causes, malgré le concours de l'électricité : il y a, en effet, une oxydation excessive et une dessiccation perpétuellement reproduite de la terre, ce qui doit contrarier la vie des microbes fixateurs d'azote.

3ᵉ *Expérience*. — Comme dans les deux expériences précédentes, on ne note ici qu'un gain d'azote sensiblement nul.

4ᵉ *Expérience*. — Le gain en azote, en négligeant l'azote nitrique, s'est élevé à 4,4 centièmes dans ces conditions.

5ᵉ *Expérience*. — On obtient un gain en azote de 6,1 centièmes malgré la minceur des couches de terre dans les assiettes. Le gain le plus fort répond au potentiel le plus considérable.

6ᵉ *Expérience*. — La terre expérimentée, conformément à sa composition initiale (azote et matière organique), n'a pour ainsi dire pas varié dans sa richesse en azote pendant les deux mois d'expérience : elle était à peu près saturée dès le début.

7ᵉ *Expérience*. — La terre électrisée a gagné en définitive 0^{gr},189 d'azote, c'est-à-dire 3,6 centièmes.

8ᵉ *Expérience*. — La fixation d'azote a été peu prononcée; elle a été de 2 centièmes environ.

9ᵉ *Expérience*. — On observe ici une nitrification sensible, ce qui rend plus sensible la fixation de l'azote sous l'influence de l'électricité.

L'ensemble de cette première série d'expériences paraît donc favorable à l'opinion qui attribue à l'électricité un certain rôle dans la fixation de l'azote par la terre. Cependant, il est probable que les effets observés sur la terre seule sont dus autant à la vitalité des microbes, vitalité rendue plus active, qu'à la fixation directe de l'azote par voie purement électro-chimique.

Deuxième série d'expériences de M. Berthelot. — Voici les différentes expériences entreprises sur la *terre* recouverte de *végétaux* :

1° Vesce	air libre	non électrisé	⎫	à rapprocher des 1° et 2° dès expériences précédentes.
2° Vesce	—	électrisé	⎭	
3° Vesce	—	non électrisé	⎱	à rapprocher des 6° et 7°.
4° Vesce	—	électrisé	⎰	
5° Jarosse	—	non électrisé	⎱	de même.
6° Jarosse	—	électrisé	⎰	
7° Vesce sous cloche	non électrisé	⎱	à rapprocher des 8° et 9°.	
8° Vesce	—	électrisé	⎰	
9° Jarosse	—	non électrisé	⎱	de même.
10° Jarosse	—	électrisé	⎰	

1° Le gain total a été de 0^{gr},665, c'est-à-dire 15,0 centièmes. Les chiffres qu'on obtient avec la terre couverte de végétation sont fort supérieurs à ceux que l'on observe avec la terre nue, laquelle n'a donné que des résultats douteux, en opérant, il est vrai, dans des assiettes.

2° Il y a, à la fois sur la terre et sur la plante, un gain dont le total est de 0^{gr},984, soit 22,5 centièmes. Ce gain est supérieur à celui obtenu avec le vase non électrisé, l'écart eût été plus considérable si la lumière avait agi comparativement sur les deux systèmes.

3° Le gain a été de 0^{gr},2135, soit 4 centièmes.

4° Gain 0^{gr},338, soit 6,2 centièmes. On observe donc encore ici un certain avantage pour la terre électrisée.

5° Le gain a été de 0^{gr},236 ou 4,3 centièmes. Ce gain a eu lieu pour les deux tiers sur la terre, et pour un tiers sur la plante.

6° Le gain fut de 0^{gr},331, c'est-à-dire 6,1 centièmes ; il a surtout porté sur la terre.

7° Le gain a également porté surtout sur la terre. Le gain total fut de $0^{gr},383$, soit 7,0 centièmes.

8° Le gain fut de $0^{gr},273$ ou 5 centièmes. Il fut un peu moindre que le précédent (non électrisé) probablement à cause de l'insuffisance d'éclairage.

9° Le gain et la perte peuvent être regardés comme nuls.

10° Gain $0^{gr},392$ ou 7,2 centièmes. Ce gain manifeste à la fois l'influence de l'électricité et celle des microbes.

Conclusions. — En résumé, les gains ont été constamment plus forts avec les vases électrisés qu'avec les vases non électrisés, et cela sous cloche aussi bien qu'à l'air libre, et malgré l'infériorité causée par l'inégalité d'éclairage des vases électrisés.

Ces effets ont été obtenus avec des vases placés dans un champ électrique dont l'action était assimilable à celle de l'électricité atmosphérique.

La même conclusion résulte des essais exécutés sur la terre nue, pourvue de ses microbes, mais exempte de végétaux supérieurs. Les résultats recueillis par M. Berthelot, ainsi qu'il le fait remarquer en terminant son intéressante étude, rendent donc bien vraisemblable déjà l'action propre de l'électricité, pour activer la fixation de l'azote à la fois sur la terre et dans le cours de la végétation.

CHAPITRE VII

Historique. — M. Grandeau, le savant agronome dont le nom est si connu et les travaux agricoles si appréciés, peut être regardé en réalité comme l'auteur de l'électro culture véritablement scientifique. D'ailleurs, quand il entreprit l'étude de cette question, il n'avait aucune connaissance des quelques travaux antérieurs, son mérite en est donc d'autant plus grand.

Il fut amené à rechercher l'action de l'électricité atmosphérique sur la végétation, en attribuant en partie l'état languissant des végétaux qui couvrent le sol dans le *couvert* des forêts au manque d'électricité de l'air qui les environne. En effet, nous savons maintenant que les arbres jouent le rôle de véritables paratonnerres, c'est-à-dire qu'ils font échapper dans l'atmosphère l'électricité négative de la terre, qui, en se combinant avec l'électricité positive de l'air, forme du fluide neutre.

D'ailleurs, cette remarque n'est pas applicable seulement aux végétaux des forêts ; on sait que les ceps de vigne placés sous un arbre fruitier, comme cela arrive parfois dans certains vignobles, donnent très peu de fruits, et que ceux-ci n'arrivent même pas à maturité ; cependant cela ne provient ni de l'air ni de la lumière, puisque ceux-ci circulent comme s'il n'y avait pas d'arbres.

C'est en 1877 que M. Grandeau commença ses études relatives à l'action de l'électricité de l'atmosphère sur la *nutrition des plantes* et sur les phénomènes de *nitrification* dans le sol, et, en 1879, il fit paraître le résultat de ses beaux travaux dans les *Annales de physique et de chimie;* son mémoire était complété par une analyse de l'électricité et des physiciens du xviiiᵉ siècle.

Nous ne pourrons, malheureusement, donner ici qu'un résumé des études et des expériences de ce savant, lesquelles, bien que faites avec une rigoureuse exactitude, étaient encore répétées et contrôlées par son ami M. Leclerc, excellent expérimentateur lui-même.

L'électricité et l'assimilation dans les végétaux. — M. Grandeau, pour isoler une plante de l'action de l'électricité atmosphérique, se conforma aux conseils donnés par M. Mascart, en vue de soustraire les corps à l'action de l'électricité des nuages ; il s'agit : « de les entourer complètement par un conducteur fermé ou simplement par une sorte de grillage métallique relié à la terre à l'aide de communications multiples ». M. Grandeau construisit donc une cage métallique à larges mailles. Il put ainsi éviter parfaitement au sol et au végétal en expérience les atteintes de l'électricité à faible tension qui se trouve toujours dans l'air. Ce procédé permettait cependant à la lumière, à l'air, à la pluie, à l'humidité, à la chaleur solaire, de parvenir à la terre et à la plante sur lesquelles on expérimentait, c'est-à-dire de ne pas introduire des causes d'erreurs dans ces expériences.

Voici d'ailleurs exactement le dispositif employé par M. Grandeau :

« Deux caisses métalliques A et B percées de trous à leur partie inférieure, contenant chacune 19 kilogr. de la même terre, sont enfouies dans le sol du jardin de la Station agronomique au 5/6.

« La caisse A est exposée à l'air libre, la caisse B est surmontée d'une cage légère en fil de fer, haute de $1^m,50$ et mesurant $0^m,40$ dans ses deux autres dimensions : cette cage est formée de quatre montants en fer de $0^m,01$ de diamètre, reliés entre eux par un treillis de fil de fer fin ($0^m,0005$) à maille de $0^m,15$ sur $0^m,10$. » Dans les coins de chaque caisse, il place des boîtes étanches métalliques, remplies de la même terre que les caisses, lesquelles possèdent naturellement aussi un sol de composition exactement identique.

La première expérience fut faite avec deux pieds de tabac provenant tous les deux de la même couche, pesant chacun $3^{gr},5$, portant quatre feuilles primordiales. Ces plants identiques furent plantés le 7 avril, l'un dans la caisse témoin A, l'autre dans la caisse B recouverte de la cage. Ce ne fut qu'à partir du 20 qu'on constata des différences très notables de développement. Le tabac de la caisse B croissait beaucoup plus lentement en hauteur et diamètre que celui de A. « Tous deux cependant étaient vigoureux, leurs feuilles étaient très vertes et dénotaient un fonctionnement régulier, bien que sensiblement différent en intensité, de la cellule chlorophyllienne. Le 7 août, le plant A avait fleuri et les graines commençaient à se former ; le plant B, très en retard relativement au premier, présentait à peine quelques boutons fort éloignés de leur épanouissement ; il n'avait pas une seule fleur. »

Voici la composition intéressante de la récolte :

	HORS CAGE.		SOUS CAGE.	
	Trouvée.	En cent.	Trouvée.	En cent.
Eau	243,000	89,01	122,500	87,50
Matières azotées . . .	2,269	0,83	1,325	0,94
Matières hydro - carbonées	24,629	9,02	13,755	9,82
Cendres (matières minérales).	3,102	1,14	2,420	1,74
	273,000	100,00	140,000	100,00

On voit toute l'influence, sur la végétation, de l'air chargé d'électricité.

La plante soustraite à l'action de l'électricité a produit, comparée à l'autre :

Matière vivante totale. . . . . . 5.28 p. 100.
Matière azotée . . . . 58.39 —
Substances hydrocarbonées. { cellulose, amidon, etc. } 55.85 —
Cendres. . . . . 78.02 —

M. Grandeau fit d'autres expériences avec du *maïs caragua,* du *blé de Chiddam;* il reconnut toujours que les quantités de substances vivantes ont été inférieures de 30 à 50 p. 100 pour les végétaux à l'abri de l'électricité de l'air. La transformation du protoplasma chlorophyllien ou glucose, en amidon, etc., semble être particulièrement atteinte par l'électricité atmosphérique. L'arrêt dans l'assimilation semble porter tout d'abord sur l'élaboration des principes hydrocarbonés.

M. Grandeau a reconnu aussi que la floraison et la fructification subissent des modifications très grandes. Des plantes placées sous des arbres ou dans la cage ont tou-

jours produit des fruits, un poids de graines, un nombre de
fleurs de 40 à 50 p. 100 moindres qu'à l'air libre.

Cependant, les substances sèches et les cendres ont donné
des taux plus élevés pour les plantes soustraites à l'action
de l'électricité, car à l'air libre, les végétaux deviennent plus
riches en eau et plus pauvres en matières minérales.

1° Les végétaux sur lesquels ont porté les expériences
de M. Grandeau (tabac et maïs géant) ont été notablement
influencés dans leur accroissement, par la suppression de
tension électrique dans l'atmosphère qui les entourait. La
proportion de tissus vivants, formés en l'absence de l'action
de l'électricité atmosphérique, a été inférieure de 27.09
p. 100 à la production normale.

2° Le taux des matières sèches élaborées par la plante
s'est abaissé, sous cage, de 29.71 p. 100, celui des matières
azotées, de 20.28 p. 100 ; le taux des matières amylacées
(sucre, amidon, etc.), a été particulièrement influencé par
la suppression de l'état électrique de l'air : il s'est abaissé
de 31.75 p. 100 sous cage.

3° Les plantes végétant à l'air libre ont absorbé d'une
manière absolue un peu plus d'azote, 0.06 p. 100, et beaucoup moins de matières minérales.

C'est donc bien à la tension électrique de l'atmosphère
variable avec l'altitude qu'il faut attribuer la différence que
l'analyse permet de constater entre végétaux semblables
recueillis sur les montagnes ou dans le fond des vallées.

Sur les hauteurs, en effet, l'analyse donne des taux plus
élevés d'azote et plus petits de cendres que pour les mêmes
plantes venues dans les bas fonds.

Action de l'électricité sur la nitrification. — Nous
avons déjà dit, que, s'appuyant sur les résultats obtenus
par M. Berthelot, M. J. Dehérain croyait que l'électricité

était cause de la nitrification des matières cellulosiques et glucosiques. M. Grandeau a parfaitement montré que la nitrification s'effectue exclusivement aux dépens de l'azote engagé dans les combinaisons organiques que renferme le sol. L'azote gazeux de l'air ou du sol n'y prend pas plus part, que les matières hydrocarbonées sous l'influence des alcalis ; « lorsqu'on emploie du glucose pur et de la soude exempte de nitrate, on n'obtient aucune trace d'azote fixé par l'élément hydrocarboné ».

M. Grandeau en collaboration avec M. Leclerc a étudié deux cas :

1° Action de l'électricité sur un sol non cultivé ;

2° Action de l'électricité sur un sol cultivé.

1° Pour montrer que l'électricité n'a pas d'action sur le phénomène de nitrification dans un sol non cultivé, M. Grandeau prit deux boîtes métalliques étanches, d'une surface ouverte de 1 décimètre carré, renfermant chacune 500 grammes de la terre des caisses précédentes. Ces boîtes, exposées à toutes les influences atmosphériques, ont été placées l'une sous la cage décrite, l'autre hors de cette cage pendant six mois. On analysa le sol en retirant toutes les plantes parasitaires qui pouvaient se trouver à la surface. L'analyse a montré que : « Pendant les six mois de l'expérience, les deux sols se sont, en l'absence de végétation, appauvris légèrement en azote ; l'ammoniaque a disparu complètement, assimilée sans doute par les quelques mousses et autres végétaux parasitaires qui commençaient à se développer dans les caisses témoins ; l'azote nitrique a diminué de 20 p. 100 environ, et l'azote organique de 1 p. 100.

« L'absence d'électricité dans la couche d'air qui reposait sur le sol, sous la cage, n'a donc pas modifié sensiblement les phénomènes de nitrification. Cette expérience semble donc prouver qu'au niveau du sol non cultivé, l'influence de l'électricité atmosphérique ne joue pas de rôle appréciable dans la nitrification des matières organiques azotées. »

2° Avec des sols recouverts d'une végétation, M. Grandeau a reconnu que : tandis qu'à l'abri de l'électricité atmosphérique, le tabac et le maïs n'ont absorbé qu'une quantité d'azote organique transformé s'élevant à 0,791, le maïs et le tabac hors cage, soumis à l'influence électrique de l'air, ont assimilé des quantités d'acide azotique et d'ammoniaque provenant de la nitrification d'un poids d'azote 3,29 fois plus considérable. Pour M. Grandeau :

« Le sol mis en contact avec l'électricité statique de l'atmosphère, par l'intermédiaire d'une plante d'une hauteur de $1^m,50$ à 2 mètres, ne s'enrichit pas en nitrate aux dépens de l'azote gazeux de l'air, mais voit s'activer la combustion des substances azotées qu'il renferme et qui deviennent ainsi aptes à nourrir sa récolte, à l'état de nitrate et d'ammoniaque. »

Enfin, comme on le voit, l'électricité peut être considérée comme très utile dans ces phénomènes de nitrification, car les sols possédant une végétation quelconque sont justement ceux qui, au point de vue agricole, sont les plus nombreux.

Donc, le cultivateur doit être deux fois reconnaissant à l'électricité atmosphérique, quant à la question des nitrates, puisque nous avons vu : 1° que l'électricité donne naissance à ces fertilisants dans l'air ; 2° qu'elle en facilite la formation dans la terre.

Résumé de M. Grandeau. — Nous emprunterons, pour terminer ce chapitre, le résumé que M. Grandeau a fait lui-même de ses études.

« L'électricité atmosphérique, d'après tout ce qui précède, est un facteur prépondérant de la production des matières végétales. Toutes conditions égales d'ailleurs, qualités physiques et chimiques du sol, température, exposition, climat, la végétation prendra un plus grand développement dans les lieux où l'action électrique de l'air peut se faire sentir. L'atmosphère chargée d'électricité, comme c'est le cas par les temps d'orage, concourt activement au développement des plantes ; elle favorise la floraison et la fructification des récoltes. La végétation tropicale doit compter, au nombre de ses facteurs importants, l'état électrique de l'atmosphère de ces régions.

« Inversement la suppression de l'état électrique de l'air, par suite de la présence d'un grand arbre, place la végétation dominée dans des conditions défavorables : ce phénomène joue incontestablement un rôle considérable dans ce que l'on nomme l'influence du couvert sur les taillis sous futaie et sur le sol des futaies. Dans les futaies, la tension électrique étant constamment nulle au-dessous des arbres qui la constituent, les végétaux qui y croissent se trouvent dans des conditions identiques à celles des plantes sous cages. Aux causes connues ou inconnues de l'action du couvert, diminution dans l'éclairage, lumière verte réfléchie, etc., il convient d'ajouter l'absence totale d'électricité sous le massif.

« L'action nuisible pour les récoltes avoisinantes des arbres à haute tige plantés le long des routes, celle des arbres isolés dans les vignes, non moins manifeste, peuvent s'expliquer par les mêmes causes. Tout en admettant que les arbres peuvent gêner les récoltes par le développement de leurs racines, par leurs exigences en principes minéraux ; que les arbres des forêts dont les cimes se touchent non seulement interceptent la lumière directe du sol, mais ne laissent plus arriver aux végétaux sous-jacents que de la lumière verte réfléchie, tout en reconnaissant enfin que le voisinage des arbres exerce, pour des causes nombreuses et diverses, une influence certaine sur la végétation dominée par eux, je crois que la cause nouvelle, mise en lumière par mes expériences, doit être prépondérante et entrer pour une très large part dans l'explication de l'influence du couvert.

« Aujourd'hui que les progrès de la physique permettent d'enregistrer, d'une façon continue, l'action si variable de l'électricité, j'espère que l'on pourra, par la comparaison des tracés graphiques si précieux, fournis par l'électrographe de M. Redier, avec l'état de la végétation dans le même lieu, arriver à préciser les rapports qui unissent les deux phénomènes. »

En résumé, M. Grandeau a établi dans ses intéressants travaux d'électro-culture :

1° L'influence considérable de l'électricité atmosphérique sur la végétation ;

2° Que les plantes soustraites à l'action de l'électricité de l'air ont, comparativement aux *témoins,* 50 à 70 p. 100 de matière végétale en moins et 50 à 60 p. 100 moins de fruits ou de graines ;

3° Que la proportion des matières albumineuses ne dépend pas sensiblement de l'influence électrique ;

4° Que l'action néfaste des arbres sur les plantes qui naissent sous leur couvert est due, en grande partie, à ce que les premiers soutirent à leur profit l'électricité qui, sans eux, écherrait aux secondes ;

5° Enfin, que l'électricité prendrait une part dans le phénomène de la nitrification.

Terminons ce chapitre par une phrase de M. Grandeau, phrase qui, à elle seule, suffirait à faire reconnaître l'utilité, le rôle, l'avenir de l'*Électricité agricole* : « J'estime avec M. Berthelot, que ces études réservent un grand nombre de découvertes à ceux qui les poursuivront. »

CHAPITRE VIII

ACTION DE L'ÉLECTRICITÉ SUR LA GERMINATION

Recherches faites au dix-huitième siècle. — *Jolabert*
(1712-1768) semble être le premier qui se soit occupé de
l'action de l'électricité atmosphérique sur la germination.
Il expérimenta sur des graines de moutarde et de cresson.

En 1747, l'*abbé Nollet* décrivait les résultats des expériences qu'il fit à ce sujet ; elles sont très intéressantes,
aussi ont-elles déjà été rapportées par M. Grandeau.

« Le 9 octobre 1747, je fis remplir de la même terre
deux petites jattes d'étain toutes semblables ; je semai dans
chacune une égale quantité de grains de moutarde pris au
même paquet, je les laissai deux jours dans le même lieu
sans y faire autre chose que les arroser et les exposer aux
rayons du soleil depuis environ dix heures du matin jusqu'à
trois heures après midi.

« Le 11 du même mois, c'est-à-dire deux jours après avoir
semé la graine, je plaçai une des jattes marquée de la let-
tre A dans la cage de tôle où elle fut électrisée pendant dix
heures, savoir : le matin, depuis 7 heures jusqu'à midi et le
soir, depuis 3 heures jusqu'à 8 ; pendant tout ce temps-là,
l'autre jatte était à l'écart, mais dans la même chambre, où
la température était assez uniformément de 13°,5 Réaumur.

« Le 12, ces deux jattes furent exposées ensemble au soleil et arrosées également ; on les rentra de bonne heure le
soir, et je n'y aperçus encore rien de levé.

« Le 13, à 9 heures du matin, je vis, dans la jatte électrisée, trois graines levées, dont les tiges étaient de 3 lignes hors de la terre ; la jatte non électrisée n'en avait aucune : on eut de l'une et de l'autre le même soin que le jour précédent, et l'on électrisa le soir, pendant trois heures, celle qui était destinée à cette épreuve.

« Le 14 au matin, la jatte électrisée avait neuf tiges hors de terre, dont chacune était longue de 7 à 8 lignes, et l'autre n'avait encore rien de levé ; mais, le soir, j'en aperçus une dans celle-ci, qui commençait à se montrer. La première fut encore électrisée ce jour-là, pendant cinq heures de l'après-midi.

« Enfin, pour abréger ce détail, il suffira de dire que, jusqu'au 19 octobre, je continuai de cultiver également ces deux portions de terre ensemencées, en électrisant toujours la même pendant plusieurs heures tous les jours, et qu'au bout de ce terme, c'est-à-dire après huit jours d'expériences, les graines électrisées étaient toutes levées et avaient des tiges de 15 à 16 lignes de hauteur, tandis qu'il y en avait deux ou trois à peine des autres hors de terre, avec des tiges de 3 à 4 lignes au plus.

« Cette différence était si marquée que je fus tenté de l'attribuer à quelque cause accidentelle que je ne connaissais pas ; mais, au retour d'un petit voyage, je trouvai toutes les graines levées dans la jatte qui n'avait pas été électrisée, et je commençai à croire avec quelque confiance que l'électricité avait accéléré véritablement la végétation et l'accroissement des autres.

« Quoique cela parût assez clairement indiqué par l'expérience, je ne me suis rendu à cette conséquence qu'après plusieurs épreuves réitérées sur différentes graines et suivies de résultats à peu près semblables. »

Nous avons donné presque entière cette étude de l'abbé

Nollet, à cause de sa précision et parce que c'est la première relation vraiment scientifique que l'on ait à ce sujet.

En 1770, l'*abbé Bertholon*, dont nous avons déjà parlé et dont nous parlerons encore, écrivait que : la germination animale est aussi impressionnée par l'électricité, que la germination végétale, et que cette influence est égale pour tous les êtres organisés à quelque règne qu'ils appartiennent.

Expériences faites au dix-neuvième siècle. — Aujourd'hui, l'action de l'électricité sur la germination est un fait acquis par l'expérience. M. *Goiran* a pu la reconnaître dans ces dernières années, en étudiant les effets généraux de l'électricité qui accompagne toujours les phénomènes cosmiques et en particulier les effets produits par les tremblements de terre qui ébranlèrent, il y a deux ans, le nord de l'Italie.

Il a reconnu que :

1° La germination des plantes fut plus prompte ;

2° La croissance des jeunes plants fut plus rapide ;

3° Les pâturages, les terres arables, les vignobles, les taillis eurent une végétation plus luxuriante ;

4° La végétation fut accompagnée d'une couleur exceptionnellement foncée.

D'ailleurs, M. Goiran croit que l'électricité n'est pas seule à produire ces effets différents, dans les tremblements de terre, car ceux-ci doivent amener une augmentation dans la production de l'acide carbonique de l'air et une diffusion plus complète, dans le sol, des principes fertilisants.

M. *Deletrez d'Oulnez,* qui, depuis plusieurs années déjà, signale l'influence de l'électricité sur les graines de betteraves, a renouvelé ses expériences en 1893.

Malgré la grande sécheresse, il a pu cependant reconnaître encore les effets bienfaisants dus à son procédé. Dans un champ planté en betteraves à graines, une partie a été soumise à l'influence de l'électricité, et une autre partie a végété en dehors de cette influence. Les semences ont été extraites de chaque lot, et l'effet de l'électricité s'est manifesté par un poids beaucoup plus lourd des semences.

Voici ce qui a conduit M. Deletrez à faire ces expériences. Il avait éprouvé, comme tous les producteurs de graines à betteraves qui s'occupent de leur amélioration pour la production du sucre, la pénible impression de voir que, malgré tous les soins apportés à la sélection des mères à graines, il ne récoltait qu'une descendance ne représentant ses auteurs que dans une faible proportion ; frappé de ces inconvénients, M. Deletrez étudia les résultats qu'on pourrait obtenir par la plantation des yeux détachés du collet de betteraves choisies ; il reconnut que les graines qui en étaient issues, venant de gros ou de petits glomérules, produisaient également des racines ayant entre elles des dissemblances dans leur teneur en sucre, que de plus elles présentaient des signes d'atrophie qui certainement ne pourraient que se développer chez les générations suivantes. C'est de là que M. Deletrez a conclu que la fécondation imparfaite était la cause principale, peut-être la seule, de la non-conformité dans la descendance.

Étudiant alors les effets de l'électricité sur les racines mères à graines, ce savant constata qu'elles étaient favorablement influencées par un courant électrique, qu'en les y soumettant au moment où elles ont acquis le commencement du développement de force qui leur est nécessaire, leur énergie vitale augmente, leurs organes sont excités, leur stigmate se développe et qu'ainsi favorablement influencées, elles sont plus aptes à produire une génération possédant les qualités qui avaient déterminé leur choix.

Mais cette action de l'électricité sur la germination a été spécialement étudiée par le frère Paulin, de l'école de Montbrison. Il a fait sur ce sujet des travaux particulièrement intéressants, qu'il a réunis en 1890 dans une toute petite brochure intitulée : *Influence de l'électricité sur la végétation.*

Voici comment le frère Paulin opéra :

Il prit des graines quelconques qu'il divisa en quatre lots. Le *premier* servait de témoin et était semé sans aucune préparation. Le *second* était électrisé à sec, avant d'être semé. Le *troisième* subissait cette opération après avoir été préalablement humidifié ; les graines de ce lot devenaient ainsi bien meilleures conductrices de l'électricité, propriété qui est presque nulle lorsque les graines sont sèches. Le liquide qui, à ce point de vue, semble donner les meilleurs résultats est le purin étendu deux fois de son volume d'eau ; ce troisième lot n'était soumis à l'action de l'électricité que pendant un temps assez court.

Enfin le *quatrième* lot recevait une électrisation beaucoup plus longue.

Voici les résultats recueillis par le frère Paulin :

Les deux premiers lots n'ont donné aucune différence ; quant aux graines du troisième, la proportion de celles qui ont germé était beaucoup plus grande (un tiers environ) ; enfin, non seulement le nombre des graines germées était beaucoup plus fort dans le quatrième lot que dans les trois autres, mais encore la germination elle-même a été très accélérée. C'est au point que ces quatre expériences qui avaient été commencées à dix jours d'intervalle (par conséquent le quatrième lot avait un retard de trente jours sur le premier) ont donné des plantes ayant des activités végétatives différentes, et celles qui possédaient la plus grande activité étaient celles qui provenaient justement des graines de ce quatrième lot.

Pour électriser les graines, le frère Paulin les met dans des bonbonnes ou des vases en verre, lesquels sont recouverts extérieurement de feuilles d'étain. Ces bonbonnes sont bouchées à l'aide de bouchons en liège, traversés par un assez gros fil en cuivre, lequel descend et pénètre jusque dans le paquet de graines. Dans ces conditions, il met la partie extérieure du fil de cuivre en communication avec une machine d'électricité statique quelconque. On forme donc ainsi une bouteille de Leyde, dans laquelle les graines constituent l'armature intérieure.

On électrise ainsi, d'heure en heure, jusqu'à ce qu'on soit parvenu à une saturation indiquée par un sifflement particulier.

L'expérimentateur soumet à l'action électrique les vases pendant une journée, pour les petites graines analogues à celles des raves, des épinards, des salades, etc., ce qui fait alors douze électrisations ; pour les graines plus grosses, celles des céréales par exemple, l'opération a lieu pendant deux jours, ou vingt-quatre fois ; enfin pour les graines d'arbres fruitiers ou forestiers, elle dure de trois à huit jours ; par conséquent ces dernières reçoivent de trente-six à quatre-vingt-seize électrisations, selon la grosseur. Il est à recommander, dans ce genre d'expériences, de semer les graines dès que l'électrisation est terminée en ne leur laissant pas le temps de sécher.

On a pu, par ce procédé, rendre à des graines ayant plus de vingt ans leur pouvoir germinatif, alors qu'elles ne pouvaient plus lever autrement.

Le frère Paulin a fait d'autres expériences encore à ce sujet. Il prit différentes graines d'arbres, vieilles de vingt ans ; il les divisa en trois lots. Le *premier* fut semé en pleine terre sans avoir reçu aucune préparation ; le *second* fut électrisé pendant deux jours avant d'être semé ; le *troisième* fut semé sans préparation dans une terre contenue dans une terrine, puis pendant quinze jours on électrisa cette terre, une heure par jour. L'humidité était d'ailleurs maintenue égale dans les trois lots.

Dans ces conditions, le premier et le deuxième lot n'ont donné aucun signe de germination. Après cinq mois d'attente, le frère Paulin reconnut que ces graines étaient pourries ; le troisième lot, au contraire, germait parfaitement quinze jours après l'ensemencement.

Dans le mélange des graines qui formaient chaque lot, celles qui ont paru le plus utilement *influencées* par l'électricité, c'est-à-dire celles qui ont germé les premières, furent : l'*Acacia triacanthos*, puis le *genêt d'Espagne*, le *pin maritime*, le *baguenaudier* et le *Saphora japonica*. Ces plantes poussèrent très bien. Cependant, dans cette expérience, au bout de trois semaines, deux pieds de *Saphora japonica* tombaient malades, se fanaient. Le frère Paulin mit chacun de ces pieds dans un récipient et électrisa un de ces vases : au bout de deux jours, la plante qui se trouvait dans ce dernier avait complètement repris sa vigueur, tandis que celle placée dans l'autre continuait à dépérir ; cependant toutes les deux étaient arrosées également.

Cet expérimentateur put aussi, grâce à l'électrisation, faire germer des graines qui d'habitude restent stériles dans nos contrées ; c'est ainsi que des noyaux de *dattes* germèrent parfaitement dans les environs de Saint-Étienne.

Mais il n'a obtenu que de mauvais résultats lorsqu'il a

voulu remplacer, dans ses expériences, l'électricité statique par l'électricité dynamique. L'échec auquel est arrivé le *baron Thénard* à la Ferté-sur-Grosne (Saône-et-Loire) est une autre preuve de l'inefficacité de ce genre d'électricité en électro-culture. Ce dernier savant voulut faire passer de forts courants électriques au milieu de champs de blé, courants produits par des dynamos ; ce procédé fort coûteux ne donna que des résultats peu satisfaisants ; nous reviendrons d'ailleurs sur cette question.

M. *N. Spechnew,* professeur de physique à Kiew, a principalement étudié l'action de l'électricité d'induction sur la germination de différentes semences. Chacune de ses expériences comprenait douze lots, de cent-vingt graines chacun ; douze autres lots identiques servaient de témoins. Ces deux groupes furent plongés dans l'eau pendant un temps égal, jusqu'à production d'un gonflement assez considérable des graines. Le lot à électriser subissait alors l'action d'un appareil d'induction, une bobine de Rhumkorff, par exemple. Voici comment M. Spechnew s'y prenait : les graines étaient placées dans de grandes éprouvettes cylindriques en verre, fermées par des disques ronds en cuivre rouge servant à comprimer les graines dans l'intérieur des éprouvettes ; les disques portaient des tiges métalliques qui communiquaient extérieurement avec les pôles de la machine d'induction ; le circuit contenait un ampèremètre. L'expérimentateur faisait passer le courant durant une ou deux minutes.

Dans ces conditions, les graines électrisées ou non furent alors semées.

M. Spechnew répéta dix fois cette expérience avec des graines de seigle d'hiver et de printemps, des pois, des fèves, du tournesol.

Voici la moyenne du temps qu'a mis chacune de ces graines, pour germer.

Seigle électrisé . . . .   2 jours
Témoin. . . . .   3 —

Pois électrisé . . . .   2 — et demi
Témoin. . . . .   4 —

Haricots électrisés . . . . . .   3 —
Témoin. . . . .   6 —

Tournesol électrisé. . . . . . .   8 — et demi
Témoin. . . . .   15 —

On voit donc que les graines soumises à l'influence des courants d'induction germent en un temps environ moitié moindre que si elles étaient dans les conditions ordinaires.

En outre, M. Spechnew a reconnu que les plantes issues de graines électrisées possèdent en général une plus grande vitalité : elles ont des feuilles plus larges et des fleurs plus colorées ; M. Spechnew n'aurait cependant pas, paraît-il, observé de sérieuses différences dans les rendements.

Actions différentes de l'électricité atmosphérique et terrestre. — Nous avons pu remarquer, en collaboration avec M. Dumont, à Boulogne, que dans l'électricité naturelle : 1° le fluide terrestre agit principalement pour activer la *germination* ; 2° l'électricité de l'air agit surtout pour augmenter la *croissance* des plantes.

Pour arriver à ce résultat nous avons fait deux séries d'expériences : dans les premières, nous avons utilisé l'électricité naturelle ; dans les secondes, nous avons contrôlé ces résultats, en servant à la terre et à l'air de l'électricité empruntée à des machines.

Dans la première série de ces expériences : 1° nous avons cherché d'abord l'action de l'électricité terrestre sur des plantes et des graines, en faisant disparaître l'action de l'électricité atmosphérique. Pour cela, nous avons tendu, au-dessus de caisses pleines de terre contenant en outre un nombre déterminé de plantes et de graines, des fils de laiton (destinés à s'emparer de l'électricité atmosphérique). Des caisses semblables servaient naturellement de témoins dans ces différentes expériences.

2° Nous avons cherché ensuite l'action de l'électricité atmosphérique seule. Pour cela, nous avons disposé ces fils métalliques dans la terre qui contenait les plantes et les graines, de façon à faire disparaître l'électricité terrestre pour laisser ces végétaux sous l'action unique de l'électricité atmosphérique.

Étant données ces conditions, si nous avons généralement reconnu, dans le premier cas, que les plantes languissaient, venaient moins bien que celles des caisses témoins, nous avons toujours pu voir que les graines levaient plus vite ; au contraire, dans le deuxième cas, les plantes de la caisse où se trouvaient les fils métalliques croissaient mieux que celles de la caisse servant de témoin, mais il n'en était pas de même des graines qui levaient peu ou point.

Nous avons ensuite répété ces expériences, en augmentant l'électricité de la terre et de l'air, à l'aide de machines électriques. Les faits énoncés plus haut ont été alors beaucoup plus apparents et frappants.

Pour cela : 1° nous avons placé une caisse pareille à la précédente sous une cage métallique, analogue à celle employée par M. Grandeau ; les plantes et les graines en expérience sont donc ainsi parfaitement à l'abri de l'électricité de l'air. Dans la terre de ces caisses, nous avons disposé des plaques métalliques, cuivre et zinc, en communication avec une pile Leclanché de trois ou quatre éléments.

2° Nous avons disposé un grand nombre de fils de laiton dans la caisse en expérience, tandis que nous faisions de la surface de la terre qu'elle contenait un véritable champ électrique : il était formé de deux feuilles d'étain pliées à angles droits et placées aux deux coins extrèmes de la caisse; ces feuilles étaient en outre supportées par des petits cylindres isolants, en verre, et mises en communication avec une machine électrique.

Comme on le voit, le principe de cette seconde série d'expériences est le même que le précédent, seulement les quantités d'électricité mises en action étaient beaucoup plus fortes.

Nous pensons que ce qui différencie l'action de ces deux électricités de l'atmosphère et de la terre, ce n'est pas le signe positif de la première et négatif de la seconde ; c'est la différence de proximité qui existe entre les organes de la plante et le champ électrique. On comprend facilement, en effet, que l'électricité de la terre doit avoir plus d'effet sur la portion du végétal qu'elle contient (graines, racines), que sur celle qui est dans l'air (tiges, feuilles). Réciproquement pour l'électricité atmosphérique. Quoi qu'il en soit nous croyons être parvenu à montrer le bon effet de l'électricité en général sur la plante ; il faut donc chercher à utiliser pour la culture les immenses quantités d'électricité répandues dans l'atmosphère. C'est justement l'application de ce principe qui fera le sujet des deux chapitres suivants.

CHAPITRE IX

TRAVAUX DE L'ABBÉ BERTHOLON SUR L'UTILISATION DE L'ÉLECTRICITÉ ATMOSPHÉRIQUE

Principe. — Nous consacrerons ce chapitre entier aux travaux de l'abbé Bertholon ; ils furent exécutés d'une si remarquable façon que, depuis plus d'un siècle, on n'a pu trouver un meilleur procédé d'utiliser l'électricité atmosphérique pour les plantes que celui qu'il a décrit.

M. Grandeau a rendu aussi hommage, dans son travail sur l'électro-culture, à ce savant, pour lequel l'histoire scientifique semble être bien ingrate.

L'abbé Bertholon, persuadé que l'électricité atmosphérique exerçait une action favorable sur la végétation, s'était proposé de « *remédier au défaut dans la quantité d'électricité, relativement aux végétaux* ». Il a fait remarquer : « qu'il y a habituellement, dans l'atmosphère, une grande quantité de matière électrique qui y est répandue ; elle existe toujours jusque dans les hautes régions. Sur les hautes montagnes elle se fait toujours sentir avec plus d'énergie que dans les plaines. Lorsqu'on est dans celles-ci, en élevant des conducteurs ou en lançant des cerfs-volants électriques allant au-devant d'elle, pour ainsi dire la chercher et la ramener à la surface de la terre où plusieurs causes l'empêchent quelquefois de se montrer, on la voit aussitôt soumise à la voix de l'homme, lui obéir, descendre en quelque sorte du ciel et venir ramper à ses pieds pour venir exécuter ses ordres..... Ce principe exposé, pour remédier au défaut de

la quantité de fluide électrique qui a quelquefois lieu, défaut
qui est nuisible à la végétation, il faut élever dans le terrain
qu'on veut féconder un appareil nouveau que j'ai imaginé,
qui a tout le succès possible et qu'on peut nommer *électro-
végétomètre* ; il est aussi simple dans sa construction qu'efficace dans sa manière d'agir, et je ne doute point qu'il ne
soit adopté par tous ceux qui sont instruits des grands principes de la nature. »

Description de l'électro-végétomètre de Bertholon. —
Cet appareil est composé d'un mât ou d'une pièce de bois
quelconque, suffisamment enfoui en terre pour qu'il puisse
avoir une certaine solidité et résister au vent (suit la description de la façon de conserver cette pièce de bois).

« Au haut du mât, nous mettons une espèce de console
ou support en fer ; l'extrémité pointue sera enfoncée dans
l'extrémité pointue du mât, et l'autre bout du support sera
terminé en anneau pour y recevoir un tuyau de verre creux
et dans lequel on aura mastiqué une verge en fer. Cette
verge de fer, qui se termine en pointe par son extrémité
supérieure, est entièrement isolée, puisqu'elle tient fortement dans un tube de verre épais, rempli de matière bitu-
mineuse, scellée avec des cendres, de la brique et du verre
en poudre, ce qui forme un mastic très bon et très appro-
prié à l'objet qu'on s'est proposé.

« Afin que la pluie ne mouille pas le tuyau de verre, on
a eu soin de souder un entonnoir en fer-blanc à la verge,
alors celle-ci est toujours isolée. De l'extrémité inférieure
de cette verge pend une chaîne qui entre dans un second
tuyau de verre lequel est soutenu par un autre support
fixé au mât. L'extrémité inférieure de la chaîne dont nous
venons de parler repose sur un disque de fer qui fait partie
d'un conducteur horizontal ; celui-ci porte une brisure à

charnière, afin de pouvoir faire tourner à droite ou à gauche une verge de fer qui y est fixée ; il y en a une autre un peu plus loin, pour que le mouvement circulaire puisse encore mieux s'exécuter ; il existe, en outre, deux guéridons en supports, terminés en fourche, où l'on a attaché un cordon de soie bien tendu, pour isoler le conducteur horizontal. Enfin ce conducteur horizontal fait un coude à angle droit, dont un côté est dirigé vers la terre et est terminé par plusieurs pointes de fer assez aiguës. »

L'abbé Bertholon a apporté plus tard une modification légère à son appareil, mais le principe étant le même, nous n'en parlerons pas.

Fonctionnement de l'appareil. — « La structure de cet électro-végétomètre étant bien entendue, on en concevra facilement l'effet. L'électricité qui règne dans l'air sera soutirée par les pointes de l'extrémité supérieure ; les expériences électriques les plus décisives prouvent que les pointes ont cette propriété. C'est ce qu'on appelle, en physique, le pouvoir des pointes. La matière électrique soutirée par la pointe ou les pointes placées à la partie supérieure sera nécessairement transmise par la verge et par la chaîne, parce que l'isolement qu'on a pratiqué à l'extrémité supérieure du mât empêche qu'elle ne se communique au bois. Le fluide électrique de la chaîne passe au conducteur horizontal ; ensuite par les pointes situées aux extrémités ; puis, il s'échappe, parce que les pointes, qui ont le pouvoir de soutirer, ont aussi celui de repousser le fluide électrique, ainsi que l'expérience le démontre. L'usage de cet instrument n'est pas plus difficile : supposons qu'il ait été placé au milieu d'un jardin potager, par exemple ; en faisant tourner successivement le conducteur horizontal et en retirant l'allonge ou les allonges qu'on y aura mises, on pourra porter l'électricité dans toute la surface du terrain dont nous parlons.

« L'électricité soutirée à l'atmosphère sera conduite sur toutes les plantes qu'on cultivera, dans les temps où l'on aura observé trop peu d'électricité, dans les basses régions proches de la superficie de la terre. Lorsque le fluide électrique de l'atmosphère sera trop abondant, on rendra nul l'effet de notre appareil, en mettant une chaîne de fer au plateau, qui pendra et traînera même jusque sur le sol; ou une verge de fer perpendiculaire, dont l'effet sera le même, c'est-à-dire détruire l'isolement et transmettre insensiblement le fluide électrique, à mesure qu'il est soutiré par les pointes : de cette sorte, il n'y aura jamais surabondance de ce fluide dans l'instrument, et son effet deviendra nul ou sensible à volonté, selon qu'on placera ou non la seconde chaîne ou la verge additionnelle.

. . . .

« Par le moyen de notre *électro-végétomètre,* on rassemblera à volonté le fluide répandu, on le conduira sur la surface de la terre dans les temps où il y en aura moins, où la quantité ne sera pas suffisante pour la végétation, à plus forte raison dans ceux où, quoique suffisante, elle ne sera pas assez grande pour obtenir des effets multipliés et des productions nombreuses. De cette façon on aura un excellent engrais, qu'on ira pour ainsi dire chercher dans le ciel, et cet engrais ne sera nullement dispendieux..... Cet engrais est celui que la nature emploie sur toute la surface de la terre et dans tous les lieux que nous appelons en *friche,* parce qu'ils ne sont fécondés que par les agents que la nature sait si bien mettre en œuvre..... Il ne manquait, peut-être, pour mettre le complément aux découvertes utiles qu'on a faites sur l'électricité, que de montrer l'art si avantageux de se servir du fluide électrique comme engrais ; alors tous les effets que nous avons prouvés dans notre seconde partie dépendront de l'influence de l'électricité ; tous ces effets, comme l'accélération dans la germination, dans l'accroissement et la production des fleurs, des feuilles, des fruits, leur multiplication, etc., seront produits, même dans les temps où les causes secondaires s'y opposeraient, par l'accumulation du fluide électrique que nous avons eu l'art de rassembler sur les portions de la surface de la terre où nous cultivons des plantes, plus particulièrement consacrées à nos besoins. »

Effets de l'électro-végétomètre. — « Cet appareil ayant été élevé par mes soins au milieu d'un jardin, on a vu les plantes diverses, les herbages, les fruits, plus hâtifs, plus multipliés et de meilleure qualité. Ces faits sont analogues à une observation analogue que j'ai faite ; c'est que les plantes croissent mieux et sont plus vigoureuses autour des paratonnerres, lorsqu'il y en a quelques-uns et que le local permet leur développement ; ils servent à expliquer comment la végétation est si vigoureuse dans les forêts et dans les plus grands arbres, dont la cime orgueilleuse s'élève avec tant de majesté dans l'air, à une grande distance de la surface de la terre ; ceux-ci vont chercher le fluide électrique bien plus haut que les plantes moins élevées ; les extrémités aiguës de leurs feuilles, de leurs rameaux et de leurs branches sont autant de pointes que la nature leur a départies dans le jour de sa munificence, pour soutirer le fluide électrique de l'air, cet agent si propre à la végétation et à toutes les fonctions des plantes. »

Pompe à électricité. — L'abbé Bertholon a fait d'autres appareils reposant sur un autre principe ; voici comment il décrit sa *pompe électrique :*

« Ce n'est pas seulement par le moyen de l'électricité de l'atmosphère rassemblée par des appareils qu'on peut remédier au défaut du fluide électrique si nécessaire à la végétation : l'électricité nommée artificielle peut encore y concourir. Quelque étonnante que soit cette idée et quoiqu'il paraisse peut-être impossible de la réaliser, on verra bientôt que rien n'est plus aisé. Supposons qu'on veuille augmenter la végétation des arbres d'un jardin, d'un verger, sans avoir recours aux appareils destinés à pomper, pour ainsi dire, l'électricité de l'atmosphère, il suffit d'avoir un grand tabouret isolateur. On peut le faire de deux façons en versant une couche suffisante de poix et de cire fondues sur ce tabouret, dont les bords, étant plus élevés que le milieu, formeront une espèce de caisse ou de moule..... On aura soin de placer dessus l'*isoloir* un baquet de bois rempli d'eau et de faire monter sur ce tabouret un homme armé d'une pompe aspirante en forme de seringue. Si l'on établit une communication entre l'homme et une machine électrique mise en mouvement, l'homme, étant isolé, pourra, en poussant le piston de sa pompe, arroser des arbres et répandre sur eux une pluie électrique qui portera sur tous les végétaux qui la recevront un principe de fécondité, une vertu toute particulière qui a la plus grande influence sur toute l'économie végétale.....

« J'imagine bien qu'on ne doute pas que l'électricité est communiquée à l'eau qui sert à l'arrosement, car il serait facile d'opérer ici la plus ample conviction, puisque, si quelqu'un reçoit sur le visage ou sur la main cette pluie électrique, aussitôt il sent des piqûres électriques, effet des étincelles qui sortent de chaque goutte d'eau..... »

Arrosage électrique. — « Si l'on veut arroser, dans un parterre ou dans un jardin, des carreaux 'et plates-bandes de fleurs, des planches dans lesquelles on aura semé des graines, où seront des plantes de divers âges et de différentes espèces, rien n'est plus aisé et plus expéditif que le procédé suivant. Sur un chariot, on place un *isoloir*, moulé en forme de gâteau de poix et de résine ; pour plus grande facilité, il n'y a pas de pied à cet isoloir. Le chariot est traîné dans toute la longueur du jardin par un homme ou par un cheval qu'on y a attelé ; à mesure qu'on tire le chariot, le cordon métallique se déroule de dessus une bobine, laquelle tourne à l'ordinaire. Celle-ci est isolée, soit parce que l'axe mobile est un tube de verre solide, soit parce que le petit équipage qui soutient la bobine est placé dans la masse de résine, dans le cas où l'on voudrait que l'axe fût en fer. Il y a un support qui sert à empêcher que le cordon métallique ne traîne par terre et ne dissipe de cette façon l'électricité, et, de plus, il sert d'isoloir. Pour remplir ce dernier objet, il faut que l'anneau dans lequel il passe soit de verre. On peut également, si l'on veut, se servir d'isoloirs et de supports.

« Si un jardinier, monté sur l'isoloir, tient d'une main un arrosoir plein d'eau, et que de l'autre il prenne un cordon métallique, propre à transmettre l'électricité qui vient du conducteur métallique au moyen d'un fil, l'eau étant alors électrisée, on aura une pluie électrique qui, tombant sur toute la surface des plantes qu'on veut arroser, rendra la végétation plus vigoureuse et plus abondante. Un second jardinier donnera de nouveaux arrosoirs pleins d'eau à celui qui est sur l'isoloir, lorsqu'il aura vidé ceux qu'il tenait, et en peu de temps on pourra arroser un jardin entier. Ce procédé n'est presque pas plus long que l'ordinaire, et quand même il le serait un peu plus, les grands avantages qu'on en retirera dédommageront bien abondamment

de ce petit inconvénient. En répétant plusieurs jours de
suite cette opération, soit sur des graines semées, soit sur
des plantes qui prennent leur accroissement, on ne tardera
pas à en retirer de grands avantages. Ce procédé facile,
ainsi que le précédent, a été mis en pratique, je puis l'assurer, et cela avec le plus grand succès. Tous ceux qui con-
tinueront à l'éprouver en seront aussi satisfaits que je l'ai
été. C'est ainsi que la physique moderne apprend à commander aux éléments, à se passer d'eux, s'il est permis de
parler de la sorte. »

N'ayant pas encore expérimenté cette pompe et cet arrosoir d'électricité, nous ne porterons aucun jugement à leur
égard, mais il n'en sera pas de même de l'*électro-végétomètre* dont le principe a été très souvent appliqué de façon
très satisfaisante.

Nous avons tenu à isoler les travaux de l'abbé Bertholon,
et à faire un chapitre spécial de ses études d'électro-culture,
afin de pouvoir rendre un hommage particulier à ce grand
savant, cet ingénieur physicien presque inconnu aujourd'hui.

CHAPITRE X

APPLICATIONS DE L'ÉLECTRICITÉ ATMOSPHÉRIQUE AUX CULTURES

Rendons à César ! — *Beckensteiner,* en 1848, appliqua le premier le principe de l'*électro-végétomètre* de Bertholon, pour faire un instrument à peu près semblable, auquel il donna le nom de *géomagnétifère.* L'électro-végétomètre méritait-il d'être ainsi débaptisé ? Non, puisque la seule modification qu'il reçut consistait en une prolongation jusqu'à terre de la chaîne décrite au chapitre précédent.

Le but de ce changement de nom était de faire oublier le premier auteur et de s'en approprier le mérite. D'ailleurs ce stratagème réussit, puisque l'instrument en question n'est plus connu aujourd'hui que sous le nom de géomagnétifère.

Pour notre compte, nous ne trouvons pas que les modifications imaginées, d'abord par Beckensteiner, ensuite par d'autres savants, soient suffisantes pour légitimer le changement d'appellation de l'appareil de Bertholon, aussi continuerons-nous à le désigner sous le nom d'*électro-végéto-mètre.*

Différentes expériences. — 1º *Beckensteiner* fit donc, en 1848, avec l'*électro-végétomètre,* modifié comme nous venons de dire, des expériences dans des prés et des champs de luzerne ; il obtint, de cette façon, des récoltes doubles de celles produites par des champs témoins et identiques mais ne possédant pas cet appareil. C'est surtout, paraît-il, dans le milieu du mois d'août 1848, que cet appareil d'attraction, placé dans un pré nouvellement semé, occasionna tout autour de lui une remarquable végétation en hauteur et épaisseur; on pouvait faucher à la fin septembre, et l'herbe continuait de pousser jusqu'aux gelées de novembre; ce même pré donnait des coupes : 1° en mai (1849); 2° fin juillet; et enfin une troisième coupe de regain à la fin septembre. Le pré témoin n'avait donné qu'une coupe de foin en juin.

Ce savant fit d'autres expériences : il disposa des appareils dans une propriété placée en plein bois de haute futaie, reposant sur un sol : 1° ayant une pente rapide; 2° très granitique; 3° à peine recouvert d'un mètre de terre. Il cultiva la partie supérieure de ce terrain en vigne et luzernières ; la partie inférieure était cultivée en vergers et jardins. Malgré ce mauvais terrain, entouré lui-même d'arbres, c'est-à-dire d'appareils soustracteurs de l'électricité, l'expérience dura trois ans et fournit de très remarquables résultats.

2° M. *Frestier* plaçait, il y a peu de temps, une perche élevée sur un arbre isolé au milieu de l'une de ses vignes. Son appareil se composait d'un fil de fer terminé à la partie supérieure par une sorte de balai métallique qui descendait le long de la perche se ramifiant en rayonnant dans le sol autour de l'arbre. Cet appareil, placé trois semaines avant les vendanges, produisit dans un rayon de 25 mètres des raisins beaucoup plus beaux qu'aux alentours et qui arrivèrent à maturité avant leurs voisins.

3° M. *E. Celi* communiquait, en 1878, à l'Académie des sciences, les résultats de ses recherches sur l'action de l'électricité atmosphérique sur les végétaux. Voici comment il procédait : deux pots à fleurs remplis chacun d'une terre de même nature étaient recouverts par deux cloches de verre d'égales dimensions. Trois grains de maïs furent semés dans chaque pot et furent arrosés de même façon, en qualité et quantité.

Dans l'une des cloches, une ouverture avait été ménagée à la partie supérieure, ouverture permettant le passage d'un fil métallique terminé par une sorte de balai se développant en éventail au-dessus des maïs.

Hors de la cloche, le fil *communiquait* avec un vase en métal, isolé, placé à 2 mètres au-dessus de la cloche et rempli d'eau. Celle-ci s'écoulait à l'air libre par une ouverture très fine et le vase se trouvait ainsi électrisé avec la même électricité que l'air ; enfin, le fluide était répandu dans l'atmosphère de la cloche, par le balai métallique ; d'ailleurs un aspirateur renouvelait constamment l'air sous les deux cloches.

Le 1er août germèrent les grains de maïs qui avaient été semés le 30 juillet ; trois jours après, c'est-à-dire le 4, on constatait que les plantes de la cloche électrisée croissaient plus vite que les autres ; le 10, les plantes de la cloche électrisée avaient 0^{m},17 tandis que celles qui poussaient dans l'air non électrisé n'avaient que 0^{m},03.

L'année suivante, en 1879, M. *Macagno* expérimentait, à l'Institut agricole de Castelnuovo, près Palerme, sur des vignobles. Il appliquait, le 15 avril, le dispositif suivant, sur seize souches de vignes : un fil de cuivre se dirigeant vers l'atmosphère était inséré par une pointe de platine dans l'extrémité supérieure de la branche à fruit ; à la base de la même branche était piquée la pointe en platine d'un deuxième fil de cuivre plongeant dans le sol. Les appareils restèrent en place du 15 avril au 16 septembre.

Les analyses faites sur les raisins, les bois, les feuilles

provenant des vignes électrisées et non électrisées ont fourni les résultats suivants :

1° *Grains de raisin* frais, sur 100 parties :

	VIGNES électrisées.	VIGNES non électrisécs.
Moût	79.84	78.21
Eau	74.23	75.80
Glucose	18.41	16.86
Acide tartrique libre	traces	0.112
Bitartrate de potasse	0.791	0.880
Acide tannique	0.186	0.180
Acide malique	0.056	0.064

Donc, comme on peut le voir, les vignes qui ont été soumises à l'action de l'électricité ont fourni un moût plus abondant, plus riche en glucose et moins acide ; l'électricité exerce donc d'excellents effets sur le grain de raisin.

2° *Bois desséché* à 110° a donné dans 100 parties :

	VIGNES électrisées.	VIGNES non électrisées.
Matières minérales	3.115	3.684
Potasse	0.541	0.642
Chaux	1.192	1.184
Acide phosphorique	6.128	0.182

L'électricité a donc l'avantage, comme on peut le constater par ce second tableau, de diminuer la consommation des engrais d'une certaine valeur (potasse et acide phosphorique), et par conséquent de diminuer les frais culturaux.

3° *Feuilles séchées* à 110° fournissent pour cent :

	VIGNES électrisées.	VIGNES non électrisées.
Matières minérales	14.415	13.415
Potasse totale	1.261	1.221
Chaux.	5.321	5.211
Acide phosphorique.	0.665	0.428
Bitartrate de potasse	3.491	3.180
Acide malique	2.515	2.480
Acide tannique.	11.911	12.760
Acide tartrique libre	3.221	2.051
Amidon et dextrine.	10.415	9.730
Glucose	3.528	3.444

On voit dans ce troisième tableau se produire le contraire de ce qui se passe dans le second ; les feuilles des vignes électrisées sont plus riches en matières minérales que celles qui ne subissent pas l'action du fluide. Cela tient certainement à l'accélération de la végétation, qui a eu lieu sous l'influence de l'électricité, accélération se manifestant surtout dans les organes respiratoires de la plante.

Pensant que le passage d'un courant dans un cep de vigne aurait pour résultat d'en stimuler la croissance, Macagno choisit un certain nombre de plants, tous de la même espèce et de la même vigueur. Il en planta seize dans les conditions ordinaires, seize autres furent soumis à l'action du courant.

Des pointes de platine en communication avec le sommet de hautes perches étaient piquées dans la tête de ces ceps ; à leur base étaient insérées d'autres pointes de platine reliées au sol.

A la fin des expériences qui avaient duré du 16 août au

16 septembre, le bois, les feuilles, les fruits furent soigneusement analysés et montrèrent les variations suivantes :

	AVEC conducteur.	SANS conducteur.
Humidité	79,84	78,21
Sucre.	18,41	16,86
Acide tartrique.	0,791	0,880
Bitartrate de potasse	0,186	0,180

Le sucre existe donc en plus grande quantité dans les vignes électrisées que dans celles qui ne le sont pas.

M. *Spechnew* a étudié aussi l'action de l'électricité statique sur les grands terrains d'une propriété située dans le gouvernement de Pskow. Nous avons montré, on se le rappelle, que la décharge lente de l'électricité statique doit faciliter aux plantes l'assimilation de l'azote de l'air atmosphérique.

Sur les diverses portions du terrain, ensemencées des différentes plantes qu'on trouvera dans le tableau ci-contre, M. Spechnew fixa des perches isolées, au sommet desquelles furent installés des collecteurs ayant la forme de couronnes avec des dents en cuivre doré.

Toutes les couronnes étaient réunies au moyen de fils métalliques. L'électricité atmosphérique se condensait ainsi au-dessus des semailles et les plantes se développaient dans un milieu d'une grande tension électrique.

Les résultats obtenus dans ces conditions d'électro-culture sont exposés dans le tableau ci-joint qui permet de comparer les récoltes de deux cultures. Les chiffres représentent des moyennes de cinq années, toutes les portions du terrain entre lesquelles M. Spechnew établissait les compa-

PLANTES.	QUANTITÉ de GRAINS ENSEMENCÉS en fountes. (Founte = 409gr,5.)	CULTURES.	RÉCOLTE par désiatine P. = 1,092 hectares.		BÉNÉFICE NET de l'électro-culture p. 100.		
			GRAINS en fountes.	PAILLE en fountes.	GRAINS volume.	GRAINS poids.	PAILLE poids.
Seigle.	430	Ordinaire	2,565	5,000	128	128	160
		Électro-culture.	3,280	8,960			
Blé.	480	Ordinaire	2,560	5,000	156.3	156.1	103
		Électro-culture.	4.000	5,080			
Avoine.	630	Ordinaire	3,015	3,800	157.4	161.6	151.7
		Électro-culture.	4,932	6,000			
Orge.	430	Ordinaire	2,064	5,200	148	155	117.8
		Électro-culture.	3,195	5,880			
Pois.	500	Ordinaire	3,760	5,000	122.5	122.3	123
		Électro-culture.	4,692	6,400			
Trèfle.	50	Ordinaire	880	10,400	232	231	117.8
		Électro-culture.	2,040	12,200			
Pommes de terre.	3,500	Ordinaire	35,000	3,600	111.3	111.4	133.8
		Électro-culture.	39,000	4,800			
Lin.	320	Ordinaire	1,600	12,360	142.5	147.2	111.4
		Électro-culture.	2,300	14,360			

BÉNÉFICE NET DE L'ÉLECTRO-CULTURE EN P. 100.

	SEIGLE.	BLÉ.	AVOINE.	ORGE.	POIS.	TRÈFLE.	POMMES DE TERRE.	LIN.
Grains.	28	56.4	61	51.3	21.8	13.2	11.4	43.6
Paille.	60	1.6	58	17.6	23	17.3	33	16.2

raisons, étaient dans les mêmes conditions par rapport au sol, aux semences, etc.

Ces chiffres prouvent, d'une manière indiscutable, une augmentation considérable de la récolte : soit des grains, soit de la paille. Ce savant constata, en outre, que la maturation des plantes en général était plus rapide, pour l'orge en particulier qui a mûri, plusieurs fois, douze jours avant celui de la culture ordinaire.

M. Spechnew observa un autre phénomène très important.

La pomme de terre, qui est si souvent atteinte de la maladie causée par des champignons microscopiques appelés *Peronospora infestans,* était rarement malade quand elle était soumise à l'électro-culture.

Au lieu de 10 à 40 p. 100, chiffre ordinaire de tubercules malades, il n'en a compté que de 0 à 5 p. 100. Une contagion artificielle de la betterave donnait toujours des résultats négatifs sur les portions du terrain soumises à l'électro-culture.

Ces propriétés de l'électricité méritent d'autant plus notre attention, qu'il existe des expériences qui démontrent l'effet bienfaisant de l'électricité sur les vignes attaquées par le phylloxéra. L'importance énorme de ces faits est trop évidente ; ils ouvrent une voie nouvelle pour la lutte contre ces êtres microscopiques si nuisibles à l'agriculture.

« Qui sait si l'électro-culture n'est pas appelée à jouer un rôle considérable dans cette lutte ? » Ainsi s'exprime M. Spechnew dans sa très intéressante étude d'électroculture. Il cherche ensuite à évaluer les installations nécessaires à ces genres de culture. Ses dépenses expérimentales furent naturellement plus coûteuses qu'elles ne le seraient maintenant. Néanmoins, les deux plaques métalliques employées par ce savant coûtèrent 8 roubles (20 fr.). Ces plaques peuvent servir pendant plusieurs années de suite, sauf à leur faire subir de petites réparations.

Les installations d'électricité statique coûtent davantage. Il faut de 50 à 60 perches isolées par *désiatine* (1,092 hectares) ; chaque couronne coûte environ 4 roubles (10 fr.). Mais, du moins, l'installation une fois faite peut durer éternellement.

M. Spechnew exhorte comme nous, en terminant son étude, les grands cultivateurs à répéter ses expériences et même à les améliorer.

M. *Schtchawinsky*, le savant directeur de la *Gazette de l'électricien*, et un grand nombre d'agriculteurs russes dont la bonne foi ne peut être mise en doute, ont contrôlé les expériences si intéressantes de M. Spechnew. Voici quelques extraits d'un intéressant article de M. Schtchawinsky dans le n° 29 de son journal (1890) sur la visite qu'il a faite au champ d'expériences de M. Spechnew :

« L'action du courant électrique est, pour ainsi dire, visible aux yeux. La différence entre les deux morceaux de terrain, dont l'un subit l'action du courant électrique et l'autre se trouve dans des conditions normales, se manifeste même à l'examen superficiel, par les dimensions des plantes, leur forme, l'intensité de leur coloration, etc. »

Quant aux expériences d'électricité statique (c'est-à-dire celles que nous venons de signaler), M. Schtchawinsky nous apprend que l'expérimentateur emploie deux sortes de collecteurs : l'un d'eux est tellement simple que chacun pourra le construire par le moyen dont tout le monde dispose.

« Prenez un petit flacon en verre, mettez-y un faisceau de

fils de cuivre de $0^m,001$ à $0^m,0015$ de diamètre, serrez ces fils dans un nœud métallique un peu au-dessus de l'ouverture du flacon, bouchez celui-ci avec du vernis pour bien isoler le faisceau métallique.

« Ceci étant fait, recourbez les fils, et vous obtiendrez le *collecteur ou la couronne* que vous n'aurez qu'à relier par un fil métallique à la couronne suivante, exactement pareille. »

M. Spechnew couvre de vernis les fils métalliques de ses couronnes et ne laisse à nu que leurs extrémités aiguisées en pointes. On aura soin, lorsqu'on fixera la couronne sur le bâton, de la bien isoler de son support. Tels sont les très intéressants renseignements complémentaires donnés par M. Schtchawinsky relatifs aux expériences de M. Spechnew.

Enfin terminons, en ce qui concerne ce dernier savant, en rappelant qu'il a lu un rapport sur l'*électro-culture* dans la séance du 15 janvier 1890 du sixième Congrès des naturalistes russes.

Il a insisté sur ce point, que, pour avoir des expériences bien faites et concluantes, il faut les pratiquer dans les conditions normales de la culture des plantes. Il a présenté, en outre, les preuves que l'application de l'électricité à la culture abaisse le nombre des maladies des plantes causées par les micro-organismes, jusqu'au minimum.

On a songé aussi à mettre les paratonnerres à contribution pour fournir de l'électricité atmosphérique aux plantes. M. *Frestier* fit l'expérience suivante : il arracha trois pieds de vigne et les planta au pied d'une cheminée d'usine, laquelle était munie d'un paratonnerre ; trois fils métalliques, rattachés à la chaîne du paratonnerre, furent dirigés sur chaque racine des ceps ; au bout de peu de temps, les trois pieds en expérience avaient repris leurs feuilles et devenaient superbes ; enfin, dès la première année de la transplantation, ils donnaient des raisins. Notre impartialité nous oblige à ajouter cependant que M. Naudin répéta cette dernière expérience en 1891 à Antibes, mais n'obtint pas un résultat absolument convaincant.

CHAPITRE XI

Théorie du frère Paulin. — Nous consacrerons un chapitre spécial aux expériences et aux résultats merveilleux obtenus par le frère Paulin, directeur de l'école communale de Montbrison. Ces expériences firent grand bruit, parce qu'elles furent constatées et certifiées par plusieurs commissions spéciales, absolument indépendantes ; en effet, les délégués émirent un avis très favorable à l'emploi de l'*électro-végétomètre* modifié, appelé *géomagnétifère,* dans la grande culture.

Avant de décrire la modification apportée à l'électro-végétomètre par le frère Paulin, nous ferons connaître son opinion sur la cause de l'effet bienfaisant de l'électricité sur la végétation.

Ce savant croit que cette action est du même ordre que celle qui fonctionne en galvanoplastie : « Le fait de la transmission des métaux favorisant les affinités chimiques, n'est-il pas la cause qui active la végétation en préparant dans le sol la substance assimilable et augmentant la force absorbante ? »

Il prétend, en outre, que si les saisons ne sont plus normales, si d'extrêmes sécheresses succèdent à des pluies sans fin, c'est que la plus grande cause d'échange d'électricité, entre la terre et l'atmosphère, disparaît au fur et à mesure du déboisement de nos forêts. Les arbres favorisent en effet l'échange électrique entre le sol et l'air; ils sont **donc des** agents nécessaires à la production végétale.

« La pauvre production végétale et viticole particulièrement, les nombreux insectes qui s'attaquent si facilement à nos vignes anémiques, tous ces phénomènes dévastateurs étudiés et combattus avec si peu de résultat, n'ont-ils pas pour cause l'absence de cet agent électrique ? »

L'électro-végétomètre ou géomagnétifère. — Cet appareil se compose de : 1° une perche résineuse de 15 mètres environ, écorcée et peinte à l'huile, ou mieux, goudronnée à plusieurs couches, et plantée en terre.

On doit la choisir le plus élevée possible, car l'action se produit sur une surface de terre d'un rayon double de la hauteur de cette perche et elle doit dominer les sommets placés dans son voisinage ; un géomagnétifère placé près d'un arbre et moins élevé que lui serait inactif ;

2° Une tige métallique surmontant la perche et portant un têt en porcelaine isolateur ;

3° Un balai métallique de cinq brins de cuivre rouge de $0^m,004$ de diamètre et de $0^m,50$ de longueur vissé sur l'isoloir en porcelaine. Ce balai sert de collecteur pour l'électricité et communique avec le distributeur.

4° Le distributeur est constitué par un réseau métallique communiquant avec le balai par l'intermédiaire d'un fil de fer galvanisé de $0^m,004$ de diamètre environ, maintenu tous les 2 mètres le long de la perche par des isoloirs en porcelaine. Dans le début, le frère Paulin répandait le courant électrique dans un cercle dont le géomagnétifère était le centre ; ce savant a reconnu que la disposition suivante est préférable. Le fil descendant de la perche pénètre en terre et communique avec un fil de même diamètre, qui est le conducteur principal, et par l'intermédiaire duquel, des fils galvanisés plus faibles (fil n° 13), perpendiculaires au précédent et espacés à 2 mètres l'un de l'autre, répandent le fluide dans un rectangle dont les dimensions varient avec la hauteur de la perche (une perche de $12^m,50$ hors de terre influence un carré de 50 mètres de côté ; il faudrait donc, dans ce cas, quatre *géomagnétifères* par hectare).

Le réseau métallique sillonnant le terrain doit répandre l'électricité dans la couche de terre occupée par le chevelu des racines ; il est enfoui à une profondeur suffisante pour ne pas gêner les travaux de culture de l'une quelconque des plantes qui occuperont le terrain dans la suite de la rotation. Pour la vigne, cette profondeur sera de $0^m,40$ au moins, et de $0^m,15$ pour les prairies.

Son prix. — La dépense peut s'élever à : 2 fr. pour la perche, 7 fr. pour les 700 mètres de fil, plus 3 fr. pour les pointes dorées ; c'est donc une dépense de 12 à 15 fr. environ par hectare, plus la main-d'œuvre pour la pose.

Il est à considérer qu'une fois cette dépense faite, il n'y a même plus de frais d'entretien.

Si l'écoulement continu de l'électricité facilite la décomposition des corps placés dans le rayon influencé, les engrais employés, comme la terre elle-même, offriront aux racines une quantité plus grande et plus assimilable de substances nutritives. On aura donc un rendement plus considérable qu'avec les moyens ordinaires. « On retrouvera ainsi, dès la première année, la somme dépensée, et le capital continuera à produire des intérêts. »

Expériences du frère Paulin. — La première expérience avec l'électro-végétomètre modifié, ainsi qu'on a pu le voir, fut faite en 1891, par le frère Paulin, dans un champ de pommes de terre, près de Montbrison. « Dès le mois de juillet, le regard, dit un rapport, est arrêté par une irrégularité sensible dans la végétation du champ. Dans un cercle limité exactement par la place occupée dans le sol, des fils conducteurs de l'électricité atmosphérique, les plants de pommes de terre ont une vigueur double de celle des plants occupant le reste de la terre. Et cela sans une lacune, sans un vide, sans un point faible dans ce groupe de tiges superbes circonscrit nettement comme par un trait de compas... Le 23 septembre, dans la partie de terre influencée par un électro-végétomètre de 8^m,50 de hauteur, les tiges de pommes de terre ont conservé une verdeur qui contraste sensiblement avec les portions voisines. Ces tiges mesurées atteignent jusqu'à 1^m,47 de hauteur et 2 centimètres de diamètre ; 32 mètres de superficie de la portion influencée ont fourni 90 kilogr. de tubercules, tandis que la même étendue de terrain non électrisé n'a fourni que 61 kilogrammes [1]. » La production par hectare serait donc de 28,000 kilogr. pour la partie influencée au lieu de 18,700. Ce produit obtenu sans fumure spéciale, avec une variété d'un faible rendement (pomme de terre violette ordinaire), égale les récoltes de culture intensive à grosses dépenses d'engrais chimique. « Le 11 octobre, on a arraché soixante pieds de pommes de terre dans la partie influencée et soixante dans la partie non électrisée. Les soixante pieds non influencés ont produit 38 kilogr. de pommes de terre ; les soixante pieds influencés 63 kilogr. Ajoutons que les tubercules non influencés sont mûrs, tandis que les influencés ne le sont pas et croîtront encore, à preuve leur tige verte et la pellicule à peine formée du tubercule. Un des deux électro-végétomètres, étant trop près d'une rangée d'arbres et plus bas qu'eux, n'a rien produit. »

---

1. M. Crépeaux, *Revue scientifique*, 29 avril 1893.

Voici les résultats d'analyses exécutées au Laboratoire municipal de Saint-Étienne, sur la terre entourant les tubercules poussés dans la portion influencée et non influencée :

	TERRE non influencée.	TERRE influencée.
Humidité	1.992 p. 100	1.820 p. 100
Fer et alumine.	3.150 —	3.540 —
Chaux	0.520 —	0.260 —
Potasse	0.227 —	0.237 —
Acide phosphorique.	0.177 —	0.159 —
Azote ammoniacal.	0.0031 —	0.0059 —
Azote (méthode Kjeldahl). . . .	0.070 —	0.065 —
Pour 100 soluble dans l'eau acidulée.	7	7

L'analyse, on le voit, ne révèle dans la composition chimique du sol, aucune différence susceptible d'expliquer le rendement presque double de la portion électrisée.

L'analyse des pommes de terre a donné p. 100 :

	TUBERCULES électrisés.	TUBERCULES non électrisés.
Fécule	17,800	15,340
Azote.	1,060	1,082
Cendres (p. 100 sur le résidu à 100)	5,300	5,010
Eau.	76,200	78,600

L'expérience a prouvé que les pommes de terre influencées se conservaient beaucoup mieux que les tubercules poussés sans l'aide du fluide électrique.

La deuxième expérience a porté sur un vignoble. Au mois d'août, le frère Paulin a fait placer un électro-végétomètre de 14 mètres de hauteur, au milieu d'une vigne plantée à 600 mètres d'altitude et établie sur fils de fer. Les raisins étaient déjà formés lorsque l'appareil a été placé ; néanmoins, le 18 octobre, une commission constate que « la maturité du raisin est plus avancée et bien plus régulière dans le cercle influencé que partout ailleurs. L'influence se révèle dans un cercle de 10 mètres de rayon limité exactement par le fil placé en terre à $0^m,10$ de profondeur dans les trois quarts du cercle, et à $0^m,50$ dans le quatrième quart. A 1 mètre en dehors du cercle, l'influence ne se fait plus sentir. Le quart dont les fils ont été depuis huit jours abaissés de $0^m,10$ à la profondeur de $0^m,50$ est encore plus mûr que les trois autres quarts. » Le jus de raisins cueillis à cette date et choisis très mûrs, apprécié au pèse-moût et à l'alcoomètre, a donné les résultats suivants :

Moût du raisin soumis à l'action du géoma- (Sucre, 16° 2/5.
gnétifère . . . . (Alcool, 10° 4/5.

Moût du raisin non soumis à l'action du géo- (Sucre, 14° »
magnétifère . . . . (Alcool, 9° 1/5.

Le vin produit dans la partie influencée a donné exactement 7°,8 d'alcool, chiffre exceptionnel dans ce pays (environs de Montbrison).

Pendant l'année 1891-1892, l'électro-végétomètre a fait l'objet de nombreux essais dont le compte rendu serait fastidieux. Le frère Paulin, dans son jardin de Montbrison, a obtenu des épinards de dimensions monstrueuses[1]; sur la même plante, à l'enclos des frères de Vals, près le Puy, un de ces appareils placé fin avril produisait une augmentation

---

1. Ce fait a été constaté dans un rapport signé par les notabilités agricoles du département.

par mètre carré (feuilles et racines) : de $0^{kg},870$ par mètre le 14 mai; $1^{kg},400$ le 21 mai et $1^{kg},800$ le 27 mai, pour les feuilles seulement [1]; à l'Institut agricole de Beauvais, on a constaté une augmentation d'un sixième en poids sur des pommes de terre plantées en terrain silico-argileux sec ; à Dompierre (Allier), levée plus rapide de l'avoine, etc.

L'extrême sécheresse de l'année 1893 a donné lieu à des constatations intéressantes par M. de Vazelhes.

Ayant montré tous les avantages de cette méthode d'électro-culture, nous devons faire connaître aussi son inconvénient. Dans les années de sécheresse, comme celle que nous venons de nommer, les effets bienfaisants de ces appareils se font moins sentir. Nous avons vu, en effet, dans la première partie, que l'électricité atmosphérique, si utile aux plantes, peut être regardée comme proportionnelle à la quantité d'humidité de l'air au même moment ; cette notion nous a été fournie par l'examen de leurs courbes représentatives presque identiques.

Quoi qu'il en soit, étant donnés les bons résultats obtenus dans la majorité des cas et la modicité du prix de revient, l'emploi de l'électro-végétomètre dans la grande culture a le plus grand avenir devant lui.

Paragrêle. — Disons encore quelques mots ici de cet appareil dont nous avons déjà parlé ; nous savons que la théorie sur laquelle il repose est semblable à celle du paratonnerre, elle est donc indiscutablement exacte ; elle consiste à empêcher la formation de la grêle, en troublant l'état électrique de l'atmosphère qui doit lui donner naissance.

Malgré l'exactitude de la théorie, la pratique n'a pas encore donné des résultats aussi heureux qu'on aurait pu s'y

---

1. D'après des procès-verbaux de constatation.

attendre. Les essais n'ont été ni assez nombreux ni assez bien conduits.

L'idée principale qui a présidé à ces tentatives a été de recouvrir une étendue de terrain, d'un nombre de pointes métalliques assez considérable pour faire renaître l'équilibre électrique entre l'électricité positive du sol et l'électricité négative de l'air ; mais ces précautions sont insuffisantes pour bien mettre l'électricité en mouvement. Le réseau souterrain de l'électro-végétomètre modifié, que nous avons décrit, recueille et disperse bien mieux l'électricité que de simples pointes.

Les résultats obtenus le prouvent, car aux endroits où l'on a placé ces appareils, la grêle ne s'est pas montrée. C'est avec des paragrêles de cette sorte que M. Vaussenat, directeur de l'observatoire du Pic du Midi, a pu constater les bons effets dont nous avons déjà parlé, en en garnissant les crêtes d'une petite contrée des environs de Tarbes.

On voit donc que l'électro-végétomètre a encore un titre de plus à nos yeux, puisqu'il sert en même temps de paragrêle. Ce n'est pas le moindre des bienfaits que ces appareils peuvent procurer ; on sait en effet combien certaines contrées sont sujettes aux atteintes des orages à grêle, c'est au point que, plusieurs compagnies d'assurances ayant été ruinées par des désastres répétés sur une même région, les autres compagnies ne veulent plus assurer cette région ; si bien que certains terrains ont perdu, tout d'un coup, presque toute leur valeur. L'électro-végétomètre peut seul la leur rendre.

Conclusions. — Nous pensons avoir assez montré les avantages de cet appareil pour que les agriculteurs aient la tentation de faire eux-mêmes quelques essais peu coûteux. Nous ne saurions trop les y engager, car ce sera le meilleur moyen de se rendre un compte exact de l'influence de l'électricité atmosphérique sur la végétation, influence qui sans cela paraîtra toujours extraordinaire, malgré les affirmations scientifiques d'un très grand nombre de savants.

La routine sera toujours l'ennemie acharnée de toutes les manifestations nouvelles de la science, même des plus simples. On se souvient des peines qu'éprouva Franklin à faire employer le plâtre dans la culture ; il fut forcé de faire écrire l'excellence de sa découverte par la terre elle-même.

Quelle célébrité n'acquerra-t-il pas, quels services ne rendra-t-il pas à l'agriculture, celui qui, s'inspirant de l'idée de Franklin, trouvera le moyen de frapper les esprits de la même façon en faisant apparaître, en lettres végétales, les mots : *Ceci a été électrisé !*

CHAPITRE XII

ACTION DE L'ÉLECTRICITÉ DYNAMIQUE
SUR LES VÉGÉTAUX

Premières expériences. — On commença à appliquer l'électricité dynamique à l'électro-culture, au milieu de ce siècle. Le courant était produit au moyen de deux plaques métalliques enfoncées dans le sol et réunies par un fil.

La première expérience fut faite en Angleterre, par Sheppard en 1846, puis par Forster en Écosse. L'année suivante, Hubeck, en Allemagne, appliquait ce procédé, mais il entourait son champ de fils métalliques.

Malheureusement, les résultats de ces premières expériences furent publiés d'une manière insuffisamment précise. Tandis que M. Sheppard concluait à l'efficacité de l'électricité dynamique en électro-culture, pour les plantes à racines, Hubeck, au contraire, affirmait que les plantes qui croissent le mieux sous cette action, sont le blé et le sarrasin. D'ailleurs à la même époque, les professeurs Fife, en Angleterre, et Otto von Eude, en Allemagne, n'obtenaient pas non plus des résultats bien concordants.

Mais de nouvelles expériences scientifiquement conduites vinrent faire le jour sur cette question.

Nous avons déjà cité les intéressantes recherches faites par M. Spechnew sur l'effet de l'électricité dans la germination ; il en a entrepris une seconde série qui mérite d'être relatée ici.

Il prit de grandes plaques ($0^m,445 \times 0^m,712$) de zinc et de cuivre. Ces plaques furent enfoncées dans le sol aux extrémités de plantes-bandes. Leurs parties supérieures étaient terminées par des tiges réunies au-dessus du sol par un fil métallique.

Cette disposition présentait donc une sorte de pile (*zinc-sol-cuivre*) dont le courant allait d'une plaque à l'autre à travers le sol. Cette méthode fut surtout appliquée aux plantes potagères et aux fleurs, dans le jardin botanique de Kiew.

L'influence de ce courant continu se manifesta par une augmentation considérable de l'intensité du développement, par une plus grande récolte et surtout par l'éclosion de légumes de dimensions énormes.

Un radis avait $0^m,434$ de longueur et $0^m,1335$ de diamètre ; une carotte avait $0^m,267$ de diamètre et pesait $2^{kg},863$; l'un et l'autre avaient un goût exquis, étaient très tendres et juteux.

La récolte générale des potagers soumis à l'électricité était à celle des potagers ordinaires, comme 4 est à 1, de même que pour les légumes à racine ; pour les autres, ce rapport était comme 3 est à 2.

Pour déterminer approximativement l'action décomposante du courant électrique sur les différents principes du sol, M. Spechnew prit des échantillons en différents endroits des deux terrains (électrisé et non électrisé), à une profondeur de $0^m,90$. Étant desséchés, il trouva que 100 grammes contenaient des matières solubles dans $1,000$ cm^3 d'eau à $14°$ R. à raison de :

Terres électrisées . . . . $0^{gr},155$
Terres non électrisées . . . . $0^{gr},085$

Malheureusement M. Spechnew n'a pas fait l'analyse qualitative de ces éléments solubles, ce qui serait d'un grand intérêt à connaître ; il ne nous a pas dit non plus le temps qu'ont duré ses expériences.

M. Barrat poursuit à Aiguillon (Lot-et-Garonne) de pareilles expériences à l'aide de la pile Leclanché de 3 ou 4 éléments, dont l'électricité est répandue par l'intermédiaire de deux plaques métalliques de cuivre et de zinc, ayant chacune $0^m,50$ sur $0^m,40$ et qui sont enfoncées à $0^m,40$ de profondeur, dans une bande de terre ayant $15^m,20$ de long sur 5 mètres de large. Ces plaques sont reliées à la pile par des fils de fer.

Ce savant a employé aussi quatre plaques, dont deux sont en zinc et deux en cuivre, reliées et placées comme les précédentes, sans recevoir le courant d'aucune pile ; ce système formant lui-même une sorte de pile (*zinc-sol-cuivre*).

Les deux procédés décrits ont été appliqués : à des pommes de terre, du blé, des tomates, des asperges, du tabac, du chanvre, etc. ; l'expérimentateur a presque toujours reconnu que l'électricité dynamique produit une augmentation dans les rendements.

Dans l'année 1892, il reconnut que les tiges du chanvre électrisé étaient de $0^m,30$ à $0^m,40$ plus longues que les témoins.

Tandis que 1 kilogr. de semence de pommes de terre a donné 21 kilogr. de tubercules très gros et très sains sur une ligne soumise au fluide électrique, la même quantité de semences plantées à côté n'a produit que $12^{kg},500$ de pommes de terre, petites, n'étant même pas encore marchandes.

Les tomates ont montré une maturité plus hâtive, de

quelques jours, que celles non soumises à cette action électrique.

Ces expériences doivent toujours être faites dans des sols
humides, c'est-à-dire bons conducteurs de l'électricité. C'est
pour avoir négligé cette précaution que M. Barrat n'obtint
pas une grande différence dans ses expériences sur le tabac
en 1890 ; c'est pourquoi aussi dans les années de sécheresse
les résultats de l'électro-culture sont toujours moins sensibles.

M. Barrat a reconnu que l'influence des plaques décrites
s'étend sur une longueur de 5 mètres pour celles qui sont
espacées de 20 mètres. Il a vu, en outre, que cette influence
est en rapport avec la fertilité du sol sur lequel on opère ;
c'est pourquoi il pense que le fluide électrique a pour rôle
de décomposer les principes du sol ; il croit enfin que les
engrais qui se trouvent au pôle positif sont décomposés, et
que leurs éléments sont transportés dans le sol au pôle négatif ; c'est ainsi qu'il explique pourquoi la végétation est
toujours plus développée en ce point.

De nombreuses expériences ont été faites encore sur l'électricité dynamique. M. Fitchner, après avoir électrisé une
plate-bande de son jardin et après avoir cultivé, comparativement avec une autre non électrisée, une certaine quantité de légumes, reconnut que ceux provenant de la plate-
bande électrisée possédaient une augmentation de poids
variant de 15 à 27 p. 100.

MM. Rivoire ont pratiqué aussi des expériences dont les
résultats, quoique intéressants, n'ont pas été assez accen-
tués pour que nous les rapportions au milieu des résultats
merveilleux que nous signalons.

Nous n'insisterons pas non plus, pour la même raison,
sur les expériences faites, par M. Mallet, dans un champ de

betteraves, lequel avait été ensemencé avec des graines électrisées, c'était le même procédé : une plaque de zinc et de cuivre d'environ $0^m,50$ de côté à ses deux extrémités ; ces plaques, disposées en terre vis-à-vis l'une de l'autre, étaient enfoncées à environ $0^m,10$ dans le sol et réunies par deux fils souterrains. La végétation de ce champ fut remarquablement plus belle que dans les champs voisins qui ne subissaient pas l'action de l'électricité.

M. Delétrez d'Oulnez, dont nous avons déjà signalé les expériences, est arrivé aussi aux mêmes résultats.

En 1888, M. Wollny, de Munich, entourait de petites parcelles de terrain d'un mètre carré environ, avec des planches enfoncées à $0^m,35$ dans le sol. Dans la première, il établissait deux *perd-fluide* d'un conducteur, un courant venant d'une batterie de cinq éléments ; dans une seconde, il plaçait un appareil d'induction ; la troisième portait une plaque de zinc d'un côté, et de l'autre, une en cuivre ; on formait ainsi une sorte d'élément naturel. Il expérimenta sur des pommes de terre, des carottes, des pois, etc.; il n'obtint pas de résultats aussi remarquables que les autres savants.

MM. Garolla et Tallavignes furent avec lui les rares expérimentateurs dont les efforts ne furent pas couronnés de succès. Notre impartialité exige encore que nous citions leurs expériences.

Le premier installait en 1891, dans son jardin, en plein air, cinq cloches à douilles en verre ; elles étaient supportées, grâce à leurs rebords, par une table en chêne percée d'autant d'ouvertures circulaires.

Après avoir amélioré le terrain par un drainage de cailloux, M. Garolla remplissait ses cinq cloches avec du limon des plateaux. La première, non électrisée, servait de témoin.

Les deuxième et troisième furent munies d'une lame de zinc et d'une de cuivre, enfoncées en terre et réunies par un rhéophore. La quatrième, après une préparation semblable, était mise en communication avec deux éléments Leclanché et la cinquième avec un seul élément pareil. M. Garolla ne constata pas d'effets sensibles. Il en fut de même pour M. Tallavignes, qui expérimenta sur des choux et des chicorées.

A la suite d'une communication sur l'électro-culture de M. Berthelot, à l'Académie des sciences, M. Armand Gauthier, le savant académicien, a rapporté les résultats de ses expériences entreprises en 1882, en vue de s'assurer si l'influx électrique était susceptible d'exciter la végétation.

Il avait employé des vases à fleurs maintenus sous une véranda en fil de fer, dans lesquels il avait planté un certain nombre de plants de haricot, luzerne, vesce, etc. Dans la terre de ces pots étaient noyés les deux pôles terminaux d'un circuit formé par la réunion en série d'un à trois éléments thermo-électriques Noë. Or le courant de chacun de ces éléments vaut environ un Bunsen et est d'une intensité sensiblement constante. Des vases semblables avaient reçu des plants de même espèce et servaient de témoins ; ils étaient placés côte à côte, dans des conditions extérieures tout à fait identiques, si ce n'est qu'ils ne recevaient pas l'influence du courant. On fit passer ce dernier d'une façon continue pendant des mois, jours et nuits. Dans ces conditions, M. A. Gauthier a vu que les plantes dont la terre était entretenue humide, soumises à cette électrisation, croissaient d'une façon beaucoup plus rapide que les plantes témoins.

Au bout de quatre à six semaines de ce traitement, elles

avaient pris une vigueur extrême et représentaient en volume et en poids presque le double des plantes contenues dans les vases non électrisés.

Enfin signalons encore les expériences de M. Lagrange à l'École militaire belge sur un champ de 33 mètres de long et 8 mètres de large, présentant partout : une composition identique, une exposition semblable au soleil, au vent, à la pluie.

Ce terrain, partagé en trois secteurs, fut cultivé en pommes de terre. Le premier secteur fut placé entre deux plaques rectangulaires de 30 centimètres, l'une en zinc, l'autre en cuivre. Un fil conducteur de 8 mètres réunissait ces plaques au-dessus du sol. Des fils conducteurs étaient soutenus au-dessus du sol par des isolateurs en porcelaine, supportés par des cordes transversales. Le deuxième secteur fut cultivé à la manière ordinaire et servait de témoin. Enfin, le troisième fut pourvu d'une série de petits paratonnerres, de façon que leurs pieds fussent situés au niveau du plan de semage, la tige de chacun d'eux était terminée par quatre pieds rectangulaires, s'enfonçant de 15 centimètres dans le sol et le dépassant de 50 centimètres. Ces paratonnerres étaient formés de fils de fer galvanisé et terminés par une pointe aiguisée.

Voici les résultats obtenus : dans le premier secteur, l'apparition du feuillage et des fleurs fut plus précoce que dans les deux autres, et il conserva toute l'année un feuillage plus épais et plus touffu ; en revanche, il ne produisit que 60 kilogr. de pommes de terre.

Le deuxième secteur donnait naissance à une récolte ordinaire de 80 kilogr. Quant au troisième, non seulement il fournissait sa récolte quinze jours plus tôt que les deux autres, mais encore cette récolte était plus du double de

celle obtenue en culture ordinaire. Elle était de 163 kilogr.!
Ces résultats dispensent de tous commentaires. Cependant,
on voit que, pour la production des légumes et des primeurs
dont on consomme le feuillage, le système employé dans le
premier secteur peut avoir de gros avantages.

CHAPITRE XIII

ACTION, SUR LES VÉGÉTAUX, DE DIFFÉRENTES SOURCES D'ÉLECTRICITÉ

Action des machines électriques. — La recherche de l'action de l'électricité produite par les machines électriques a donné lieu à de nombreuses expériences entreprises surtout à l'étranger.

En 1885, dans le domaine de *Niemis-Witchis,* on tendait un réseau métallique isolé au-dessus d'un champ d'orge depuis le milieu de juin jusqu'au commencement de septembre, époque de la récolte.

Ce réseau métallique était formé de fils de 2 millimètres de diamètre, disposés sur des plateaux isolateurs en porcelaine, espacés à 1 mètre et portant tous les $0^m,50$ une pointe métallique descendant jusqu'à terre. Une machine de Holtz, marchant huit heures par jour, fournissait l'électricité. Dans ces conditions, on reconnut le rendement augmenté d'un tiers en plus que dans les parcelles témoins.

Dans les laboratoires de l'*Université d'Helsingfors,* trois lots, composés chacun de six pots de fleurs remplis de terre, reçurent quatre graines de céréales aussi pareilles que possible. Dans le compartiment n° 1, on faisait passer un courant électrique (provenant d'une machine) et de l'air sur les plantes ; enfin le troisième lot, servant de témoin, n'était pas électrisé du tout.

Cette machine, marchant cinq heures par jour pendant six semaines, fournissait, dans les n°s 1 et 2, une végétation avec 40 p. 100 de plus de matière que dans le n° 3, non électrisé.

De cette expérience on tirait deux conclusions, dont l'une était nouvelle :

1° L'électricité fournie par la machine exercé une action bienfaisante sur les plantes ;

2° *Cette action est indépendante du sens du courant.*

En 1886, dans cette même Université, on employait un réseau métallique pourvu de quatre pointes par mètre carré ; il était en communication avec une machine électrique marchant pendant dix-huit heures par jour et lui fournissant de l'électricité positive, de même qu'à un fil conduisant dans une serre pour y influencer diverses plantes en pots, principalement des fraises, dont on reconnut que la maturité fut très sensiblement avancée. Cette expérience fut répétée sur des *betteraves,* des *haricots, pois, radis, panais, carottes, choux-navets, choux-blancs, choux-raves, navets, poireaux,* etc. ; elle eut à peu près le même résultat sur chacun de ces végétaux.

Le système métallique contenait une pointe par mètre carré. Un deuxième système était installé dans une serre chaude au-dessus de plants de fraises.

Dans le courant de l'été, il ne fut pas possible d'observer une différence entre les plantes des champs d'expérience et les autres, mais au moment de la récolte, on constata de grandes variétés dans le développement de diverses plantes. Certaines espèces avaient été plus favorisées que d'autres. Sur l'une d'elles seulement, le *chou-blanc,* l'électricité avait eu une action préjudiciable.

Dans la serre chaude, la maturité des fraises fut très avancée par l'action du courant électrique.

Le *Bulletin du Collège d'agriculture de Massachusetts*

donnait l'année dernière les résultats obtenus en faisant des expériences analogues.

Plusieurs plates-bandes avaient été préparées dans une serre avec la même terre et dans les mêmes conditions d'exposition au soleil et aux agents atmosphériques. Ces plates-bandes furent divisées en parcelles dont un certain nombre fut agencé comme suit. On y enterra des châssis sur lesquels étaient tendues des séries de fil de cuivre dont les différents brins étaient écartés de 1 à 2 centimètres. Les racines des plantes étaient en contact avec ces fils, dans lesquels on faisait passer le courant d'une pile de deux éléments. On supposait que le courant décomposerait les matières dont se nourrissent les plantes et les rendrait ainsi plus facilement assimilables. A côté de ces jardins électriques, étaient d'autres parcelles de terre, non soumises au passage des courants.

L'endroit choisi pour effectuer ces expériences était une partie de la serre contaminée par le mildew. C'était dans cette partie qu'on cultivait ordinairement la laitue ; elle fut préférée afin de pouvoir se rendre compte de l'effet éventuel de l'électricité sur le mildew, si préjudiciable dans la culture de la laitue.

Les expériences eurent lieu entre le 1er janvier et le 1er avril. Quinze plants de laitue à peu près dans les mêmes conditions furent placés en terre au-dessus des fils métalliques, leurs racines touchant ces fils. Le liquide excitateur de la pile était renouvelé de temps en temps de façon que le courant ne devînt jamais trop faible.

A la fin de la période expérimentale, on constata les résultats suivants. Cinq plants avaient péri par le mildew, les autres étaient très bien développés. Les plus grosses têtes étaient celles qui se trouvaient au-dessus du plus grand nombre de fils et le plus proche des électrodes. On remarqua aussi que les plantes les plus saines étaient frappées par le mildew dès que le courant devenait un peu faible. Par contre, dans la parcelle non électrisée, trois plantes seulement s'étaient partiellement développées, et encore n'y en avait-il qu'une seule qui fût complètement exempte des atteintes du mildew.

On fit une seconde série d'expériences dans lesquelles vingt autres plants de laitue furent soumis au même traitement, les résultats obtenus furent analogues aux précédents.

A conditions égales, l'action de l'électricité a donc été bienfaisante pour la santé des plantes. Les expérimentateurs en ont conclu que l'électricité est un des agents employés par la nature pour fournir aux plantes leur nourriture et stimuler leur croissance.

Dans tous les cas, on voit que l'électricité joue dans la vie organique un rôle d'une importance indéniable, comparable à celui de la lumière.

En 1887, des expériences semblables furent faites à *Brodtorp,* un peu avant la floraison du blé : il n'y eut pas d'augmentation quantitative, mais on enregistra une grande augmentation qualitative. Un champ électrisé à la façon précédente, par quatre machines Holtz accouplées, fournissait beaucoup plus de grains de première qualité qu'un champ témoin semblable, soit 60 p. 100 en plus.

L'année suivante, dans un hangar muni d'une cheminée allumée, destinée à fournir un degré de sécheresse déterminé, on mit un réseau métallique (composé de fils de $0^{mm},4$ de diamètre et espacés de un mètre de distance, et portant des pointes à tous les mètres) en communication avec quatre machines électriques mises en mouvement par deux hommes. On obtint dans ces conditions des résultats remarquables : les parties électrisées fournissaient un rendement moitié plus élevé que le témoin.

En 1885 et 1887, le professeur russe *Selim Lemström* entreprit des études très intéressantes sur ce sujet. Il y fut conduit par la pensée que la végétation remarquable du Spitzberg et de la Laponie finlandaise est due à l'existence d'un courant d'électricité atmosphérique, plus fort dans les régions polaires que dans les autres.

Ce savant a employé le même principe d'électrisation que dans les expériences précédemment décrites : machine électrique en communication avec un réseau de fils de laiton dirigés vers le sol ; cependant, Lemström plaçait le réseau au pôle positif de la machine, son pôle négatif étant relié au sol.

Enfin, de ses nombreuses expériences M. Lemström tira les conclusions suivantes. Les plantes se divisent en deux groupes. L'un, dont le développement est favorisé par l'électricité, qui comprend : le blé, l'orge, l'avoine, le seigle, la betterave, la pomme de terre, le céleri, les haricots, la framboise, la fraise, etc. L'autre groupe, sur lequel l'électricité joue un moindre rôle, comprenant : les pois, la carotte, le chou blanc, le tabac, etc. Plus le sol est fertile, et plus l'excès de croissance provoqué par l'électricité est considérable.

Mais il se pouvait que la latitude ait eu une influence sur des expériences exécutées en Finlande ; elles devaient donc être répétées dans nos régions. C'est pourquoi M. Lemström vint en France en mars 1888 ; il y fut présenté par M. Mascart, au baron Thénard, qui l'autorisa à faire quelques essais sur ses terres du château de Ferté-en-Bourgogne et dans ses vignobles de Givry.

En comparant les résultats obtenus en Bourgogne et en Finlande, on trouve que la croissance est sensiblement la même dans les deux contrées, mais que, lorsque le soleil est chaud, il est nécessaire d'arrêter l'afflux d'électricité, parce que l'action combinée d'un soleil brûlant et de l'électricité est très mauvaise pour la végétation ; on ne devra donc pas soumettre cette dernière à l'action de l'électricité dans une année de sécheresse.

Tout en reconnaissant le mérite des travaux de M. Selim Lemström, nous pensons cependant, avec M. Crépeaux, que les deux premières conclusions qu'il tire de ses études ne sont pas très satisfaisantes ; en effet, il est peu compréhensible que deux plantes presque identiques subissent d'une façon si différente l'action de l'électricité provenant des machines électriques ; il est probable qu'il y a eu dans les expériences de ce savant des causes perturbatrices quelconques qui ont amené cette différence.

En résumé, nous pensons que l'électricité produite par les machines a certainement un effet bienfaisant sur une grande quantité de végétaux, cependant ce procédé ne peut être conseillé en électro-culture, d'abord parce qu'il est beaucoup plus coûteux que l'emploi de l'*électro-végétomètre*, ensuite, parce qu'il demande à être encore étudié. En réalité, il n'a qu'un intérêt scientifique, tout comme le procédé dont nous allons dire quelques mots.

Action de l'aimant sur les végétaux. — On n'a fait jusqu'ici, pour ainsi dire, aucune expérience à ce sujet. Il n'y a donc que peu de choses intéressantes à dire sur l'action de l'aimant.

Nous entreprenons en ce moment, en collaboration avec notre ami Dumont, une série d'expériences à ce propos, à l'aide de forts aimants et électro-aimants. D'après les résultats obtenus et par comparaison avec des témoins, sans pouvoir absolument encore affirmer la favorable influence de l'électricité magnétique, nous pensons que les plantes ne sont pas complètement indifférentes à l'action des aimants ; cependant, pour avoir des résultats véritablement sensibles, il est probable qu'il faudra employer des aimants dont les dimensions rendront ce procédé impossible dans la pratique.

Nous ne connaissons qu'une expérience à ce sujet faite par M. Errera.

Pour cela, il s'est servi d'un électro-aimant actionné par huit éléments Bunsen. Entre les deux pôles, il plaça des cultures de poils stamineux de *Tradescantia virginica,* dans l'eau sucrée et en chambre humide de carton, d'après la méthode de Strasburger. L'expérimentateur a pu conserver ainsi ces poils en pleine vie pendant plus de cinq jours et il y a vu des divisions cellulaires s'y produire avec une grande rapidité.

C'est cette méthode que nous employons dans les expériences que nous poursuivons à ce sujet et dans celles ayant pour but de rechercher l'effet de l'aimant sur les *microbes.*

CHAPITRE XIV

ACTION DE L'ÉLECTRICITÉ PROVENANT DES MACHINES SUR LES FLEURS ET TISSUS VÉGÉTAUX

Électrisation des fleurs. — Quoique cette question n'ait pas un très grand intérêt pratique en ce moment, nous pensons que, dans une étude complète de l'*électricité agricole,* nous ne devons pas la passer sous silence ; c'est donc par elle que nous terminerons cette troisième partie.

Cette question intéressa particulièrement M. Becquerel[1]. Au point de vue chimique, elle est en effet assez curieuse. Une décoloration des fleurs peut être obtenue à l'aide d'une machine électrique ordinaire ou avec un appareil d'induction de faible force. Kabsch s'est servi du dernier moyen. Il reconnut que, dans les points où les *électrodes* touchent les pétales, il se fait une décoloration compliquée d'une action chimique ; l'*électrode positive* s'entoure d'un acide qui tend à colorer en rouge le pétale et l'*électrode négative,* d'un alcali qui colore en vert la matière colorante. Il attribue ces effets décolorants à l'ozone, mais, pour M. Becquerel, cette opinion est contraire aux faits observés. Ce dernier savant employait une machine électrique, les deux extrémités de l'excitateur étaient libres, éloignées l'une de l'autre d'environ trois centimètres et placées à un centimètre du pétale ; l'une des tiges fut mise en communication avec le sol, l'autre avec une sphère isolée, placée à quelque

---

1. *Mémoires de l'Académie des sciences* de 1873.

distance du conducteur d'une machine électrique en action, servant à tirer des étincelles, lesquelles étaient transmises au pétale. Soumis à cette action, un pétale de *Papaver orientalis* d'un rouge écarlate se couvre d'abord de taches d'un rouge violacé, puis sensiblement blanc, après quelques étincelles ; si l'on cesse cette électrisation, ces taches s'étendent peu à peu pour envahir le pétale comme font les taches d'huile ; si l'on met alors le pétale dans l'eau, il reprend une teinte violette, puis se décolore complètement. Les parties décolorées sont transparentes et laissent voir le tissu du pétale.

Les pavots de différentes nuances sont plus ou moins impressionnables suivant la nature des matières colorantes qu'ils renferment. Le pavot oriental, rouge écarlate, est la fleur la plus sensible.

Le *pavot des champs* (coquelicot) passe successivement au violet clair et au blanc verdâtre, puis devient blanc dans l'eau.

Les fleurs sèches ou épanouies depuis longtemps, déjà en grande partie décolorées, perdent peu après leur faculté décolorante par l'électricité, quand celle-ci est faible.

La *pensée* d'un violet foncé ne paraît éprouver aucune action, mais ensuite, en digestion dans l'eau, elle se colore d'abord en bleu, puis en vert.

Les fleurs *jaunes* semblent, en général, peu impressionnables ; les couleurs perdent seulement de leur éclat, et la matière n'est pas soluble dans l'eau froide après l'action électrique ; il est probable que cela tient à ce que la couleur est due à des granules solides insolubles, et non à un liquide sur lequel l'eau a une action.

Les pétales de *capucines* rouges (d'un rouge brun ou orangé) perdent leur teinte et deviennent jaune clair ; elles renferment en effet dans les cellules de la couleur rouge impressionnable et des granules jaunes insolubles.

Les *fleurs bleues* sont moins impressionnées que les rouges. Les pétales du *Tradescantia virginica* sont peu influencés.

Électrisation des feuilles. — Les feuilles vertes en général (lilas, pivoine, etc.) semblent d'abord n'éprouver aucun effet de l'électrisation ; mais quelque temps après, on voit les parties frappées par l'étincelle brunir peu à peu ; l'effet s'étend pour gagner bientôt toute la feuille qui finit par prendre l'aspect d'une feuille morte, surtout quand l'électrisation est prolongée. Donc, chose intéressante à connaître : l'électricité tue les feuilles en détruisant l'enveloppe des cellules ; c'est ainsi que la chlorophylle peut se décomposer peu à peu en commençant par devenir jaune.

Avec les feuilles du *Begonia discolor*, rouges sur une face, vertes sur l'autre, la partie verte devient sensiblement rouge et réciproquement. Il s'opère une espèce de filtration de la matière rouge dans le tissu de la feuille, car la chlorophylle ne paraît pas altérée.

Les feuilles de *Coleus*, d'un rouge brun sur les deux faces, deviennent vertes dans les parties électrisées. Les immersions dans l'eau froide les décolorent complètement.

Les feuilles bicolores *d'amarante*, qui ne paraissent pas subir l'action de l'électrisation, cèdent ensuite leur couleur à l'eau froide.

Dawy ayant soumis pendant plusieurs jours une feuille de *laurier* à l'action d'une pile de cent cinquante éléments, cette feuille devint brune, comme si elle eût été grillée. La matière verte, la résine, l'alcali, la chaux, avaient été transportés au pôle négatif et de l'acide cyanhydrique se trouvait au pôle positif.

L'atmosphère et la terre étant, comme on sait, dans deux états électriques différents (la première possédant un excès d'électricité positive, la deuxième un excès d'électricité négative), ces deux espèces reforment du fluide naturel par l'intermédiaire des corps conducteurs qui se trouvent à la surface du sol, notamment des végétaux. Donc autant de décharges électriques, autant d'effets sur les végétaux, surtout dans les temps orageux où les nuages électrisés exercent une action puissante par *influence*, suivie souvent de décharges électriques. Ces dernières ont des effets excessivement exaltés dans les arbres foudroyés. La foudre produit sur les végétaux en général et les feuilles en particulier, des accidents semblables à ceux que l'on a pu reproduire expérimentalement, à l'aide de machines électriques. Dans ces expériences, on a, pour ainsi dire, foudroyé les diverses parties du végétal, avec des quantités d'électricité extrêmement faibles par rapport à celles que produit la foudre. Ces effets sont donc probablement les mêmes, à l'intensité près.

IVᵉ PARTIE

CHAPITRE Iᵉʳ

AVANTAGES DE LA LUMIÈRE ÉLECTRIQUE

Définition. — Ce que nous avons dit dans la *première partie* pour définir l'électricité et les courants électriques, nous facilitera beaucoup l'explication de la formation de la lumière électrique.

Lorsqu'un courant, d'une provenance quelconque, traverse un *conducteur*, ce dernier s'échauffe. Cet échauffement est variable avec la nature de la substance qui forme le conducteur et avec la section qu'il offre dans ses diverses parties ; il varie aussi avec la quantité d'électricité produite par la source.

Quand un corps est *bon conducteur* ou bien *peu résistant*, il s'échauffe peu ; au contraire, quand il est *mauvais conducteur* ou bien *très résistant*, il s'échauffe beaucoup plus sous l'action du passage d'un même courant. Les métaux sont des corps très bons conducteurs et en particulier l'argent et le cuivre, qui sont les moins résistants de tous les corps ; c'est pourquoi on se sert de fils de cuivre pour conduire l'électricité.

D'après ce que nous venons de dire, si l'on réduit la section d'une portion quelconque d'un conducteur, la partie ainsi diminuée sera portée à une plus haute température que les voisines. C'est sur ce principe que sont basées les *lampes incandescentes* ; en effet, on comprend qu'un courant d'une intensité assez forte, passant dans un fragment de conducteur convenablement préparé, peut porter ce fragment à l'incandescence et, par suite, amener des rayons lumineux.

En un mot : *la lumière électrique est le résultat du passage d'un courant dans un fragment très résistant du conducteur*.

Différentes lumières électriques. — Le fragment de conducteur très résistant que nous venons de définir est formé tantôt par des baguettes de charbon brûlant à l'air libre, tantôt par un fil de même substance qui rayonne dans le vide.

Les appareils qui contiennent ces baguettes ou ces fils de charbon ont reçu le nom de *brûleurs électriques*. Il y a donc deux procédés pour faire de la lumière électrique :

1° Par l'*arc voltaïque*,

2° Par l'*incandescence*.

1° *Procédé par l'arc voltaïque*. — Si l'on relie deux baguettes ou crayons de charbon aux deux pôles d'une même source d'électricité, à l'aide de fils bons conducteurs (de cuivre par exemple), et, si l'on fait toucher entre elles les deux extrémités libres de ces baguettes, le courant les traversera comme il traverse toutes les parties du circuit sans qu'il y ait rien d'apparent ; en effet, c'est à peine s'il se fait une légère élévation de température dans les baguettes, car leur section est considérable par rapport à l'intensité de la source d'électricité.

Mais si l'on rompt la communication entre les deux baguettes, aussitôt on voit apparaître un *arc voltaïque* d'une extrême splendeur. Bien que cet arc soit formé par une infinité d'étincelles qui jaillissent entre les deux baguettes, il semble être continu. Le petit espace compris entre les crayons se trouve être rempli par des particules de charbon qui se détachent des pointes et qui constituent un véritable conducteur d'une extrême résistance en raison des dimensions excessivement ténues de ces particules ; c'est ainsi que le courant électrique, en traversant cette partie très résistante du circuit, donne lieu à une élévation considérable de température et en même temps à cette lumière artificielle si éclatante. Dans ces conditions, on remarque qu'au bout de peu de temps l'une des baguettes s'est usée presque deux fois plus que l'autre, c'est celle qui communique avec le *pôle positif* de la source d'électricité ; en outre, l'extrémité de cette même baguette se taille en creux, tandis que celle qui communique avec le *pôle négatif* se taille en pointe.

Pour éviter l'inconvénient, dont nous venons de parler, de l'usure plus rapide de l'une des deux baguettes de charbon, on emploie des sources d'électricité produisant des courants dont le sens est renversé plusieurs fois par seconde et qu'on appelle *courants alternatifs*. On obtient ainsi une usure égale de chaque baguette.

Au fur et à mesure que les crayons s'usent, l'arc naturellement grandit. Lorsque l'espace compris entre les pointes dépasse une certaine longueur, les particules de charbon ne peuvent plus aller d'une pointe à l'autre et le circuit se trouve rompu. Le courant cesse alors de passer et la lumière s'éteint. Pour empêcher ces extinctions dans la pratique, on a imaginé un appareil, nommé *régulateur,* qui porte les crayons et qui rapproche leurs pointes automatiquement, au fur et à mesure de leur combustion, de manière à laisser invariable la distance de leurs deux extrémités et à permettre que la lumière jaillisse tant que durent ces crayons.

L'arc voltaïque possède une intensité beaucoup trop grande pour éclairer de petits espaces, mais il est éminemment propre à l'éclairage de grands espaces comme des champs ou des cours de fermes, lorsqu'on a à y effectuer des travaux pressés; de même, quand il s'agit d'éclairer des usines, des ateliers, des manufactures, des parcs, des gares, des places publiques, des phares; dans l'art militaire pour la reconnaissance de mouvements de troupes, de manœuvres de navires, etc., etc.

Le léger inconvénient de l'arc voltaïque est que les baguettes parallèles ou les crayons opposés s'usent assez rapidement et qu'il faut les changer souvent ; pour diminuer cette usure, on emploie du charbon de cornue ; en outre, il se détache parfois des fragments de charbon incandescent : pour y remédier, il suffit de garnir le régulateur d'une sorte de cendrier en toile métallique ; enfin la plupart des régulateurs font du bruit en fonctionnant. Quoi qu'il en soit, on voit que ces inconvénients sont bien faibles auprès des services que peut rendre l'éclairage électrique; d'ailleurs des améliorations ne tarderont pas à les perfectionner complètement.

2° *Procédé par l'incandescence.* — Dans une petite ampoule de verre, on loge un filament de coton ou de fibre végétale, convenablement préparé et carbonisé, dont les deux extrémités sont reliées à deux touches métalliques, afin de pouvoir facilement être placées dans un circuit électrique. Lorsque le filament est en place, on fait le vide et on ferme l'ampoule à la lampe d'émailleur.

On installe une série de ces ampoules sur des conducteurs de telle façon que le courant électrique traverse les filaments ; ceux-ci, d'une faible section, présentent naturellement une grande résistance au passage de l'électricité, par conséquent ils s'échauffent fortement, rougissent, puis deviennent très lumineux.

Donc la *lampe incandescente* se compose d'un simple fil de charbon bien homogène, bien attaché dans un petit globe étanche et privé d'air (afin d'empêcher la combustion de ce fil), disposé de manière à recevoir une douille pour être placé facilement sur un conducteur d'électricité.

L'intensité de la lumière produite dépend de la résistance des filaments, de leur diamètre et de l'intensité du courant qui les traverse. Les plus petites lampes employées donnent une lumière égale à cinq bougies de l'Étoile, environ la moitié d'un bec Carcel ou d'une bonne lampe à huile ou à pétrole. Les lampes les plus employées dans les établissements publics sont celles de 8, 12 et 16 bougies ; celles qui conviennent surtout à l'éclairage des petites salles, ateliers, granges, etc., sont de 8 et 12 bougies. Depuis quelques années on fabrique des lampes incandescentes de 30, 50, 100, 200 et même 500 bougies.

Qualités de la lumière électrique. — En dehors de la facilité qu'on a pour l'employer (puisqu'il suffit de tourner un *commutateur* pour la faire apparaître), en dehors de l'éclairage agréable qu'elle procure, elle a d'autres qualités très importantes que nous tenons à faire ressortir.

Les lampes à huile exigent une préparation et un entretien quotidiens, que chacun sait ; les bougies stéariques sont difficiles à conserver en parfait état de propreté et doivent être remplacées après quelques heures d'usage.

Si le gaz est relativement commode à allumer, comme nous l'avons dit, la lumière électrique l'est bien davantage encore, puisque, pour la faire jaillir dans une lampe isolée ou dans plusieurs, voire même dans une ville entière, le simple déplacement d'un petit levier suffit. Comme les lampes bien faites durent de six cents à mille heures avant que le filament de carbone soit usé, leur remplacement est encore moins fréquent que celui des verres dans les lampes à huile ou les brûleurs à gaz.

Donc, déjà, supériorité incontestable de la lumière électrique sur tous les autres systèmes d'éclairage.

Quant au point de vue hygiénique, elle n'a point de rivale, surtout dans les locaux destinés à recevoir beaucoup de monde.

Les accidents d'incendie et d'asphyxie sont malheureusement fort nombreux avec l'usage du gaz, et sont loin de diminuer avec le temps. Ils peuvent être considérés comme à peu près supprimés par l'emploi de la lumière électrique.

Cet éclairage a donc de grands avantages au point de vue de la suppression des incendies dans nombre d'industries et plus particulièrement dans celles donnant naissance à des poussières inflammables répandues dans les salles, comme : dans les meuneries, fabriques de tissus, peignages de laine ; dans certaines fermes pour éclairer des granges dans lesquelles on a à effectuer des travaux pressés, etc., etc.

Pour M. Fontaine, ce sont les *qualités hygiéniques* de la lumière électrique encore plus que l'incombustibilité relative qu'elle procure, qui doivent faire préconiser son emploi par tous les véritables philanthropes. Bien mieux, M. Preece, l'éminent directeur du Post-Office à Londres, très compétent en la matière, affirme que la durée moyenne de la vie humaine s'élèvera de plusieurs années, dès que l'éclairage électrique sera universellement adopté[1]. C'est d'ailleurs la thèse acceptée par un grand nombre de savants, parmi lesquels se trouve M. Mascart, de l'Institut.

En effet, l'air que nous respirons (se composant environ de 80 p. 100 d'azote et 20 p. 100 d'oxygène) contient en outre, mais dans de très faibles proportions, de la vapeur d'eau (3 à 16 p. 1,000), de l'acide carbonique (3 à 10 p. 10,000). Quand l'air renferme 1 p. 100 d'acide carbonique, il est considéré comme impropre à la respiration. Or, un homme adulte absorbe en moyenne 10 mètres cubes d'air, pesant ensemble 13 kilogr., en vingt-quatre heures : il importe donc que cet air ne soit pas souillé d'impuretés qui fatiguent les poumons, en diminuant la quantité d'oxygène nécessaire aux combustions de l'organisme, et finalement altèrent rapidement la santé.

Or le gaz d'éclairage ne brûle qu'à la condition d'emprunter à l'air ambiant une partie de son oxygène. Un bec de gaz consommant 120 litres à l'heure équivaut, comme dépense d'oxygène, à la respiration de quatre personnes de taille moyenne. C'est ce qui nous a, à tous, fait ressentir ce malaise spécial, accompagné d'une chaleur intolérable, dans les salles de spectacles, qui, bien éclairées, possèdent au moins un bec de gaz par personne, souvent deux ; il résulte que l'air respirable est bientôt plus appauvri en oxygène que si on décuplait le nombre des spectateurs. Qu'on ajoute à cela les poussières qui ne peuvent qu'aller en augmentant chaque jour (puisque ces salles ne reçoivent

---

1. *Conférence de M. Mascart sur l'éclairage électrique à l'Exposition de 1889.*

jamais d'air extérieur) et l'on comprendra que les microbes de toutes les espèces, répandus dans cet air, y sont comme dans un véritable bain de culture ; on est donc en droit de considérer les théâtres encore éclairés au gaz comme de véritables foyers infectieux.

Quant aux lumières produites par la bougie, l'huile, le pétrole, il est reconnu qu'elles consomment encore plus d'oxygène que le gaz, et que l'atmosphère dans laquelle ces substances brûlent devient bientôt plus pernicieuse encore que si on les remplaçait par le gaz.

Pour le prouver, il nous suffit de donner les quelques chiffres suivants :

Une lampe à incandescence de 12 bougies ne consomme pas d'oxygène, ne produit pas d'acide carbonique, ne vicie par conséquent pas l'air et dégage seulement trente-quatre calories à l'heure.

Un bec de gaz donnant la même lumière consomme 95 litres d'oxygène à l'heure, produit 56 litres d'acide carbonique, vicie 450 litres d'air et dégage 550 calories.

Une lampe à huile de même intensité consomme 130 litres d'oxygène, produit 94 litres d'acide carbonique, vicie 675 litres d'air et dégage 822 calories par heure.

Une lampe à pétrole consomme 170 litres d'oxygène, produit 121 litres d'acide carbonique, vicie 931 litres d'air et dégage 832 calories à l'heure.

Enfin 12 bougies de l'Étoile consomment 240 litres d'oxygène, produisent 175 litres d'acide carbonique, vicient 1,240 litres d'air et dégagent 940 calories, toujours en une heure.

Quoique nous nous soyons un peu écarté de notre sujet purement rural en voulant faire ressortir tous les avantages hygiéniques de l'emploi de la lumière électrique, nos lecteurs nous pardonneront en raison du haut intérêt de la question.

En effet, cela doit donner à réfléchir à tous les industriels qui ont à effectuer des travaux de nuit et particulièrement à ceux qui possèdent de ces nombreuses industries dans lesquelles prennent naissance des fermentations appelées à augmenter encore la quantité d'acide carbonique de l'air, déjà rendu vénéneux par un éclairage défectueux. Enfin, cela nous met en droit de souhaiter que tous les établissements d'éducation, où les enfants restent enfermés très longtemps aux études du soir, soient éclairés à cette lumière bienfaisante. Nous pourrions multiplier les exemples où il est désirable de voir s'établir l'électricité, mais nous nous arrêterons là, pensant en avoir assez dit pour montrer l'importance hygiénique de la lumière électrique.

Au *point de vue économique*, nous allons montrer que l'avantage revient encore à la lumière électrique sur tous les autres systèmes d'éclairage.

Tout d'abord, si l'on peut mettre en mouvement les machines produisant l'électricité à l'aide d'une force naturelle quelconque, il est inutile que nous insistions davantage pour faire comprendre toute l'économie qui en résultera ; dans ce cas, en effet, aucun système d'éclairage ne pourra coûter moins cher. Nous ne reviendrons pas sur la question de la transmission de la force, pensant qu'elle a suffisamment été expliquée dans la IIe partie ; au même chapitre, nous démontrions aussi que, lorsque des exploitations agricoles ou industrielles possèdent des machines à vapeur en fonction, il est très économique de leur faire fournir de l'électricité en les mettant en communication avec des dynamos.

Voilà donc déjà deux cas d'une économie qui ne peut

être mise en doute, et qui se rencontrent très souvent dans la vie rurale.

Reste le cas où l'on est obligé de faire une installation spéciale pour produire la lumière électrique. Nous allons montrer qu'il y a encore plus d'économie à effectuer cette installation qu'à se servir d'une lumière quelconque.

Avant de fixer le prix de revient d'une installation de lumière électrique, il est juste de supposer que le montage sera fait par un électricien compétent, que toutes les conditions électriques seront telles que les lampes brûlent à leur température normale afin de donner à la lampe une durée moyenne de 1,000 heures.

Comme base de calcul, prenons une exploitation où l'on travaille 12 heures par jour, travail qui exigerait un éclairage annuel et artificiel de 1,000 heures, ce qui ne s'écarte pas beaucoup de la réalité.

Voici la dépense horaire par lampe de 16 bougies, la force motrice étant prise sur le moteur de l'établissement, pour une marche annuelle de 1,000 heures :

Intérêt et amortissement de 50 fr. de premier établissement à
    15 p. 100 = 7 fr. 50 c. 0ᶠ,0075
Renouvellement de la lampe (durée de 1,000 heures) à
    6 fr. 50 c. . . . . 0 ,0065
Huiles, chiffons, balais de machines, entretien. . . . 0 ,0020
Force motrice 1/3 de cheval-vapeur nécessité par la
    lampe. . . . . 0 ,0050
                                      —————
                                      0ᶠ,0210

Il est évident, par ces calculs, que la durée de la lampe joue un grand rôle dans la dépense annuelle.

Si, par exemple, la durée moyenne de la lampe est portée à 1,500 heures (durée qui devient tout à fait ordinaire pour la lampe Swan), le prix horaire par lampe serait réduit à 0ʳ,0188.

Intérêt et amortissement de 50 fr. de premier établissement à
15 p. 100 = 7 fr. 50 c. 0ʳ,0075
Renouvellement de la lampe après une durée de
1,500 heures à 6 fr. 50 c. . . . . 0 ,0043
Huiles, chiffons, balais de machines, entretien, etc. . 0 ,0020
Force motrice 1/3 de cheval-vapeur nécessité par la
lampe. . . . . 0 ,0050
                                                   ─────────
                                                   0ʳ,0188

La production d'un éclairage à gaz équivalent à une pareille lumière électrique reviendrait, à raison de 100 bougies par mètre cube et par heure à 0ʳ,25, à environ 0ʳ,0400. Soit plus du double.

Pour que la lumière électrique revienne à ce prix, il faudrait que les lampes n'eussent qu'une durée de 225 heures.

En d'autres termes, dans une installation, toute lampe ayant une durée supérieure à 225 heures occasionne une économie sur le prix du gaz et, si la durée moyenne était 420 heures, il y aurait une économie de 25 p. 100 réalisée par l'éclairage électrique sur le prix de l'éclairage au gaz et par conséquent sur tout autre mode d'éclairage.

En résumé, les principaux avantages de la lumière électrique que nous venons de démontrer sont les suivants :

1° *Facilité d'emploi ;* 2° *lumière agréable et très éclairante ;* 3° *propreté très grande et entretien nul ;* 4° *entière sécurité contre tout incendie ;* 5° *supériorités hygiéniques et économiques sur tous les autres modes d'éclairage.*

Sources d'électricité. — La lumière obtenue au moyen de piles ne peut s'employer que pour des applications toutes spéciales, de très courte durée ; son prix de revient est considérable, ses inconvénients multiples. Nous ne conseillerons jamais l'usage des piles pour alimenter des lampes électriques, et tous les systèmes, plus ou moins perfectionnés qui paraissent tous les jours, ne nous inspirent aucune confiance.

Le seul moyen réellement pratique, industriel, agricole, commercial, d'obtenir un courant pour lumière électrique est de se servir des machines appelées *générateurs électriques, dynamos électriques,* ou simplement *dynamos,* appareils dont nous avons déjà parlé. Tous ces appareils sont basés sur la propriété qu'ont les aimants de faire naître un courant électrique dans les fils métalliques soumis à leur rayon d'action.

Ainsi, il suffit de faire mouvoir un fil métallique devant les pôles d'un aimant, ou réciproquement de faire mouvoir un aimant devant un fil métallique, pour que le fil soit traversé par un courant électrique. On peut encore obtenir un courant électrique dans un fil métallique, en le faisant mouvoir à proximité d'un autre circuit électrique. Les courants développés sous l'influence d'un aimant ou d'un courant initial se nomment *courants d'induction.* La plupart des machines électriques sont donc composées d'aimants ou d'électro-aimants plus ou moins puissants, entre les pôles desquels se meut une sorte d'armature garnie de fil de cuivre.

Pour faire tourner cette armature, il faut dépenser du travail mécanique, travail que l'on emprunte, comme nous l'avons dit, soit à la nature, soit à une machine à vapeur ou à gaz. Plus on produit d'électricité et plus on dépense de travail mécanique. On peut donc définir la *pile* en disant que c'est un *appareil qui transforme du travail chimique en électricité,* et la *dynamo,* en disant que c'est une *machine qui transforme du travail mécanique en électricité.*

S'il y a beaucoup de piles, il y a aussi beaucoup de dynamos, les meilleures de ces dernières sont évidemment celles qui coûtent peu d'acquisition, qui sont faciles à conduire, qui durent longtemps sans avoir besoin de réparations et qui dépensent le moins de travail moteur par rapport à la quantité d'électricité produite.

Enfin terminons ce chapitre en rappelant la mort récente qui vient de frapper un ouvrier hongrois, afin qu'au besoin cela puisse servir de leçon, quoique nous soyons certain qu'aucun ouvrier français ne commettrait une pareille sottise. Obéissant au conseil d'un de ses camarades, l'individu en question voulut essayer d'allumer sa pipe à un arc électrique ; les électricités se recombinant dans son corps, il fut naturellement foudroyé à l'instant.

CHAPITRE II

Applications de l'effet de la lumière électrique sur les insectes. — Tout le monde connaît l'effet de la lumière sur les animaux en général, durant la nuit. Chacun sait que les insectes sont particulièrement attirés par son éclat, au point qu'ils se jettent dans la flamme et s'y brûlent les ailes. Mais la lumière électrique, à cause de son extrême intensité, est celle qui agit le plus sur les insectes.

M. le professeur Lutner, entomologiste du gouvernement des États-Unis, a fait l'examen au microscope des insectes attirés et brûlés ainsi, en une nuit, par une lampe à arc. Il estime que le nombre est d'environ 100,000 pour une seule lampe : moucherons, cousins, papillons, etc. Il ne se trouvait pas de moustiques parmi les victimes, mais en revanche il reconnut un grand nombre de parasites de la végétation. De pareilles expériences ont été renouvelées dans le bois de Boulogne récemment.

On a donc cherché à appliquer la lumière électrique à la destruction des insectes nuisibles.

Destructeur électrique d'insectes. — Un appareil destiné à détruire les insectes vient d'être breveté en Allemagne. Il se compose d'une lampe à arc entourée d'un réseau de fils de platine. Le courant traverse ces fils de platine (servant ainsi de rhéostat) et les porte à une haute température, sans cependant les rendre incandescents. Les insectes attirés par la lumière, ne voyant pas les fils, viennent s'y brûler infailliblement. Le tout est entouré d'un filet à grandes mailles, pour éviter l'approche des oiseaux. Cet appareil a pu détruire, en peu de temps, un grand nombre de papillons de nuit, hannetons, etc. Dans les forêts et les plantations ravagées par certains insectes de nuit, cet appareil a déjà rendu de grands services. Un Américain prétend que les ravages des vers du tabac ont diminué sensiblement dans la ville de Durham depuis qu'on y a adopté l'éclairage électrique. Il pense qu'en établissant une puissante lampe dans les lieux où pousse le célèbre coton *sea-island,* on pourrait détruire la vermine qui exerce tant de ravages sur ces plantes si précieuses ; dans tous les cas, ce genre d'éclairage rendra d'immenses services lors de la cueillette.

L'Allemagne, dont les forêts sont, paraît-il, particulièrement ravagées par les insectes, a promis récemment une grosse récompense, de plus de 100,000 fr., à qui trouvera le moyen d'atténuer le fléau. Peut-être y aurait-il dans la lumière électrique le remède demandé. Quoi qu'il en soit, cette étude mérite d'être faite avec attention, car de ces expériences pourrait sortir un grand bienfait public.

En effet, non seulement les forêts, les plantations, etc., sont très souvent dévastées par divers insectes, les hommes harcelés par les moustiques, mais encore on sait que des contrées entières sont ruinées par l'approche de certains d'entre eux. On connaît le véritable fléau que causent les *criquets* en Algérie et dans toute l'Afrique, lors de leurs passages. Or, à l'aide de projecteurs convenablement disposés, ne pourrait-on pas les attirer dans des couloirs où il serait alors facile de les exterminer ? Il semble, en tous cas, que l'expérience mérite d'être tentée.

Nourrisseur électrique de volailles. — Un savant bavarois a utilisé la propriété qu'a la lumière électrique d'attirer les insectes, pour construire un appareil sur ce principe. Il se compose d'une machine dynamo actionnant une lampe destinée à attirer les mouches et les insectes, en mettant en mouvement un ventilateur qui les aspire et les refoule dans un moulin, où ils sont transformés en une farine dont les volailles sont très avides.

Applications de l'effet de la lumière électrique sur les poissons. — Depuis longtemps déjà on a cherché à appliquer, pour la pêche, l'effet qu'a la lumière d'attirer les poissons pendant la nuit. Les premiers essais ne furent pas très concluants ; il y avait des améliorations à y apporter.

C'est en 1856 que commencent les premières expériences en mer et dans des pièces d'eau. Les essais faits cette année-là dans le lac d'Enghien ne furent pas remarquables. L'abbé Moigno s'occupait principalement de cette question ; il obtint, paraît-il, tantôt des résultats absolument miraculeux : « Les poissons accouraient en suivant tous les rayons lumineux et s'accumulaient autour du foyer électrique ; » tantôt, au contraire, les résultats obtenus étaient très ordinaires.

M. Dournenez poursuivait à Brest ses expériences en mer ; les résultats obtenus étaient aussi assez variables.

En 1873, M. Chauvin, en présence du commissaire de l'inscription maritime, répétait au même endroit de pareilles expériences, et obtenait aussi des pêches souvent superbes, mais quelquefois très maigres.

Cependant l'application de la lumière électrique pour attirer les poissons ne fut pas abandonnée ; on comprend en effet tout l'intérêt que pouvait avoir le succès d'un pareil procédé pour pêcher dans les grands fonds océaniens ; aussi y apporta-t-on de nombreuses modifications, mais jusqu'à ces derniers temps, toutes les tentatives échouaient à cause des difficultés de plonger une lampe à des 3,000 mètres par exemple, et de la mettre en communication électrique permanente avec un navire ; en effet, ces fils s'embarrassaient dans les câbles pendant la descente ou la montée des *nasses*, ou autres engins de pêche, et étaient détériorés durant le traînage sur les rochers.

Dans une note présentée à l'Académie des sciences par M. Milne-Edwards au nom du docteur Paul Regnard, le savant professeur a fait voir comment les difficultés observées pouvaient être tournées.

La lampe est descendue avec sa pile ; celle-ci est disposée dans une sorte de chaudière en tôle, étanche, mise en communication, par une tubulure, avec un gros ballon flexible plein d'air.

A mesure que la pression s'exerce sur l'appareil, l'air expulsé du ballon entre dans la chaudière et permet son écrasement.

Cet appareil est utilisé avec succès dans les recherches scientifiques faites sur la goélette *l'Hirondelle,* commandée par le prince héréditaire de Monaco, et a rendu de véritables services dans les recherches dont la *faune abyssale* a été l'objet dans ces dernières années. On crée même en Californie une flotte spéciale.

Les expériences pratiquées récemment dans la rade de San-Francisco en mettant un foyer puissant dans un fond où l'on ne pêche jamais, ont été absolument remarquables. Des poissons de toutes les espèces s'y sont précipités avec tant de fureur, paraît-il, qu'on n'a pas même eu besoin de garnir les filets d'amorces pour faire cependant une pêche miraculeuse.

Éclairage électrique des chaudières. — Dans le but d'observer les conditions de l'ébullition de l'eau et de la formation des mousses calcaires dans les chaudières à vapeur, un inventeur anglais a proposé récemment un dispositif fort ingénieux. Il consiste à éclairer l'intérieur de la *chaudière au moyen d'une ou plusieurs lampes électriques à incandescence* : on les fait brûler ou on les éteint à volonté, à l'aide d'un petit commutateur à bouton, disposé sur le fil conducteur à côté de la chaudière. Sur l'une des parois verticales de celle-ci, le constructeur a ménagé une *ouverture formée par une plaque épaisse de verre, les regards peuvent ainsi plonger dans l'intérieur de la chaudière et suivre tous les détails de l'ébullition.*

Lampe électrique de sûreté. — L'utilité d'une pareille lampe se fait sentir dans les mines, poudreries, navires pétroliers, etc., et en général dans tous les milieux où l'incendie et l'explosion sont à craindre. Pour cela, il faut rendre le contact du filament avec l'air, absolument impossible.

M. Donato Tomasi a construit une lampe, montée à l'intérieur d'un cylindre de verre fermé, d'une part, par le socle de l'appareil et, de l'autre, par un couvercle muni d'un petit robinet ; cette double fermeture est étanche. Les conducteurs se fixent aux bornes du socle. A l'intérieur de ce dernier se trouve un soufflet en caoutchouc, gonflé d'air, dont le rôle est de soulever un taquet et d'empêcher ainsi le contact.

Pour mettre la lampe en service, il suffit d'augmenter, dans une faible mesure, la tension de l'air renfermé dans l'appareil, enveloppe de verre et socle. A cet effet, on emmanche sur l'ajutage du robinet, le tuyau d'une poire de caoutchouc, au moyen de laquelle on injecte une nouvelle quantité d'air ; par l'effet de la tension ainsi produite, le soufflet interne est comprimé ; le contact établi, le courant passe par le filament et la lampe est allumée. Pour l'éteindre, on ouvre le robinet ; le surplus d'air s'échappe et le soufflet interne se dilate et rompt le circuit.

On voit donc que, si l'enveloppe protectrice est brisée, l'accident équivaut à l'ouverture du robinet, et la lampe s'éteint.

Lumière électrique pour réprimer le braconnage. — On sait que les projecteurs de lumière électrique rendent les plus grands services pour explorer l'horizon pendant la nuit. Un heureux hasard a permis de constater que ce moyen serait excellent pour surveiller les faits et gestes des braconniers agissant la nuit.

Des gardes-chasse, grâce aux effets d'un puissant projecteur établi à Hurst-Castle, ont pu reconnaître, dans le faisceau lumineux promené sur l'horizon, des braconniers qui traînaient le filet dans les réserves confiées à leur surveillance.

Bien que ce système doive être coûteux, il est des cas où, pouvant profiter d'une force naturelle, il ne l'est pas. D'ailleurs certains propriétaires font de tels sacrifices pour l'entretien de leurs chasses, qu'il peut se faire qu'en certains endroits, de pareilles stations soient possibles.

Emploi thérapeutique de la lumière électrique. — Nous n'avons pas parlé ici des applications de l'électricité en général à la médecine et la chirurgie, car elles sont si nombreuses que cela nous aurait entraîné trop loin et que d'ailleurs cela nous aurait fait sortir de notre sujet. Nous ne citerons qu'une seule de ces applications, parce que, si son effet est curieux, elle pourra facilement être employée par tous ceux qui possèdent chez eux la lumière électrique.

Cette application est due à M. Stanislas Stein, de Moscou, pour le traitement des névralgies. Il rapporte qu'une série de quatorze cas de diverses affections douloureuses ont été traités avec succès par le procédé suivant : l'appareil dont il s'est servi est une lampe électrique à incandescence de faible intensité (3 ou 4 volts), munie d'une poignée convenable et d'un réflecteur en forme d'entonnoir de 4 à 6 centimètres de longueur sur 2 à 3 de largeur, à l'intérieur duquel est fixée la lampe. Le réflecteur est appliqué directement sur la région douloureuse. Dans les cas de douleurs de tête, l'illumination ne dure que dix ou quinze secondes ; dans toutes les autres régions du corps, de une à cinq minutes ou davantage, jusqu'à ce que le malade commence à se plaindre d'une chaleur intense. On a fait ainsi, paraît-il, des cures remarquables.

Bien que les *bains électriques* aient produit des effets absolument certains, nous rapportons cependant l'illumination de M. S. Stein sous une extrême réserve. Il paraîtrait qu'un malade atteint de tuberculose pulmonaire et laryngée avec toux incessante, chez lequel tout avait échoué, même la morphine à la dose de 5 centigr. par jour, après avoir été exposé à l'illumination extérieure des deux côtés du larynx pendant dix ou quinze secondes, aurait vu se réduire presque complètement ces quintes de toux, dans les vingt-quatre heures.

Il est possible que la lumière électrique ait un certain avenir dans ce sens médical ; néanmoins, nous craignons que l'auteur de cette lampe ne soit lui-même un peu *illuminé* par elle !

CHAPITRE III

Introduction. — C'est une question très importante de l'électricité agricole, au point de vue de l'avenir qu'elle réserve aux industries horticoles et maraîchères.

On sait que, pour parvenir à son évolution normale, une plante doit recevoir une certaine quantité de chaleur lumineuse ; cette quantité est constante pour chaque espèce, mais variable d'une espèce à l'autre.

Au milieu de ce siècle, quelques savants émirent l'idée nouvelle, à peu près universellement adoptée aujourd'hui, que le repos nocturne dû à l'obscurité de la nuit n'est pas indispensable à la végétation ; qu'au contraire, il y aurait avantage, dans certains cas, à tenir les plantes en activité constante, par un afflux régulier de lumière, et l'on pourrait ainsi arriver à abréger, d'une manière sensible, la durée de la végétation.

La lumière électrique, dont la composition ressemble beaucoup à la lumière solaire, se trouvait naturellement indiquée pour remplacer cette dernière pendant la nuit ; d'ailleurs, il est démontré aujourd'hui que toutes les sources de lumière transmettent à la plante verte, avec plus ou moins d'intensité, les radiations capables de lui fournir l'énergie nécessaire à fixer dans ses tissus le carbone de l'acide carbonique de l'air ; naturellement, ce phénomène est d'autant plus intense que la source lumineuse est plus puissante, c'est pour cela que la lumière électrique a un si grand avenir dans cette nouvelle science ; quoi qu'il en soit, la lumière d'une bougie possède aussi bien les radiations nécessaires que la lumière solaire. Les physiologistes, pour étudier ce phénomène de l'assimilation, ont employé aussi la lumière d'une forte lampe à pétrole, de la lumière Drummond, etc. On voit donc bien que l'action de la lumière électrique sur les végétaux, que nous allons étudier, n'est pas une propriété appartenant à l'électricité seulement, comme dans la partie précédente de ce volume ; aussi pensons-nous qu'il n'est pas exact de faire entrer cette étude dans l'*électroculture* proprement dite.

L'influence de l'éclairage électrique sur les végétaux a été étudiée pour la première fois en 1861 par M. Hervé-Mangon ; depuis, un grand nombre de savants se sont occupés de cette intéressante question ; parmi eux nous devons citer : MM. Prillieux, Dehérain, C. W. Siemens, Vesque, Montpellier, J.-F. Plicque, Bailey, J.-F. Draper, Dr Gilbert, Dr Darwin, etc., etc.

M. Gaston Bonnier a repris cette étude d'une façon toute spéciale, ces dernières années, et a fait connaître ses importants travaux dans des communications à l'Académie des sciences.

CHAPITRE IV

Expériences. — M. Hervé-Mangon étant le premier savant qui ait fait de véritables essais scientifiques à ce sujet, c'est naturellement ses travaux que nous devons analyser les premiers [1].

Grâce à M. Allard, ingénieur en chef du service des phares, M. Hervé-Mangon put utiliser, pendant quelque temps pour ses expériences, les appareils puissants de ce service.

L'électricité était produite par une machine électromagnétique, mise en mouvement par une machine à vapeur; elle actionnait une lampe à charbons.

La lampe fut allumée : onze heures, le 30 juillet ; douze heures, le 31 juillet, le 1er et le 2 août ; onze heures et demie le 3 août. La température de l'air étant passée de 22° à 25°, et celle de la terre, de 19° à 21°, voici comment procéda M. Hervé-Mangon.

« Le 30 juillet à 8 heures du matin, il plaçait dans une grande pièce obscure, à 1 mètre environ de la lampe électrique et à 0^m,60 en contre-bas du foyer lumineux, sans interposition d'aucun verre, de petits pots à fleurs contenant chacun quatre grains de seigle, semés respectivement les 24, 26, 27 et 28 juillet.

« Les grains semés les 27 et 28 juillet n'étaient pas levés. Le 31 juillet, à 2 heures, les plantes semées les 24 et 26

---

1. 1861. Comptes rendus à l'Académie des sciences.

juillet avaient de $0^m,010$ à $0^m,060$ de longueur ; elles étaient toutes très vertes et fortement inclinées vers la lumière. Le seigle semé le 27 juillet était levé ; les plantes avaient de $0^m,020$ à $0^m,030$ de hauteur. On voyait un peu de vert au sommet des plus grandes.

« Le 1er août, à 1 heure, toutes les plantes continuaient à se développer comme en plein air. Le seigle semé le 28 juillet était levé, mais ne présentait pas encore de vert.

« Le 2 août, à 2 heures, toutes les plantes continuaient à se développer, le seigle levé de la veille était bien vert.

« Le 3 août, à 6 heures et demie du matin, on a mis fin à l'expérience. Inutile d'ajouter que les semis conservés dans l'obscurité, comme terme de comparaison, ont donné des plantes complètement jaunes.

« En résumé, la lumière des machines électromagnétiques jouit, comme la lumière solaire, de la propriété de développer la matière verte des plantes. »

Travaux de M. Prillieux. — Quelques années plus tard, M. Prillieux, le savant professeur de botanique de l'Institut national agronomique, faisait aussi à ce sujet une communication à l'Académie des sciences. En 1869, M. Prillieux donnait le résultat de ses expériences sur la recherche de l'influence de la lumière artificielle dans la réduction de l'acide carbonique par les plantes.

M. Prillieux a reconnu qu'en mettant un rameau d'*Elodea canadensis* dans un flacon contenant de l'eau chargée d'acide carbonique, et qu'en exposant alternativement ce rameau à environ 10 centimètres de la lumière électrique et à l'obscurité, chaque fois que la source lumineuse provenant d'une machine magnéto-électrique agissait, il se faisait un dégagement de bulles de gaz beaucoup plus grand.

M. Prillieux fit des essais comparatifs entre les dégagements fournis par la lumière solaire et la lumière électrique.

La variabilité de l'intensité fournie par la machine étant assez grande, les effets ne devaient naturellement pas être bien comparables.

Voici le nombre de bulles obtenues, lors de quatre expériences faites, lorsque le ciel n'était pas très pur ni la lumière solaire très vive :

	I.	II.	III.	IV.
A la lumière solaire . .	22,6	28,75	20,6	21,0
— électrique.	11,8	6,6	11,8	8,9

M. Prillieux répéta les mêmes expériences avec la lumière Drummond et avec celle du gaz d'éclairage ; il reconnut que ces différentes sources lumineuses agissent comme la lumière électrique, mais avec une moindre intensité. Comme la lumière solaire, ces différents modes d'éclairage agissent sur la chlorophylle et lui donnent aussi le pouvoir de décomposer l'acide carbonique et de fournir de l'oxygène.

On comprend, dès à présent, toute l'importance qu'aurait pour certaines industries agricoles et horticoles, l'emploi de la lumière électrique pendant la nuit, afin de faire produire plus rapidement aux végétaux les fruits ou les tiges qu'on en attend.

Depuis longtemps déjà, on connaissait l'influence de la chaleur donnée, pendant l'hiver, dans les serres. On sait qu'on obtient les primeurs en maintenant les plantes à une température assez élevée pour en assurer le développement, et même pour les forcer à produire des fleurs et des fruits beaucoup plus rapidement qu'elles ne le feraient si elles étaient abandonnées à l'air libre. On pourra maintenant, dans l'industrie des primeurs, favoriser davantage leur évolution et gagner quelques semaines encore sur l'époque des récoltes, en ajoutant à l'action de la chaleur celle de la lumière artificielle.

C'est principalement au savant professeur Dehérain qu'on doit ce principe si intéressant et si plein d'avenir.

CHAPITRE V

Le 1er mars 1880, M. E. W. Siemens communiquait en Angleterre, à la Société royale, un mémoire intitulé : *De l'Influence de la lumière électrique sur la végétation*. Le 1er septembre de l'année suivante, ce mémoire était communiqué à l'Association britannique pour l'avancement des sciences, dans sa session d'York.

Les travaux de M. Siemens ont été si minutieusement et si scientifiquement conduits, ont eu un tel retentissement, que nous croyons devoir en faire un chapitre spécial.

Ses expériences. — *L'électricité agricole* doit être doublement reconnaissante à M. E. W. Siemens, car c'est principalement à lui que revient l'invention de ses deux plus grandes applications :

1° L'application de la lumière électrique pour hâter la végétation ;

2° L'application de la transmission électrique pour effectuer les différents travaux agricoles.

On se souvient, en effet, que dans notre seconde partie nous avons parlé de l'application de l'électricité faite par M. Siemens pour pomper de l'eau, scier du bois, hacher de la paille, couper des racines, labourer, etc., etc.

Pour produire la lumière, M. Siemens employait une machine à vapeur à haute pression, de la force de six chevaux, mettant en mouvement deux machines dynamiques Siemens, reliées séparément à deux lampes électriques dont chacune pouvait émettre une lumière de cinq mille bougies. Une de ces lampes était placée dans une serre de 2,318 pieds cubes (650 mètres cubes) de capacité, et l'autre fut suspendue à la hauteur de 12 à 14 pieds (3^m,65 à 4^m,25) au-dessus d'une autre serre.

Les expériences, commencées le 23 octobre 1880, furent continuées jusqu'au 7 mai 1881. La lumière électrique fut d'abord employée depuis six heures du soir jusqu'à l'aube, puis dans les jours les plus courts, à partir de cinq heures, le dimanche excepté. Remarquons, en passant, que même les plantes ne doivent pas travailler le dimanche soir, en Angleterre !

La lumière placée au-dessus de la serre était enfermée dans une lanterne à verres transparents, tandis que celle qui était à l'intérieur, suspendue à l'entrée de la serre et munie d'un réflecteur, afin d'en condenser les rayons et de les envoyer directement sur les plantes, fut laissée nue, le but des expériences du savant anglais étant de comparer l'effet de la lumière dans ces deux conditions.

Il sema dans ces serres : du blé, de l'orge, de l'avoine, des pois, des haricots; il planta : des choux-fleurs, des fraisiers, des framboisiers, des pêchers, des tomates, de la vigne ; différentes plantes à fleurs, notamment : des rosiers, des rhododendrons, des azalées. Toutes ces plantes craignant comparativement peu le froid, la température dans cette serre fut maintenue autant que possible à 60° Fahrenheit (15° et demi centigrades).

Les premiers effets observés furent loin d'être satisfaisant. Sous l'influence de la lumière suspendue au-dessus de la serre, les effets avantageux que M. Siemens avait observés l'année précédente se renouvelèrent ; mais les plantes exposées à l'action de la lumière nue présentèrent bientôt

de plus tristes aspects. Ne sachant s'il devait attribuer cet
état fâcheux à l'effet de la lumière nue ou à celui des produits chimiques se dégageant de l'arc électrique, produits
résultant de la combinaison de l'oxygène et du carbone,
ou de l'oxygène et de l'azote, M. Siemens se décida à agir
dans le sens de la première hypothèse.

En vue d'adoucir les rayons de la lumière électrique,
il introduisit dans la serre, à travers de petits tubes, quelques jets de vapeur, qui produisirent l'effet de nuages s'in-
terposant d'une façon irrégulière entre la lumière et les
plantes ; il prit toutefois des précautions pour ne pas introduire trop d'humidité. Cet essai eut un assez bon résultat.
Quant aux produits chimiques, M. Siemens pensa qu'ils seraient plus utiles que nuisibles, puisqu'ils fournissaient les
véritables éléments dont dépend la vie de la plante, et, en
outre, que la production constante d'acide carbonique pur,
résultant de la combustion graduelle du charbon des électrodes, permettrait de diminuer l'arrivée de l'air extérieur
et restreindrait ainsi les dépenses du chauffage.

Néanmoins, les plantes ne surent aucun gré à M. Siemens
de ces innovations dans leur mode d'existence. Il se décida
alors à placer une lanterne de verre transparent autour de
la lumière, dans le double but d'éloigner les produits chimiques de l'arc électrique et d'interposer un écran efficace
entre cet arc et les plantes placées sous son action.

L'influence de cette feuille de verre fut des plus remarquables : en faisant tomber sur une plante des rayons
directs et d'autres filtrant au travers du verre, ce savant
reconnut que, dans l'espace d'une nuit, des effets très différents s'étaient produits sur les feuilles. Tandis que les portions de feuilles de tomates, éclairées par les rayons qui
avaient traversé le verre, conservaient leur apparence de

santé, les portions frappées par les rayons directs (quoique à la distance de $2^m,76$ à $3^m,05$) étaient visiblement ridées. Non seulement les feuilles, mais les jeunes pousses des plantes furent altérées par l'action de la lumière directe, et ces effets fâcheux furent même visibles, bien qu'à un moindre degré, à une distance de 20 pieds (6 mètres) de la lampe.

Le verre transparent n'ayant la propriété d'absorber aucun des rayons lumineux, ce n'est donc pas à ceux-ci que doivent être attribués les fâcheux effets observés.

Le professeur Stokes a trouvé, en 1853, que l'arc électrique est particulièrement riche en radiations invisibles, très réfrangibles, et que celles-ci sont très fortement absorbées en passant au travers du verre transparent ; il est donc tout naturel d'en venir à cette conclusion, que ce sont ces rayons très réfrangibles qui causent le mal en détruisant les cellules, tandis qu'au contraire, les rayons lumineux de moindre réfrangibilité exercent sur elles une action bienfaisante.

Désirant approfondir cette question, M. Siemens sema, dans une partie du terrain réservé pour ses expériences, de la *moutarde* et différentes graines ayant la propriété de croître rapidement ; il divisa ce terrain par sections et dirigea sur celles-ci les rayons de la lampe électrique, après avoir modifié la lumière en la faisant passer au travers de verres de diverses couleurs.

La première section fut soumise à l'action de la lumière nue ; la seconde ne recevait la lumière qu'au travers d'un verre transparent ; la troisième, la quatrième, la cinquième, ne la recevaient qu'au travers de verres respectivement jaunes, rouges et bleus.

Les progrès des plantes furent notés jour par jour, et les différences d'effet sur leur développement furent suffisamment marquées pour justifier les conclusions suivantes : sous le verre transparent, on constata de rapides progrès et une croissance vigoureuse ; le verre jaune vint au second rang ; les plantes, quoique égales aux précédentes en dimensions, leur étaient beaucoup inférieures pour la vigueur des tiges et pour la couleur ; le verre rouge donna une croissance médiocre et les feuilles prirent une teinte jaunâtre ; sous le verre bleu, les plantes furent encore moins vigoureuses ; enfin, celles qui recevaient directement la lumière, étaient noircies, frisées, dans le plus piteux état.

Il faut remarquer que la lumière électrique est restée allumée de cinq heures du soir à six heures du matin tous les jours, sauf le dimanche, bien entendu, pendant le temps que durèrent ces expériences (qui eurent lieu en janvier 1881), et que, pendant la journée, les plantes furent exposées à la lumière diffuse du jour. Ces résultats confirment ceux obtenus en 1843 par le docteur Draper dans ses remarquables recherches sur l'influence que les rayons diversement colorés exercent sur les végétaux, résultats qui l'amenèrent à cette conclusion, alors en contradiction avec l'opinion générale, à savoir que les rayons jaunes et non les rayons violets, sont ceux qui décomposent l'acide carbonique dans les cellules des végétaux. En 1869, M. Prillieux donnait la raison de ce phénomène dans une communication à l'Académie des sciences. Il prouvait que : « si les rayons modérément réfrangibles du spectre, qui forment la lumière jaune et orangée, ont le pouvoir de produire, quand ils agissent sur les parties vertes des plantes, un plus grand dégagement d'oxygène que les autres rayons plus ou moins réfrangibles, cette propriété est due à ce que l'intensité lumineuse de ces rayons moyens est de beaucoup supérieure à celle des rayons extrêmes ».

Les premiers essais de M. Siemens ayant démontré la nécessité d'enfermer l'arc électrique dans une lanterne de verre, il obtint dès lors des effets plus avantageux.

Ainsi, des *pois*, qui avaient été semés à la fin d'octobre, donnèrent, sous l'influence de la lumière continue, une récolte de fruits mûrs le 16 février, après avoir été, à l'exception des nuits des dimanches, sous l'influence d'une lumière continue ; des pieds de *framboisiers*, placés dans la serre le 16 décembre, donnèrent des fruits mûrs le 1er mars ; des *fraisiers*, plantés à peu près à la même époque, donnèrent des fruits d'une couleur et d'une saveur excellentes le 14 février. Des *vignes*, plantées le 26 décembre, donnèrent des raisins complètement mûrs et d'une qualité supérieure le 10 mars.

Le *blé*, l'*orge*, l'*avoine*, se développèrent avec une rapidité extraordinaire sous l'influence de la lumière continue, mais ne purent arriver à maturité ; leur croissance ayant été trop rapide pour leur force, les tiges *versèrent* après avoir atteint une hauteur de 30 centimètres.

Des semences de blé, d'orge et d'avoine, jetées en plein air mais développées sous l'influence de la lumière électrique extérieure, donnèrent de meilleurs résultats : les semis ayant eu lieu le 6 janvier, elles ne germèrent qu'avec difficulté à cause de la neige et de la gelée, mais quand le temps devint meilleur, les jeunes plantes se développèrent plus rapidement et donnèrent des grains mûrs à la fin de juin, ayant été aidées dans leur croissance par la lumière électrique jusqu'au commencement de mai.

Des doutes ont été émis par quelques botanistes sur la possibilité d'obtenir, avec une plante soumise à la lumière continue, des semences capables de reproduction.

Pour résoudre cette question, M. Siemens planta le 18 fé-

vrier, des pois recueillis le 16 sur des pieds qui avaient été
constamment soumis à la lumière électrique : ils donnèrent
des plantes de la meilleure apparence et d'une belle végétation. Le docteur Gilbert a entrepris des expériences à ce
sujet sur le blé, l'orge et l'avoine, développés dans les conditions précédentes ; néanmoins, il est probable que ses
recherches ne seront pas suffisantes et que d'autres expériences seront encore nécessaires pour supprimer tous les
doutes qui s'élèvent sur cette question.

Le docteur Darwin, dont l'opinion est d'un grand poids
en pareille matière, professe l'idée que beaucoup de végétaux, sinon tous, ont besoin chaque jour de quelques ins-
tants de repos pour atteindre leur développement normal.
Dans son grand ouvrage sur les *Mouvements des plantes*,
il s'occupe de la vie des plantes dans les conditions ordinaires, c'est-à-dire avec des alternances de lumière et d'obscurité. Il recherche, avec une étonnante précision et une
grande minutie, leur mouvement naturel de circonvolution
et d'action nocturne ou *nyctitropique,* mais il n'étend pas
ses expériences aux conditions résultant de la lumière continue. Il prouve clairement que cette action nyctitropique
est faite pour protéger les délicates cellules des plantes, de
la réfrigération causée dans l'espace par la radiation. Il ne
s'ensuit pas cependant que cette influence protectrice im-
plique la nécessité d'une mauvaise influence. Ne pourrait-on
pas plutôt déduire des recherches du docteur Darwin, que
l'absence de lumière pendant la nuit est, pour la vie des
plantes, une difficulté que certains organes mobiles doivent
corriger, et que peut-être en soumettant les plantes à la
lumière continue pendant plusieurs années, au bout de plusieurs générations, elles perdraient ces organes spéciaux.

De l'ensemble des expériences de M. Siemens pendant

deux hivers, il semble résulter pour ce savant que, bien que l'obscurité périodique soit favorable à l'allongement des plantes, c'est-à-dire à l'*étiolement,* la lumière continue, au contraire, les stimule, rend leur croissance plus rapide et leur donne un aspect plus vigoureux, depuis l'apparition de la première feuille jusqu'à la complète maturité des fruits. Ces derniers sont même supérieurs en grosseur, en couleur et en saveur, à ceux qu'on obtient avec des alternances de lumière et d'obscurité et, en tous cas, leurs graines se sont toujours montrées capables de germer. Néanmoins, de nouvelles expériences étaient nécessaires pour traiter à fond cette question et savoir si le repos nocturne est nécessaire aux plantes, et surtout, s'il y a analogie avec le repos hivernal nécessaire aux plantes désignées sous le nom d'*annuelles*.

L'influence de la lumière électrique s'est montrée à M. Siemens, d'une façon très manifeste, sur un *bananier,* qui, à deux périodes de son existence, au commencement de son développement et au moment de la fructification, c'est-à-dire en février 1880 et mars 1881, fut soumis à son action pendant la nuit, à une distance n'excédant pas deux yards (1ᵐ,80) de la plante. Le résultat obtenu fut une branche de fruits pesant 75 livres (34 kilogr.), chaque *banane* étant d'une grosseur extraordinaire et ayant, d'après des juges compétents, une saveur délicieuse.

Des *melons* remarquables par leur grosseur et leur arome furent aussi produits de la même façon, sous l'influence de la lumière continue, au commencement des printemps de 1880 et 1881, et il est certain qu'on pourra obtenir des résultats encore meilleurs quand les conditions de température et de proximité de la lumière les plus favorables auront été déterminées.

Du reste, M. Siemens s'est plus efforcé de démontrer l'influence avantageuse de la lumière électrique, **que de récolter une grande quantité de produits.** Il est fort probable que le temps n'est pas éloigné où la lumière électrique sera considérée comme un puissant auxiliaire, rendant l'horticulteur indépendant des climats et des saisons, et lui permettra de créer des variétés nouvelles.

Avant que l'électro-horticulture puisse entrer dans la pratique, il faut qu'on ait pu se rendre compte des dépenses qu'elle occasionne ; c'est ce qui a été en grande partie le but des recherches de M. Siemens. Quand on peut utiliser une chute d'eau ou une autre force naturelle quelconque, on comprend que la lumière électrique revient à bien peu de chose et que le bénéfice est certain ; en effet, il n'y a plus guère que les dépenses d'électrodes de charbon, l'intérêt du prix des appareils et leur entretien, car le prix en a été calculé à 60 centimes par heure, pour une lumière de 5,000 bougies. Quant aux travaux manuels à exécuter, ils ne consistent qu'à remplacer les électrodes de charbon toutes les six ou huit heures, ce qui peut être fait sans grande dépense, le chauffeur des serres pouvant facilement être chargé de ce service.

N'ayant à sa disposition aucune force naturelle, M. Siemens fut forcé d'employer une machine à vapeur. Cette machine, de la force nominale de six chevaux, pourvoyait à la dépense des deux lumières de 5,000 bougies chacune, placées dans la serre servant à ses expériences ; elle consommait $25^{kg},368$ de charbon par heure (c'était une machine à haute pression ordinaire), ce qui, en comptant la houille à 25 fr. la *tonne*, produit un chiffre de 60 centimes, soit 30 centimes par lumière de 5,000 bougies ; encore faut-il déduire l'économie qui peut s'évaluer aux deux tiers de la consommation de la machine, réduisant ainsi le prix du combustible à 10 centimes par heure. De telle sorte que, tout calcul fait, la dépense totale par lumière serait de 60 centimes, plus 10 centimes, soit 70 centimes par heure.

Ce calcul a été établi dans l'hypothèse que la machine fonctionnerait douze heures par jour; mais, comme la lumière est inutile pendant la journée et que cependant il faut entretenir les feux pour chauffer les serres, la dépense reste la même pendant le jour, et il y a une perte de force.

Pour utiliser cette force disponible, M. Siemens résolut de la faire servir à différents travaux agricoles en la transmettant à l'aide de fils sur différents points de la ferme; ce sont ces travaux si intéressants que nous avons décrits dans notre seconde partie, et qui sont appelés à jouer un si grand rôle dans l'avenir de l'*Électricité agricole*.

CHAPITRE VI

TRAVAUX DE M. DEHÉRAIN SUR L'APPLICATION DE LA LUMIÈRE ÉLECTRIQUE A LA VÉGÉTATION

Ses expériences. — Si M. Dehérain n'eut pas la faculté d'expérimenter dans d'aussi bonnes conditions que M. Siemens, ses travaux n'en sont pas moins extrêmement intéressants.

Ses essais eurent lieu en 1881 au Palais de l'Industrie dans des conditions particulièrement défavorables et difficiles. Il n'eut pas à sa disposition en effet, comme le savant anglais dont nous venons d'exposer les curieuses études, une serre parfaitement organisée dans le palais des Champs-Élysées. Les conditions de chaleur n'existaient pas plus que les conditions d'éclairage diurne. Les plantes étaient donc, au début, dans une situation si mauvaise, que la plupart d'entre elles dépérirent rapidement, avant qu'on pût seulement commencer l'éclairage électrique ; on se trouva par conséquent obligé de les remplacer presque toutes à l'époque où la lumière électrique fut en mesure de fonctionner. A ce moment, on divisa la serre du Palais de l'Industrie en deux compartiments distincts : l'un était garni de vitres ordinaires, l'autre de vitres recouvertes de peinture, de façon à soustraire complètement les plantes à l'action de la lumière solaire.

Les végétaux placés dans ce dernier compartiment recevaient constamment, nuit et jour, les rayons de la lumière électrique.

L'effet nuisible de cet éclairage fut très sensible au bout de huit jours seulement d'expérience : toutes les feuilles avaient noirci au point où elles avaient été frappées directement par les rayons de lumière électrique.

Des conséquences analogues, mais d'un bien moindre degré, furent constatées sur les plantes du premier compartiment, c'est-à-dire sur celles qui recevaient pendant la journée la lumière solaire, et pendant la nuit la lumière voltaïque.

M. Dehérain attribua cette action nuisible aux rayons violets et ultra-violets de l'arc ; il faisait déjà construire des écrans appropriés, pour arrêter ces rayons chimiquement nuisibles, quand il apprit les résultats obtenus par M. Siemens avec des lampes sans globe et avec globe.

M. Dehérain procéda alors à une seconde série d'essais, en utilisant les mêmes lampes, munies de globes en verre. Les plantes qui recevaient d'une manière constante les rayons de la lumière électrique, résistèrent beaucoup mieux mais il fut reconnu que cet éclairage, qui était suffisant pour développer une végétation herbacée, ne l'était plus pour produire complètement les phénomènes de maturation.

La comparaison entre les plantes soumises pendant le jour à l'influence de la lumière solaire, parmi lesquelles certaines recevaient la lumière électrique pendant la nuit, tandis que les autres restaient à l'obscurité, fut tout à l'avantage des premières.

De ces diverses expériences, M. Dehérain concluait que de nouvelles études étaient indispensables pour préciser les conditions dans lesquelles l'emploi de l'éclairage électrique pourrait devenir avantageux.

CHAPITRE VII

EFFET DE LA LUMIÈRE ÉLECTRIQUE SUR LES VÉGÉTAUX
A L'UNIVERSITÉ DE CORNELL

Expériences de M. Bailey. — Le professeur Bailey, de la station agricole de *Cornell University,* a étudié tout spécialement l'effet de la lumière électrique sur les végétaux pendant les hivers de 1889-1890 et de 1890-1891. Il a publié dernièrement un rapport officiel de ses travaux, que nous allons résumer.

Une serre fut construite spécialement, afin d'étudier l'intéressante question qui nous occupe en ce moment. Cette serre était longue de 18 mètres et large de 6 mètres ; elle avait un toit vitré très bas incliné à 22°. De petites fenêtres furent aménagées à la partie supérieure, de façon à amener une circulation d'air suffisante. Pour la chauffer, on faisait circuler de la vapeur d'eau dans des tuyaux partant de la partie supérieure de la serre et sortant en terre, sous les planches de culture. Cette serre fut divisée en deux parties égales, à l'aide d'une cloison.

La première partie contenait les plantes cultivées dans les conditions ordinaires, c'est-à-dire celles qui recevaient le jour la lumière solaire et qui, la nuit, restaient à l'obscurité.

La seconde possédait une lampe à arc de 2,000 bougies, suspendue à la partie supérieure de la serre, pouvant être allumée à volonté de façon à éclairer les plantes la nuit entière ou une partie de la nuit ; elle était exposée de façon à bien recevoir les rayons solaires dans le jour. La planche de culture la plus rapprochée de la lampe était à 1 mètre, la plus éloignée était à 3 mètres.

Une première série d'expériences fut effectuée en gardant la lampe électrique allumée toute la nuit, sans la recouvrir de globe.

On observa une accélération considérable dans la maturation ; cette accélération fut, paraît-il, d'autant plus marquée que les plantes étaient plus rapprochées du foyer lumineux ; cette bienfaisante influence fut surtout remarquable sur les *endives*, les *épinards*, le *cresson* et la *laitue ;* en effet, ces plantes montèrent en graines, avant même que les feuilles comestibles aient eu le temps de prendre naissance. Par contre, les plantes identiques, qui dans l'autre compartiment étaient exposées à l'action de la lumière diurne seule, produisaient de larges feuilles comestibles sans aucune apparence de graines.

On observa principalement le phénomène de l'*héliotropisme* sur les radis qui recevaient la lumière électrique pendant la nuit ; les plus rapprochés de la lampe périrent au bout de six semaines, les plus éloignés au contraire souffraient à peine. On constata aussi l'action nuisible de rayons directs de l'arc sur les plantes les plus rapprochées de la lampe : au bout de peu de temps elles s'étaient recroquevillées et complètement noircies.

La première série d'expériences dans la partie de la serre ordinaire donna une récolte deux fois plus grande que celle qu'on obtint dans la portion qu'on éclaira toute la nuit. La lumière électrique exerçait donc là une mauvaise influence, dont on chercha la cause; soit dans la continuité de l'éclairage, soit dans l'emploi même de la lumière électrique.

Pour résoudre la question, on fit des essais comparatifs.

Une première série de plantes reçut la lumière électrique seule, tandis qu'une seconde fut exposée à la lumière solaire exclusivement.

On plaça chaque série dans les mêmes conditions de culture ; cependant elles étaient recouvertes alternativement, l'une pendant le jour, l'autre pendant la nuit, avec une caisse de bois.

Deux mois après, on constatait une différence très remarquable : les plantes qui avaient reçu la lumière solaire étaient belles, d'un beau vert, vigoureuses ; tandis que les autres étaient languissantes ou mortes, dans tous les cas toutes périssaient.

Ces premiers résultats montraient clairement que, dans les serres ordinaires, lorsque la lumière de l'arc voltaïque agissait directement sur les végétaux, sans que ses rayons reçussent l'interposition du verre, l'action de cette lumière électrique était mortelle pour un certain nombre d'entre eux et, dans tous les cas, était nuisible pour tous.

Cependant, on avait bien reconnu que l'action de la lumière électrique avait eu pour effet d'activer la maturation ; par conséquent cela laissait prévoir que, si l'on apportait à cet éclairage quelques modifications, on pourrait très probablement l'employer avantageusement. C'est cette remarque qui fut la cause d'une nouvelle série d'expériences ; les précédentes furent répétées après avoir préalablement recouvert l'arc voltaïque, brûlant toute la nuit, d'un globe opale.

On commença cette nouvelle recherche au mois de mars 1890, et elle dura cinq semaines. Malheureusement, on expérimentait à l'époque de l'année où la lumière diurne est de beaucoup la plus longue, aussi ne put-on faire aucune comparaison avec les résultats de la première série d'expériences qui avait été entreprise au cœur de l'hiver. Quoi qu'il en soit, on constata, avec certitude, que les effets nuisibles primitivement observés étaient certainement dus à l'action directe des rayons lumineux de l'arc électrique, et qu'ils se trouvaient atténués dans une large mesure par l'interposition d'un globe en verre opale, qui absorbe les rayons chimiques et assure du même coup une meilleure répartition des rayons lumineux. Il fut en outre certain, que plusieurs plantes, comme les *radis* et les *laitues*, possédaient, sous cette action, une faculté de développement beaucoup plus considérable que celles qui restaient dans les conditions ordinaires de culture en serre.

On reprit ces expériences durant l'hiver de 1890-1891, dans des conditions d'éclairage encore nouvelles.

On se servit de la serre construite l'année précédente, sans lui apporter aucune modification ; cependant, la lampe à arc de 2,000 bougies, sans globe, au lieu de fonctionner la nuit entière, fut alimentée par la canalisation de l'éclairage public ; elle n'éclairait donc que durant quelques heures par nuit et pas du tout lorsqu'il y avait clair de lune.

On soumit à l'expérience, des *laitues*, des *pois*, des *radis*, des *tulipes*, des *pétunias*, des *héliotropes*, etc. Voici les résultats observés.

Les *radis* soumis à cette action de l'éclairage électrique donnèrent des feuilles plus grandes que ceux qui ne recevaient que la lumière diurne ; les racines acquirent à peu près le même développement dans les deux cas.

Les *pois hâtifs* fournirent aussi avec la lumière électrique de meilleurs résultats que dans la serre normale.

Les *laitues* profitèrent grandement de l'éclairage électrique, aussi bien au point de vue de la grosseur qu'à celui de la maturité ; en effet, cette dernière fut avancée de quinze jours sur celles qui avaient été cultivées dans les conditions normales.

Quant aux fleurs, des effets de coloration très différents furent observés suivant les espèces. C'est ainsi que les *tulipes* de différentes variétés possédaient des couleurs beaucoup plus riches dans la serre éclairée à l'électricité. Cependant au bout de quatre ou cinq jours, ces couleurs pâlirent et revinrent à la couleur naturelle qu'avaient les plants poussés dans la serre ordinaire.

Des pieds de *verveine*, plantés à 1^m,80 de la lampe, étaient tout rabougris, avec un feuillage chétif noircissant et dépérissant avant même de s'ouvrir.

Des *fuchsias*, distants de 2^m,50 de la lumière électrique, fleurissaient trois jours avant ceux qui ne recevaient que la lumière diurne, la coloration des fleurs ici n'était pas plus riche.

Les *héliotropes* de diverses variétés, placés à 90 centimètres de la lampe, se desséchèrent rapidement ; ceux qui en étaient à une distance d'environ trois mètres conservaient leurs fleurs plus longtemps que ceux qui étaient cultivés dans la serre ordinaire.

1° Des expériences faites sur les plantes d'ornement avec la lumière électrique directe, c'est-à-dire avec un arc non protégé par un globe, il résulte que cette influence est nuisible dans un rayon de 1^m,80.

2° Cette mauvaise action n'est plus sensible au delà et jusqu'à 2^m,50.

3° A une distance de 3^m,50 et plus, l'éclairage électrique hâte un peu la floraison.

4° Les fleurs ainsi obtenues ont des couleurs beaucoup plus intenses, particulièrement au moment de la floraison.

CHAPITRE VIII

Parmi les savants qui étudient actuellement l'action de la lumière électrique sur le règne végétal, M. G. Bonnier est un de ceux qui poursuivent cette intéressante étude avec le plus d'activité.

En 1890, il communiqua à l'Académie des sciences deux notes sur les résultats de ses travaux, notes qui furent présentées par M. Duchartre.

Action de la lumière électrique sur les arbres. — Dans les essais de culture pratiqués jusque-là, on s'appliquait principalement à développer les plantes. M. Bonnier rechercha en outre les modifications de structure anatomique qu'on peut obtenir en soumettant les végétaux à l'action d'une lumière à intensité sensiblement constante.

Il soumit deux lots de plantes semblables à des actions différentes d'éclairage. Le premier était sans cesse éclairé électriquement ; le second recevait le même éclairage de six heures du matin à six heures du soir. Un troisième lot, laissé en plein air dans les conditions ordinaires et normales, servait de témoin et de terme de comparaison.

Ces expériences furent effectuées dans le *Laboratoire de physiologie végétale* que M. G. Bonnier installa dans le pa-

villon d'électricité des Halles centrales, à Paris. Par suite de
l'agencement du local, mis à la disposition de ce savant par
le Conseil municipal de Paris et l'administration munici-
pale, les plantes qui étaient soumises à l'action continue et
discontinue de la lumière électrique se trouvaient à une
température sensiblement constante, variant entre 13 et 15°,
dans un air dont le renouvellement était assez lent.

La lumière était produite par des lampes à arc, sous globe,
et les plantes étaient placées dans une enceinte vitrée.

Ces conditions de milieu étaient peu avantageuses pour
cultiver toutes les espèces; celles qui purent s'y adapter
furent principalement : les plantes à *bulbes*, les *graminées*
issues d'une germination faite sur place, les plantes aquatiques submergées, et enfin les espèces ligneuses.

M. Bonnier expérimenta principalement sur le *pin d'Autriche*, le *pin silvestre*, le *hêtre*, le *chêne* et le *bouleau*.

**1° Comparaison entre l'éclairage électrique continu et
l'éclairage normal. —** M. Bonnier reconnut que les pousses
des arbres éclairés à la lumière continue sont très vertes,
à feuilles moins serrées qu'avec l'éclairage normal et d'une
consistance générale moins ferme. On croit tout d'abord
voir des pousses à la fois étiolées et riches en matière verte,
en réalité elles sont plus épaisses et plus longues, tandis
que les feuilles sont très réduites. M. Bonnier reconnut au
contraire, qu'avec cet éclairage continu, les tiges ont un
diamètre à peu près égal à celui des plantes normales et que
les feuilles possèdent une surface sensiblement analogue,
mais sont proportionnellement plus longues.

En général, ces pousses, bien que riches en chlorophylle
et assimilant avec intensité, ainsi que le montrait à M. Bonnier le fort dégagement d'oxygène obtenu dans des expériences préalables, ces pousses ont présenté dans leurs

tissus une différence moins grande que les pousses normales.

Certaines modifications de la structure anatomique furent tout à fait remarquables et plus grandes que celles observées dans les conditions les plus éloignées d'éclairement.

Feuille. — Une feuille du milieu de la pousse développée d'un pin d'Autriche, ayant été coupée en travers, M. Bonnier observa la différence existant entre celle-ci et une autre coupe semblable, faite dans une feuille analogue normale. Il reconnut que : l'épiderme est à parois minces et non lignifiées ; l'assise sous-épidermique est peu épaissie ; le parenchyme cortical est bourré de grains de chlorophylle, mais il est moins développé par rapport aux tissus centraux et ne présente pas, dans les parois de ses cellules, ces replis spéciaux au genre du *pin* et qui, dans l'échantillon normal, étaient très développés ; les canaux sécréteurs ont un diamètre plus de deux fois plus petit et sont tout à fait rapprochés de l'assise sous-épidermique ; les cellules de l'endoderme ressemblent presque à celles du péricycle qui les avoisinent ; le tissu aréolé est moins net et les deux faisceaux, dont le bois et le liber sont bien différenciés, sont jusqu'à cinq et six fois plus écartés l'un de l'autre que dans l'échantillon normal.

Les feuilles du *pin silvestre* et de l'*épicéa* ont présenté les mêmes modifications ; celles du *hêtre,* du *chêne,* du *bouleau* ont montré dans le tissu en palissade, l'épiderme, les stomates, une moindre différenciation que les feuilles comparables normales, tandis qu'elles ressemblaient à ces dernières par la structure de leur système conducteur.

Tige. — L'observation de la coupe transversale faite au milieu d'une pousse de *hêtre,* développée à la lumière électrique continue, si on la compare à la coupe analogue faite sur une pousse similaire du même arbre croissant dans les conditions normales, montre que : les faisceaux libéro-ligneux sont aussi gros que dans la tige normale, mais restent très longtemps isolés les uns des autres ; il y a absence complète de sclérenchyme péricyclique lignifié, qui constitue, dans l'échantillon normal, un anneau continu très net et de forme caractéristique ; la cutile de l'épiderme est très mince, etc. Des changements de structure analogues s'observèrent sur des tiges de *chéne* et de *bouleau ;* celles de *pin* et d'*épicéa* ont présenté d'autres modifications plus ou moins semblables à celles notées chez les feuilles des mêmes arbres. Quant au diamètre de la moelle qui augmente tant chez les tiges des plantes étiolées, comme l'a montré M. Rauwenhoff, il n'est relativement pas plus grand chez les tiges croissant à la lumière continue.

D'ailleurs M. G. Bonnier avait déjà reconnu qu'à un âge plus avancé, les organes cités ne subissent pas seulement un simple retard dans la formation des tissus lorsqu'ils reçoivent une lumière continue, mais bien une structure qui en réalité est différente de celle observée à l'éclairage ordinaire.

Quoi qu'il en soit, la structure anatomique des sujets que nous venons d'étudier est tellement modifiée, que certains caractères très importants peuvent disparaître. On pourrait donc user de cette propriété de l'électricité pour aider à définir certains genres ou espèces.

2° Comparaison entre l'éclairement électrique continu et l'éclairement électrique discontinu. — M. G. Bonnier étudia, toutes les autres conditions étant égales d'ailleurs, les plantes soumises à l'éclairement continu avec celles soumises exactement au même éclairement, mais plongées dans l'obscurité durant douze heures de nuit.

Ce savant reconnut que, sous l'action de la lumière électrique discontinue, les organes ont une tendance très nette à se rapprocher, par leur structure, de ceux soumis aux conditions normales. Cette dernière série de faits montre donc bien que ce n'est pas seulement la nature de la lumière employée qui influence la structure des végétaux mais aussi sa continuité.

Les plantes soumises à la lumière continue, assimilant sans interruption et avec la même intensité, sont comme gênées pour l'utilisation et pour la différenciation ultérieure des substances assimilées. Cette différenciation ne peut se faire en ce jour perpétuel, comme elle a lieu chez les plantes ordinaires pendant la nuit, même pendant l'obscurité relative des régions situées sous les latitudes élevées.

De la première série d'expériences de M. G. Bonnier, il résulte que :

1° On peut provoquer, par un éclairage électrique continu, des modifications de structure considérables dans les feuilles et les jeunes tiges des arbres.

2° On peut réaliser un milieu tel, que la plante respire, assimile et transpire jour et nuit d'une manière invariable ; ses tissus ont alors une structure plus simple.

3° L'éclairage électrique discontinu, avec douze heures d'obscurité sur vingt-quatre, produit dans les divers organes une structure qui se rapproche plus de la structure normale que celle provoquée par la lumière électrique ininterrompue.

Influence de la lumière électrique sur la structure des plantes herbacées. — Pour toutes ses cultures, M. G. Bonnier a maintenu la lumière électrique sans discontinuité, jour et nuit, pendant sept mois ; lorsqu'on voulait mettre les plantes à la lumière discontinue, il les recouvrait d'un écran noir.

Les plantes furent disposées à des distances variant de
$1^m,50$ à 4 mètres devant les lampes à arc, dont la lumière
était réglée d'une manière sensiblement constante. Le spectre
des lampes à arc diffère surtout du spectre solaire par l'ad-
dition des rayons ultra-violets, et ces derniers peuvent être
éliminés en les faisant passer à travers un verre d'épaisseur
convenable.

Une solution, très peu étendue, de bichromate de potasse
joue le même rôle.

M. Bonnier opéra l'éclairement électrique sous verre.
Douze grammes de feuilles de *Ranunculus bulbosus*, placées dans 400 centimètres cubes d'air renfermant 6 p. 100
d'acide carbonique et à 2 mètres de distance d'une lampe
sous globe, pendant une heure, à la température de 13°,
ont dégagé 1,05 d'oxygène, tandis que les mêmes feuilles
en dégagèrent, dans les mêmes conditions, 0,52 à la lumière
diffuse et 3,95 en plein soleil, le 15 juin. Donc, dans le dispositif adopté par M. Bonnier, on obtenait une assimilation
plus forte que celle à la lumière diffuse du soleil et dépassant le quart de l'intensité obtenue aux rayons solaires
directs les plus intenses.

Les expériences de ce savant portèrent sur un grand
nombre de plantes horticoles, de grande culture, et d'espèces spontanées : *jacinthes, primevères de Chine, pélargó-
niums, tulipes, crocus, myosotis, osyris,* etc. ; des *céréales,*
du *lin,* du *cresson alénois,* des *pommes de terre, crosne,*
etc. ; *primula, ranunculus, hieracium, taraxacum, veronica,
anemone, polygonum, potamogeton, ceratophyllum,* etc.

M. Bonnier constata, comme les différents savants dont
nous avons étudié les travaux, qu'un certain nombre de
plantes dépérissent, même à la lumière électrique discon-

tinue, surtout celles qui sont éclairées par la lumière électrique directe.

D'autres plantes cultivées à la lumière électrique continue, sous verre, ont manifesté au contraire, un développement exubérant, avec verdissement plus intense des feuilles et coloration plus foncée des fleurs. Des modifications assez analogues à celles-ci, et qui se produisent chez les végétaux des hautes latitudes, ont été l'objet de recherches que M. Bonnier eut l'occasion de faire en Norwège avec son collègue Flahaut ; ils ont démontré que la lumière était la cause principale de ce phénomène remarquable.

Dans ses expériences aux Halles, où M. Bonnier faisait agir une lumière intense trop prolongée, les *plantes à bulbes,* les graminées issues de germination, les espèces arborescentes, les plantes aquatiques submergées, s'adaptèrent à ces conditions exceptionnelles, et peut-être excessives, d'éclairement.

Structure. — La structure des plantes ayant eu à subir un développement exubérant montre que : le tissu en palissade des feuilles, l'épaisseur du limbe, le nombre et la grandeur des faisceaux libéro-ligneux sont plus grands à l'éclairement continu qu'à l'éclairement électrique discontinu, et à la lumière électrique sous globe qu'à la lumière électrique directe.

La forme générale des feuilles peut même être changée ; c'est ainsi que les feuilles de *crocus* ont un renflement dorsal à deux arêtes bien plus marquées ; que des feuilles de *renoncules,* d'*anémones,* de *piloselles* avaient le contour du limbe modifié au point de rendre ces plantes presque méconnaissables, ce qui se traduisit par des modifications anatomiques correspondantes.

La chose importante est que, pour les plantes qui ont

résisté à l'éclairement intense et prolongé, on observe, chez les nouveaux organes formés, une structure différente de celle des premiers ; les feuilles, par exemple, sont moins différenciées que celles développées au début.

M. Bonnier ne constata aucune modification anatomique notable chez les plantes aquatiques submergées, bien que leurs pousses fussent un peu plus vertes à la lumière continue.

Quant aux plantes soumises à la lumière directe, sans verre interposé, elles avaient souvent leurs tissus hypertrophiés ou présentaient par places des formations anormales.

De l'action de la lumière électrique sur la structure anatomique des végétaux M. Bonnier a établi les principes suivants :

1° Lorsque la lumière électrique continue, sous verre, provoque chez une plante herbacée un grand développement, avec un *verdissement intense,* la structure des organes est d'abord *très différenciée ;* mais si la lumière électrique est intense et prolongée pendant des mois, sans arrêt ni atténuation, les nouveaux organes formés par les plantes qui peuvent s'adapter à cet éclairement, présentent de *remarquables modifications de structure dans leurs divers tissus,* et sont *moins différenciés, tout en étant toujours riches en chlorophylle.*

2° La lumière électrique *directe* est nuisible, par ses rayons ultra-violets, au développement normal des tissus, même à une distance des lampes de plus de 3 mètres.

CHAPITRE IX

CONCLUSIONS SUR L'EMPLOI DE LA LUMIÈRE ÉLECTRIQUE EN AGRICULTURE

État de la question. — Comme on a pu le voir, l'emploi de la lumière électrique dans la culture demande encore à être approfondi, afin de connaître exactement les plantes qui, au point de vue économique, doivent être ainsi cultivées.

Quant à présent, il faut avant tout procéder à un classement des diverses plantes. Il est bien établi que certaines primeurs pourront être hâtées dans leur développement et acquerront ainsi une plus grande valeur commerciale. Il s'agit donc d'établir avec précision les dépenses qu'entraîne une pareille transformation de la nature. Malheureusement, à ce point de vue les données sont encore assez rares, mais dans certains cas on peut dès à présent affirmer qu'il y aurait avantage à faire intervenir l'électricité parmi les divers moyens artificiels dont on se sert déjà pour accélérer et augmenter la récolte de toutes sortes de plantes utiles ; on sait en effet chauffer à volonté nos plantes forcées, mais il y a peu de temps encore on ne se doutait même pas qu'on pourrait les éclairer artificiellement pendant les longues nuits et les sombres journées d'hiver.

En outre, dans les serres, l'air est très humide, aussi la transpiration des végétaux est-elle très faible ; c'est pourquoi les fleurs y fleurissent si lentement. C'est ainsi que des arbustres d'un grand intérêt botanique peuvent rester des siècles dans les serres de nos établissements scientifiques, sans faire connaître leurs fleurs. Mais du jour où on les éclairera d'une manière convenable et appropriée, la transpiration des fleurs dans les serres sera très activée, et elles fleuriront avec une grande activité. Aussi les horticulteurs intelligents pourraient-ils trouver, dès à présent, une source de gros bénéfices, en employant ce procédé avant qu'il soit très répandu, ce qui ne tardera pas à arriver.

Les intéressants travaux de M. Bailey, à l'Université de Cornell, ont produit le plus grand effet en Angleterre et en Amérique ; aussi les cultures fruitières et maraîchères à la lumière électrique s'y établissent-elles déjà sur une vaste échelle dans diverses serres, où l'on obtient d'excellents résultats.

M. Rawton, dans le Massachusetts, à Arlington, produit particulièrement des laitues, qui viennent de cette façon merveilleusement bien et dans un temps très court.

M. Rawton emploie une serre de 60 mètres de long, sur 7 mètres de large, qu'il éclaire jusqu'à minuit avec une lampe recouverte d'un globe en verre. La croissance est ainsi hâtée de 20 p. 100, et on constate un gain d'une semaine sur cinq.

Ce profit a été obtenu pour une dépense d'environ 15 fr., coût de la lumière électrique dans ces conditions pendant un mois.

M. Rawton a reconnu que les insectes nuisibles en général, et ceux qui en particulier rongent habituellement la laitue, sont détruits ; le plus grand nombre d'entre eux allant périr au foyer de la lampe.

Résumé des connaissances sur cette question. — En résumé, les connaissances acquises par cette étude de l'action de la lumière électrique sont suffisantes pour pouvoir entreprendre avec succès une pareille culture.

Elle se résument ainsi :

1° La lumière électrique active l'assimilation et hâte, le plus souvent, la croissance et la maturation.

2° Elle augmente d'une façon très sensible la coloration des fleurs, à part quelques exceptions.

3° Les rayons directs produits par l'arc électrique qui n'a pas été recouvert par un globe de verre exercent une action nuisible sur les plantes, surtout quand celles-ci sont près de la lampe.

4° Un simple globe de verre interposé entre l'arc et la plante suffit pour faire disparaître cette action nuisible provenant des rayons violets et ultra-violets, et non de la production de gaz nitreux, comme on le crut un moment.

5° L'action destructive exercée par la lumière électrique sur les insectes rongeurs des végétaux employés est très appréciable.

Nous en avons fini. Aurons-nous la chance d'intéresser l'Agriculture à cette force merveilleuse, dont les applications, comme on a pu le voir, sont déjà si nombreuses et si intéressantes ? Nous l'espérons un peu, car comment croire que de toutes les sciences, seule l'Agriculture resterait indifférente devant l'avenir immense que l'Électricité réserve à l'humanité !

DÉFINITION

DES

PRINCIPAUX TERMES ÉLECTRIQUES

Accumulateur. — Pile secondaire, destinée non à produire mais à conserver l'énergie électrique, de façon à l'utiliser à un moment donné.

Aimant. — Corps ayant la propriété d'attirer l'acier, le fer, etc. Il y a l'aimant naturel, l'aimant artificiel, l'acier rendu magnétique par aimantation, l'électro-aimant, barreau de fer aimanté par un courant.

Ampère. — Unité d'intensité des courants.

Anode. — Électrode qui correspond au pôle positif de la pile.

Atmosphère. — Unité de force servant à évaluer les grandes pressions.

Atome. — Partie indivisible de la matière.

Batterie. — Combinaison de plusieurs piles.

Bobine d'induction. — Appareil dans lequel le déplacement du champ magnétique et de l'induit se manifeste sans mouvement mécanique.

Cathode. — Électrode qui correspond au pôle négatif de la pile.

Centi. — Sous-multiple de $1/100^e$ de l'unité.

Champ magnétique. — Espace dans lequel se manifeste l'action d'un aimant.

Champ électrique ou galvanique. — Espace dans lequel se manifeste l'action d'un conducteur traversé par un courant.

Cheval-vapeur. — Unité de travail produit ou absorbé par les machines dans l'unité de temps, ayant pour valeur 75 *kilogrammètres* par seconde, ou 736 « watts » à la seconde en électricité.

Circuit. — Chemin parcouru par un courant, ou chemin où se manifeste une tension électrique.

Collecteur. — Instrument qui recueille l'électricité des bobines dans les machines électriques.

Commutateur. — Instrument changeant le circuit ou le sens du courant en permettant au courant de passer.

Conducteurs. — Substances capables de laisser passer un courant, ou fils formant la route pour son passage.

Conductibilité. — Propriétés qu'ont certains corps de transmettre l'électricité.

Constantes. — Force électro-motrice d'un générateur et sa résistance intérieure.

Coulomb. — Unité de quantité électrique.

Courant. — Flux ou passage de l'électricité ou de la force électrique dans la direction du positif au négatif, flux résultant d'une différence de potentiel de deux points du circuit.

Déca. — Multiple de 10 unités.

Décharge. — Effet momentané.

Déci. — Sous-multiple $1/10^e$ de l'unité.

Dynamomètre. — Instrument servant à évaluer le travail absorbé ou produit par une machine.

Dyne. — Unité de force.

Électrodes. — Pôles plongeant dans le liquide, ou points où viennent s'attacher les conducteurs extérieurs.

Électrolyse. — Décomposition chimique d'un corps par l'électricité.

Électrolyte. — Corps susceptible d'être décomposé par le courant électrique.

Électromètre. — Instrument servant à mesurer le potentiel.

Ery. — Unité de travail.

Farad. — Unité de capacité.

Force électro-motrice. — Force développant une tension électrique ou potentiel détruisant l'équilibre.

Galvanomètre. — Instrument servant à mesurer le courant.

Générateur électrique. — Appareil produisant le courant.

Inducteur. — Producteur du champ magnétique ; c'est l'aimant des machines magnéto, l'électro-aimant des machines dynamo.

Induction. — Production des courants développés par l'influence soit d'un champ magnétique, d'un champ électrique ou galvanique.

Induit. — Endroit où se développe le courant, s'appelle selon ses formes : bobine, tambour, anneau, etc.

Intensité du courant. — Quantité d'électricité qui traverse le conducteur dans l'unité de temps.

Joule ou *volt-coulomb.* — Unité de travail.

Kilogrammètre. — Travail produit par un poids de 1 kilogramme tombant de 1 mètre.

Magnétisme. — Propriété de tout corps capable d'attirer le fer.

Méga. — Multiple de 1/1,000,000ᵉ d'unités.

Micro. — Sous-multiple de 1/1,000,000ᵉ de l'unité.

Milli. — Sous-multiple de 1/1,000ᵉ de l'unité.

Ohm. — Unité de résistance.

Pile. — Appareil produisant un courant électrique par une décomposition chimique.

Pôle. — Extrémités d'un aimant, conducteurs venant

d'un générateur. Positif celui qui va à la machine ou la lampe à faire mouvoir, négatif celui qui en revient.

Potentiel. — Niveau, puissance électrique.

Quantité. — Courant passant dans un circuit offrant très peu de résistance.

Batterie en quantité. — Batterie dont tous les *zincs* sont couplés ensemble ainsi que les *cuivres*. La batterie se comporte alors comme un seul élément de force électro-motrice dont la résistance est $\dfrac{R}{n}$, n étant le nombre des éléments.

C'est une machine de quantité.

Résistance. — Opposition présentée par le circuit au passage du courant.

Retour. — Courant, dans le câble revenant à la machine.

Rhéostat. — Résistance artificielle employée pour mesurer des résistances inconnues.

Série. — Éléments d'une batterie dont le zinc de l'un est couplé avec le cuivre des suivants. Disposition augmentant la force électro-motrice du courant.

Unité de tension. — Unité de force électro-motrice.

Association en tension. — Association en série.

Courant de tension. — Courant de grande force électro-motrice, destiné à vaincre de très fortes résistances.

Unités. — Centimètre (C), unité de longueur; gramme (G), unité de poids; seconde (S), unité de temps. Par abréviation on désigne ce système de mesure par CGS.

Volt. — Unité de potentiel.

Watt. — Produit des volts (force électro-motrice) par les ampères (intensité de l'ampère), permettant de mesurer le taux de production d'un appareil électrique.

TABLE DES MATIÈRES

Chapitre III

L'orage.

Chapitre IV

Foudre.

Chapitre V

Action de la foudre sur les végétaux.

Chapitre VI

Paratonnerre.

Chapitre VII

La grêle.

Chapitre VIII

L'orage à grêle.

Chapitre IX

Zones des orages à grêle.

Chapitre X

Phénomènes secondaires de l'électricité atmosphérique.

Chapitre XI

Formation électrique de l'acide nitrique dans l'atmosphère.

Chapitre XII

La sécheresse.

IIᵉ PARTIE

APPLICATIONS DE L'ÉLECTRICITÉ A L'ÉCONOMIE RURALE

CHAPITRE Iᵉʳ

Unités employées en électricité.

CHAPITRE II

Transmission de la force par l'électricité.

CHAPITRE III

Utilisation des forces naturelles.

CHAPITRE IV

Applications de l'énergie transmise par l'électricité.

CHAPITRE V

Quelques applications de la force électrique.

CHAPITRE VI

Applications de l'électricité aux animaux.

Chapitre VII

Applications électro-chimiques.

Chapitre VIII

Applications de l'électricité statique.

Chapitre IX

Appareils de sûreté. — Avertisseurs.

Chapitre X

Applications thermo-électriques.

IIIe PARTIE

ÉLECTRO-CULTURE

Chapitre Ier

Introduction.

Chapitre II

Phénomènes électro-physiologiques dans les végétaux.

Chapitre III

*Différentes théories pour expliquer l'effet bienfaisant
de l'électricité sur les végétaux.*

Chapitre IV

Action de l'électricité sur les microbes.

Chapitre V

Expériences de M. Berthelot sur la fixation de l'azote par les végétaux sous l'influence de l'électricité atmosphérique.

Chapitre VI

Derniers travaux faits par M. Berthelot sur les rapports qui existent entre la fixation de l'azote et l'électricité atmosphérique.

Chapitre VII

Travaux de M. Grandeau sur l'électro-culture.

Chapitre VIII

Action de l'électricité sur la germination.

Chapitre XII

Action de l'électricité dynamique sur les végétaux.

Chapitre XIII

Action sur les végétaux de différentes sources d'électricité.

Chapitre XIV

*Action de l'électricité, provenant de machines, sur les fleurs
et tissus végétaux.*

IVᵉ PARTIE

DE LA LUMIÈRE ÉLECTRIQUE

Chapitre Iᵉʳ

Avantages de la lumière électrique.

CHAPITRE II

Différentes applications de la lumière électrique.

CHAPITRE III

Action de la lumière électrique sur les végétaux.

CHAPITRE IV

Travaux de M. Hervé-Mangon et de M. Prillieux.

CHAPITRE V

Travaux de M. E. W. Siemens.

CHAPITRE VI

Travaux de M. Dehérain.

CHAPITRE VII

Travaux faits à l'Université de Cornell.

CHAPITRE VIII

Travaux de M. G. Bonnier.

CHAPITRE IX

Conclusions sur l'emploi de la lumière électrique en agriculture.